长三角雾霾突发事件风险评估、应急决策及联动防治机制研究

叶春明　著

上海市哲学社会科学规划项目（2014BGL024）
国家自然科学基金项目（71271138）

科学出版社
北京

内 容 简 介

雾霾问题对社会经济发展及百姓生活造成的不利影响，使其成为人们日益密切关心的重要问题之一。本书以长三角地区为研究区域，着重从雾霾风险因素、时间空间分布特征、风险预测与仿真、风险评估、雾霾联防联控及应急对策等方面展开了研究。全书共23章，第1章为绪论；第2～第4章对雾霾的影响指标进行了研究；第5～第10章对长三角地区雾霾时间及空间分布特征进行了研究；第11和第12章利用统计学及系统动力学知识对雾霾的影响因子进行了研究；第13～第15章对长三角地区雾霾健康经济损失及灾害影响因素进行了风险评估；第16～第20章对公众对雾霾的关注度及应急能力、企业雾霭排污行为惩罚机制设计、雾霾协同治理博弈分析、雾霾联防联控机制等进行了研究；第21和第22章对雾霭突发事件的应急预案及雾霾灾害应急对策进行了研究；第23章为结论与展望。

本书可作为高等院校经管类研究生或博士生教材，也可供相关单位与机构参阅。

图书在版编目（CIP）数据

长三角雾霾突发事件风险评估、应急决策及联动防治机制研究 / 叶春明著. —北京：科学出版社，2019.6

ISBN 978-7-03-058003-0

Ⅰ. ①长…　Ⅱ. ①叶…　Ⅲ. ①长江三角洲－空气污染－突发事件－应急对策－研究　Ⅳ. ①X51

中国版本图书馆CIP数据核字（2018）第131904号

责任编辑：郝　悦 / 责任校对：王晓茜
责任印制：张　伟 / 封面设计：无极书装

科学出版社出版
北京东黄城根北街16号
邮政编码：100717
http：//www.sciencep.com

北京虎彩文化传播有限公司印刷
科学出版社发行　各地新华书店经销

*

2019年6月第　一　版　开本：720 × 1000　1/16
2019年6月第一次印刷　印张：17 1/2
字数：330 000

定价：140.00元

（如有印装质量问题，我社负责调换）

前　言

长三角地区目前是中国经济最具活力、开放程度最高、创新能力最强和吸纳外来人口最多的区域之一，承载众多的人口和环境压力。近几年雾霾天气不断增多，空气能见度越来越低，对人们的生活、健康、交通出行都造成了严重的影响，同时对城市经济发展也伤害巨大。这种情况下，开展对雾霾天气的研究意义重大。本书着重从雾霾风险因素、时间空间分布特征、风险预测与仿真、风险评估、雾霾联防联控及应急对策等方面入手，主要研究成果如下。

第一，对雾霾的影响指标进行研究。分析了研究区域雾霾天气与空气质量各个影响因子、碳排放、自然因素、社会因素及污染源因素的关系。研究结果表明，空气质量指标中 $PM_{2.5}$ 是雾霾天气的首要分析因子，要想减少雾霾天气首先应该降低空气中 $PM_{2.5}$ 的浓度，而除 $PM_{2.5}$ 和 PM_{10} 之外的其他影响因子的实际影响力与其空气质量指数（air quality index，AQI）呈正相关关系；雾霾与碳排放之间的相关性为正相关；此外，部分自然、社会和污染源因素也对雾霾天气有影响。研究成果有利于提高人们对雾霾天气影响因素的认识，同时为长三角城市空气质量监测、空气污染治理等工作的展开提供一定的数据基础和理论支持。

第二，对长三角地区的雾霾天气进行时间及空间的分布特征研究。通过大量的可靠数据，分析研究地区雾霾天气的时空分布特征及变化规律，模拟预测城市发展中雾霾污染发展趋势。时间分布特征研究表明：上海市雾霾在春季和冬季的污染程度相对于夏季和秋季较为严重，波动幅度较大。AQI 也呈现出周期性的特点，每年的 12 月、1 月、2 月 AQI 较高，之后的几个月整体呈现下降趋势，7、8 月最低，且具有 40 天的多尺度主周期和 9 天的多尺度次周期，而 $PM_{2.5}$ 具有 39 天的多尺度主周期和 9 天的多尺度次周期。以上海市为例的空间分布特征研究表明：上海市雾霾风险因素得分呈黄浦江两岸差异大，浦东新区明显低于其他 6 个区，而各区之间雾霾风险因素的协调度水平相近，总体来说雾霾风险较大。西南地区 4 个季度降尘量呈现低聚集，$PM_{2.5}$ 季均浓度呈现高聚集，且聚集度高，中部地区降尘量呈现高聚集。长三角地区空间分布特征：年均 $PM_{2.5}$ 浓度呈现出由西北向东南逐级递减的“阶梯式”空间格局。$PM_{2.5}$ 浓度年均值整体上呈现出北高南低的趋势，以泰州及湖州为中心的中部局部区域 $PM_{2.5}$ 浓度年均值略有突出。通过构建长三角 7 个城市 GARCH（generalized auto regressive conditional heteroskedasticity）

模型，对长三角重雾霾污染溢出效应进行研究，发现长三角 7 个样本城市雾霾污染具有持续性，同时 $PM_{2.5}$ 浓度波动具有较强的聚类现象。

第三，从统计学角度分析雾霾的 6 种影响因子对空气质量的影响，根据历史原始数据运用灰色马尔可夫模型预测的方法，预测未来雾霾指标值的走向趋势。在分析当前雾霾污染排放和人口衣食住行等基本活动的相互关系基础上，通过系统动力学模型建立了雾霾系统演化模型，对雾霾灾害风险情景进行仿真。模拟以下 4 种情景时的预测情况：经济快速增长、人口快速增加、GDP（国内生产总值）降速和环保投资额停滞。结果表明：目前的空气质量有改善的趋势，但人口的未来变化和城市经济的停滞都会影响空气质量的走势，同时雾霾治理过于依赖环保投资额，需要改革财政资源的配置，开展雾霾污染的人口活动源头治理行动。

第四，对长三角地区的雾霾污染情况及健康经济损失进行了风险评估。对上海市雾霾健康经济损失风险评估的结果显示：上海市 $PM_{2.5}$ 国家标准健康经济损失最高为 2013 年 120.89 亿元，占 GDP 比例最大为 2015 年的 0.46%，目前上海市 $PM_{2.5}$ 的健康经济损失超过 80 亿元的概率为 56.62%，2010～2015 年 5 年内会出现 144 亿元左右的健康经济损失，预计 2020 年损失值达到 261.85 亿元。接着依据指标选择原则确立了 10 个雾霾风险指标，对上海、南京、杭州和合肥 4 个城市进行风险评估，研究表明：以上 4 个城市风险等级分别为Ⅳ级、Ⅲ级、Ⅲ级、Ⅲ级，其中上海市风险等级高于其他 3 个城市。对上海、江苏和浙江的风险评价计算结果表明：上海市综合风险等级判定为严重，江苏省综合风险等级处于轻度，浙江省综合风险等级处于微度，同时使用综合指数法的计算结果检验了结果可信度。必须制定有效政策，严控雾霾发展态势，同时设置预警机制应对潜在的突发事件。

第五，分析了公众对雾霾天气的关注度，评价了公众应急能力。设计了企业雾霾排污行为的惩罚机制，用博弈模型分析了雾霾的协同治理和联防联控。研究表明：社会公众对雾霾天气的关注度提高，而城市公众应急能力水平与 $PM_{2.5}$ 污染风险程度总体上较为一致，风险程度越高，该城市总体上应急能力水平也越高。运用博弈论从企业、政府和公众 3 个角度进行了分析，建立了博弈模型，得到对企业违规行为实施惩罚的“报警器”，表明对企业应实施适度惩罚和奖励。

第六，对雾霾突发事件 3 种应急预案进行评估，得出最优的预案，并结合前面的研究，提出了相应的雾霾灾害应急对策与建议。综合众多学者对雾霾对策的研究，从法律方面、经济学方面、能源调整方面、环境污染方面和政府管理条例等方面提出建议和对策。

叶春明
2019 年 4 月

目　录

第1章 绪　　论

1.1 课题研究背景及意义

1.1.1 课题研究背景

随着现代化工业的发展，工业和交通运输设备污染物大量排放，大气环境污染严重，人类以环境为代价所换来的社会进步越来越显得得不偿失，各种环境突发事件频发，屡屡对人类生产生活带来了重大损失，极大地影响了社会的稳定发展。近些年来，每到秋冬季节特别是2012年入冬以后，我国中东部地区雾霾天气不断出现，带来了严重的大气污染，空气质量一度威胁人类健康和社会发展。2013年12月初，雾霾天气持续袭击全国25个省区市，而长江三角洲（简称长三角）地区最为严重，并在一周内演变为重度污染，预警上升为橙色，而在上海、南京等城市，预警甚至上升到了前所未有的红色最高等级，$PM_{2.5}$瞬时浓度值高达900mg/m^3，是有$PM_{2.5}$记录以来最为严重的雾霾天气。中国各大城市的大气环境指标，只有不到1%的城市达到世界卫生组织（World Health Organization，WHO）所推荐的空气质量标准，中国的城市空气污染达到非常严峻的地步。严重的雾霾天气不但造成了高速公路封闭、航班取消，甚至严重的道路交通事故，而且造成了居民呼吸道疾病的暴发，在最为严重的南京等区域，中小学生一度停课，各项社会活动均受到了严重影响，雾霾的影响已经渗透到生活的各个角落。

一般人们所见到的低能见度的雾霾情况都是雾和霾的混合物。形成雾霾的原因众多，长三角严重雾霾虽然与特殊的气象条件如空气湿度、气团稳定性等有关，但主要原因是空气中存在大量灰尘、硫酸和有机碳氢化合物等细小霾粒子，其在与雾气结合的情况下，会造成天气灰蒙，能见度降低，同时危害人体健康。这些主要来自人为大气污染物排放，重点与车辆尾气、工业废气、燃煤烟气和扬尘等污染源有关。因此，雾霾突发事件的根源在于这些与人类息息相关的生产生活，如何对其进行合理有效的控制，是一项重要课题。有效地分析城市雾霾主要影响因素，对雾霾的多发地、风险地进行区域差异分析，以及有效地对雾霾风险源进行风险评估与区域协防来降低雾霾风险和损失，同时寻找减缓雾霾影响的有效途径是一项重要的研究。

1.1.2 课题研究意义

鉴于伦敦雾、洛杉矶光化学烟雾等发达国家的大气污染灾害事件，我国在经济发展过程中对城市突发事故和灾害预防的关注需要日益加剧。欲减少长三角地区霾日数，需深入了解引起霾日数增多的原因。目前气象部门和环境部门已经对霾污染问题和能见度下降问题逐渐展开了研究。但对于雾霾的形成机理和控制策略的研究还在探索阶段，其中雾霾引发突发事件的风险研究较少。雾霾灾害的风险研究关系整个城市生态环境的风险预防和风险应对，有利于整个社会的安全和健康发展。同时由地理学第一定律（Tobler's first law of geography）可知，空间单元之间具有连通性，从空间角度出发，所有地理事物都存在一定的相互联系或影响，且这种联系或影响与地理事物间的距离具有显著联系，跨区域影响使得环境突发性污染事件的区域空间关联性变得更复杂。因此，研究大气污染溢出规律、界定大气污染时空扩散范围和解析区域大气污染物来源，对于合理制定大气污染区域协同防治措施，推进生态社会建设具有重要现实意义。同时对我国长三角城市 $PM_{2.5}$ 污染公众应急能力进行评价，有助于深入认识公众在应对空气污染突发问题时所起的基础性作用。当前国内外学者对于环境突发事件的应急能力研究成果大多着眼于政府的角度，忽视了社会公众这一城市基础力量，然而城市群众是 $PM_{2.5}$ 污染事件最直接的感受者和接触者，对 $PM_{2.5}$ 污染公众应急能力的评价具有重要的研究价值。

改革开放以来，我国经济社会得到快速发展，粗放的经济增长模式、居高不下的污染排放及迅速的工业化与城市化步伐，使得相关区域内空气质量日趋恶化，严重威胁了国家生态安全和人类健康，整个社会对空气污染问题尤其是细颗粒物 $PM_{2.5}$ 浓度的关注程度日益提高。在哥本哈根气候大会上，我国承诺到2020年二氧化碳排放占GDP的比例比2005年下降40%～45%。2014年5月，习近平总书记首次用“新常态”描述中国经济发展阶段，指出中国经济呈现高效率、低成本、可持续的发展特点。2015年全国两会期间，雾霾防治等环保议题受到了社会各界的广泛关注。李克强总理在政府工作报告中明确提出要“打好节能减排和环境治理攻坚战”，积极应对气候变化，并在多个不同场合表达了“要向雾霾等污染宣战，不达目的决不停战”的决心。因此，深入探究我国雾霾与经济增长之间的关系，对于提升我国经济发展质量、推进生态文明建设、实现经济与环境协调发展具有重要意义。真正实现“既要金山银山，又要绿水青山”。本书从宏观和微观维度为长三角城市大气污染防治提供了一定的科学理论基础和技术支持，对政府因地制宜地制定节能减排政策具有重大的理论意义及实用价值。

1.2 国内外研究进展综述

1.2.1 雾霾影响因子综述

雾霾污染的来源众多且形成过程复杂，不同地区、气象因素、不同季节和时间点的污染状态具有显著差异。吴兑[1]研究了我国2002～2011年10年间的灰霾天气，指出灰霾天气的本质是光化学污染引起的气溶胶污染，并且随着城市化加快和经济发展越来越频繁。张小曳等[2]从气象角度研究了雾霾气溶胶的凝结核在大气环境中的循环规律，指出了持续性雾霾污染现象就是人为气溶胶所产生的"恶性循环"。程念亮等[3]研究了全国不同区域的$PM_{2.5}$来源具有不同的组成结构及不同季节的特点，指出全国雾霾的主要污染源依次为工业源、燃煤源、汽车尾气。顾为东[4]认为我国雾霾形成除了燃煤、垃圾焚烧、汽车尾气和工业废气等普遍性因素外，还存在水土环境严重富营养化导致严重污染的特殊原因。吴天魁等[5]将雾霾原因分为：气象原因、自然原因和人为原因3大类16个来源。童玉芬和王莹莹[6]认为除了气象因素、污染气体排放等直接原因外，人口的过快城市化及新增的各类生产生活活动也是雾霾形成的主要原因之一。Wang等[7]研究了中东部地区雾霾的形成机制，认为严重雾霾的外因是大气循环反常、冷空气较弱，以及不利于空气流通的地理和气候条件；内因是空气中原始污染气体向二次气溶胶的快速转变。Tao等[8]分析发现东部地区夏季出现的黄色雾霾云层来自空气扬尘、燃烧排放、人为活动的污染物的混合和相互作用，表明灰尘的跨区输送和湿度过高是雾霾日益严重的主要原因。Zhen等[9]研究了长三角地区雾霾污染成分的长期变化，认为空气中的微粒物是控制雾霾污染的关键因素。Wang等[10]研究了2013年雾霾最严重的3个时段，结果表明生物群落、有机碳、元素碳、含氮颗粒物和含硫颗粒物在各时期都明显增加，是雾霾的主要形成因素。施晓晖和徐祥德[11]研究了北京地区气溶胶与大雾天气的关系及气溶胶颗粒物的影响成分。王杨君等[12]分析了上海雾霾颗粒物中碳元素含量和结构在不同情况下的变化规律。包贞等[13]基于环境受体样本信息剖析了雾霾颗粒物的主要来源比例。Cotton 等[14]通过层积云与雾霾动力学机制风险研究雾霾形成。国内学者主要通过颗粒物风险源和细微粒子[15, 16]、雾霾主要污染物[17]，同时运用统计分析方法[18, 19]、不同气候因素[20]等分析雾霾风险因素。丁镭等[21]从城市化4个维度建立了城市化综合水平体系并结合压力响应模型建立了空气综合水平评价指标，探讨了空气综合指数对城市化程度的响应特征。张纯和张世秋[22]认为当前国内学者局限于气象学和环境科学领域且偏重于研究污染源及其强度范围，综合研究了城市形态中相关因素与空气质量的相互关系。陈书忠等[23]将系统动力学模型引入环境影响模拟中，以主要污染物和能源消耗为中心，模拟分析了四种情景模式下能源结构和城市规模的变化趋势及相应的污染物排放。郑明和马宪国[24]分析了上海市能源消费中不同类型能源对形成 $PM_{2.5}$ 的贡献关系，表明以煤炭和石油制品为主的能源格局是 $PM_{2.5}$ 浓度过高的首要因素。Qiao 等[25]通过对上海市 PM_1 和 $PM_{2.5}$ 的监测及组成进行分析，发现雾霾的污染特征及雾霾天 PM_1 和 $PM_{2.5}$ 的变化。Murillo 等[26]对美国中部哥斯达黎加城市的 PM_{10} 和 $PM_{2.5}$ 化学特征进行了分析。Sun 等[27]对北京 2013 年 1 月严重雾霾的来源及演变过程进行了研究。

1.2.2 雾霾时空分布特征综述

对空气质量变化特征的研究已成为研究热点。陈柳和马广大[28]基于小波分析多层次分解了西安市的 PM_{10} 浓度时间序列，并分析了时间序列的突变点。徐鸣等[29]利用小波方法多尺度分析了乌鲁木齐市 PM_{10} 浓度振荡周期。王海鹏等[30]基于小波变换研究了兰州市 10 年间的空气质量。余予等[31]研究了 32 年间北京城区的能见度的季节变化规律。杨书申等[32]采用小波分析研究了北京市 PM_{10} 浓度变化规律，在对数据进行调试降噪后，对比相应时段的气象数据并简要分析了可能原因。冯奇等[33]基于小波分析研究了武汉市 PM_{10} 在多尺度分解后表现的振荡主周期和突变特征。鲁凤等[34]对上海市 12 年间的 PM_{10}、SO_2、NO_2 逐日空气污染指数应用小波变换，揭示了空气质量时间序列的具体特征、突变点和未来趋势。吴小玲等[35]分析了上海市 10 年来 SO_2 的时间序列变化。由于新的《环境空气质量标准》(GB 3095—2012) 刚制定试行，两者都没有考虑对 AQI 和 $PM_{2.5}$ 进行研究。成亚利和王波[36]及许婉婷和陈娜芃[37]都研究了上海市日均 $PM_{2.5}$ 的时间序列，却未能挖掘其中的重要信息。张智和冯瑞萍[38]对宁夏地区近半个世纪雾霾情况作了统计，通过直方图和折线图直观地看出宁夏地区近半个世纪各个地区的雾霾时间分布图。马晓倩等[39]对 2013 年和 2014 年京津冀地区的雾霾分布情况进行了时间动态分析，从季节分布上总结发现秋末冬初的雾霾浓度较高，春季、夏季的浓度相对较低。韩浩等[40]对西安市 2013～2015 年 3 年的雾霾天气污染物监测资料和中国环境监测总站的月空气质量状况进行了折线图统计，西安市 13 个检测站的数据表明，西安市的雾霾天气主要出现在一年之中的冬季和春季，还分析了雾霾影响因子之间的相关关系。上述研究利用历史数据对过去城市发生的雾霾现象作了时间周期分析，雾霾污染严重的季节一般出现在秋末冬初。da Rocha 等[41]对雾霾气候特征进行模拟，Wang 等[42]对不同地点雾霾进行了比较。

近年来，空间统计分析技术得到广泛运用，现阶段空间统计分析技术在区域经济[43]、旅游经济[44]和土地利用变化[45]等领域有着众多研究成果，将空间统计分析技术运用到区域雾霾风险治理中，有着重要的现实意义。

1.2.3 雾霾风险研究综述

国内学者李东海和何彩霞[46]认为雾霾天气降低了大气能见度，会引起极端气候，阻碍交通运营，引发呼吸系统疾病和传染病，降低农业品的产量和品质。Sun和Huang[47]认为雾霾天气的危害可分为环境效应、气候效应和健康效应。同济大学教授蒋大和[48]认为我国灰霾的污染会导致一定范围的酸雨沉降。

国外雾霾影响研究主要侧重不同人群和相关疾病的影响研究。Pickett和Bell[49]及Wu等[50]分别研究了婴儿、孕妇类敏感人群的健康影响；Billionnet等[51]、William等[52]定量分析了室内空气污染同相关疾病的关系；Zhang和Batterman[53]、Liu等[54]探讨了空气污染对不同人群疾病致死率的影响；Ghosh等[55]研究了空气污染对婴儿出生状况的风险；Sun等[56]分析了雾霾颗粒中各类重金属对细胞质粒DNA的氧化破坏作用；Shuai等[57]研究认为雾霾发生对大米产量有负面影响。马来西亚学者Othman等[58]根据东南亚的烟雾事件计算了雾霾的疾病经济损失。

除了影响能见度，干扰交通和气候环境外，雾霾等大气污染事件对空气质量周期变化的影响也是国内外研究的重点课题。杨锦伟和孙宝磊[59]基于灰色马尔可夫模型预测了未来平顶山市空气污染物浓度的状态概率。蔡忠兰等[60]研究了兰州市56年的沙尘暴和浮尘的事件，并基于马尔可夫模型预测了将来的发生概率。成亚利和王波[61]研究了上海市每日空气质量，发现上海市空气中的主要污染物为$PM_{2.5}$、O_3、NO_2、PM_{10}，$PM_{2.5}$冬季的平均水平较高但没有明显的变动规律，随机性很大。张红等[62]研究了铜陵市空气污染物的日变化规律，发现浓度日变化与气压、相对湿度和气温呈正相关，与风速和降水日的关系因污染源而变化较大。王珊等[63]研究了西安地区的雾霾日数与气象条件的关系，发现雾霾天数波动性快速增加，且与气温呈负相关，与连续不降水日呈正相关。对雾霾灾害的风险评价目前还没有相关研究文献。Hou和Zhang[64]探讨了从2000年起的5年间国内主要环境污染问题的特点，并指出建立相应的数据库来协助进行长远的风险识别防控的提议。吴伟强和王欣[65]通过故障树模型建立以“城市雾霾”为顶事件的故障树进行城市雾霾风险分析，徐选华等[66]运用信息扩散模型进行雾霾的社会风险演化仿真研究。Behera等[67]对上海冬季雾霾的化学成分和对人体有害的组成物质进行了分析。李湉湉等[68]对雾霾中$PM_{2.5}$相关人群的死亡进行了评估。唐魁玉和唐金杰[69]对雾霾生态污染进行了社会风险分析。

在雾霾健康经济损失方面，谢元博等[70]运用泊松回归模型对雾霾风险所造成的人体健康风险和损失价值进行了评估，穆泉和张世秋[71]计算了2013年1月全国雾霾直接经济损失及健康经济损失的比例。Quah和Boon[72]估算了雾霾对新加坡人口死亡和发病效应的经济损失和占到当年的GDP比例。Matus等[73]研究了空气质量、人口、收入水平与雾霾污染边际损失的关系及污染损失占 GDP 比例的变化趋势。地区城市方面，陈仁杰等[74]估算出 2006 年 PM_{10} 对我国 113 个主要城市的健康经济总损失，刘晓云等[75]分别就国家和国际两个标准计算了 PM_{10} 对珠江三角洲 9 个城市的急性健康经济损失及占 GDP 比例。黄德生和张世秋[76]研究了京津冀地区 $PM_{2.5}$ 的健康和经济改善效益。潘小川等[77]估算了北京、上海和广州等中心城市 2010 年 $PM_{2.5}$ 引起的早死人数和经济损失。谢元博等[78]研究了 2013 年 1 月 $PM_{2.5}$ 造成的北京市健康经济损失。陈依等[79]分析了 10 年间南京市 PM_{10} 的健康经济损失变化特征。侯青等[80]用 Meta（元信息）分析定量评估了兰州市 2002～2009 年 PM_{10} 健康经济损失。Kan 和 Chen[81]分析 2001 年上海市 PM_{10} 的经济损失及占 GDP 比例。上述研究利用历史资料计算了雾霾导致的直接健康经济损失，污染因子以 PM_{10} 为主，健康终端以人口早逝为主，部分研究使用旧的国家空气标准和国外参数，对健康经济损失的概率分布规律没有深入分析，缺少对不同损失规模的预先评估。

1.2.4 雾霾区域性联防机制综述

目前国内学者对大气污染的区域性联防机制有一定的研究成果。曹锦秋和吕程[82]对大气污染防治的跨区域合作的法律机制进行了研究。王金南等[83]对大气污染联防的理论与方法作了详细的说明和介绍，丰富了区域联防理论的方法。燕丽等[84]也对区域大气污染联防机制做出了相应的探讨，从统一规划、统一评估、统一政策、统一预警、统一信息管理 5 个统一来完善区域联防协作的建议。白洋和刘晓源[85]从法律角度考虑治理雾霾问题，首先提出我国目前在雾霾防治问题上存在的不足，主要包括法律观念落后、政府没有负起应该负的责任、对于 $PM_{2.5}$ 在法律方面治理条例不规范和机动车的管理不够完善等问题，而根据雾霾对策治理的要求，我们应该从防、治和救治 3 个方面加强对雾霾的监督和治理，具体可以利用环境标准制度、区域联防制度和规划制度等手段实现。张军英和王兴峰[86]通过分析雾霾产生的机理和形成的条件，得出关于雾霾形成的主要原因，结合国外治理雾霾的经验，他们认为应该控制雾霾的污染源，加强机动车的尾气、工业燃煤和扬尘等细小颗粒物的处理，加强区域联防控制，要求建立跨省份联动法规政策，完善企业的清洁生产制度，提高人们的绿化生活观念。王腾飞等[87]认为雾霾与周边城市的污染有很大的关系，要治理好雾霾天气的蔓延状况，如要治理好上海市的雾霾，首先要考虑周边江苏、浙江等长三角地区的污染来源，在整个长三角地区建立一个完善的、统一的、标准的数据共享的空气监测网，综合分析减少城市雾霾天数的方法。李彬华等[88]总结了全国各城市的雾霾预警等级划分，并且建议合理划分出 3 个等级防止应急措施滞后或超前造成资源浪费，而且对未来 72 小时内的 AQI、首要污染物和超标污染物等进行预测，采取不同的应急措施。此外，还建议组建AQI预测预报部门和市大气重污染事件应急指挥中心两个部门来共同实现信息共享、预警发布、应急预案启动等职能。柴发合等[89]研究了我国大气污染区域联防联控体系中的问题，提出了设立联防联控管理委员会和建立科学研究中心等措施建议。

1.2.5 雾霾对策研究综述

以雾霾为代表的空气污染问题日益严重，如何实现有效的治理模式成为研究热点。王腾飞[90]研究了我国雾霾和气候变化的相互关系，认为大城市的雾霾治理首先需要考虑周边地区的污染来源，在全国建立互为补充、标准统一、数据共享的环境空气监测网并在重点地区加密，其次要补充雾霾灾害的大气立法以提高污染排放成本，最后调整城市郊区的工业布局，关注农村的能源使用和秸秆利用；编制一揽子计划改善气象条件；促进机构、企业、社区和个人的合作参与。刘强和李平[91]认为我国大范围严重雾霾不是简单的气象条件和空气污染物共同作用下的结果，而是经济活动的大量化石能源消耗、排放标准过低、生态环境系统自净能力丧失一起引起的，治理雾霾首先要把经济增长引擎从自然资源转向智力与技术投入，限制城市人口无限度扩张和过度建设无用场地及过度硬化，其次需要调整能源消费与供给结构，具体而言，要提高能源资源税、降低增值税，利用进口国外优质煤炭替代国内煤炭，发展天然气、核电，重新制定火电、钢铁、水泥和玻璃等高污染行业的环保标准，恢复湿地水体和森林类生态系统，增强空气调节吸污能力。郑国娇和杨来科[92]认为雾霾更多的是人为因素造成的，城市化进程加快、产业和能源结构失衡、环境法规和环境交易市场缺乏都是造成雾霾的经济原因，解决雾霾问题，除了调整产业能源结构外，还需要建立区域间协同联动治理机制，尤其要借鉴美国的加利福尼亚州政府跨州合作的大气质量控制计划，欧盟关于跨国界污染的长程越界空气污染公约，同时建议参考美国的产品能耗和污染排放标准、澳大利亚的税收激励政策、日本的清洁能源补偿金制度、德国的产品责任制，通过环境产权制度、污染排放交易制度等市场机制来发挥“看不见的手”的市场作用，用经济手段解决雾霾治理的困境。Zhou 等[93]提出利用城市热岛效应建造太阳上浮塔的技术手段实现疏散雾霾的同时获取电能。Zhuang 等[94]总结了各类雾霾研究途径，介绍了各种控制雾霾的应用技术。

高广阔等[95]运用全过程分析工具，构建了雾霾综合防治模型，将具体过程分为末端、过程和源头等 3 个阶段，政策保障、信用契约、竞争谈判、利益分配和监督激励等 5 项机制。杨立华和蒙常胜[96]回顾了主要发达国家城市的空气重污染治理历史，总结了各国现有治理措施的共同特征，提出了多方联动对空气污染进行治理的建议。李彬华等[97]论证了大气污染事件预警机制的有效作用，对比分析了当前我国各大城市的空气污染事件的预警等级和标准，建议采用 3 个等级，并用 AQI 预测值作为等级划分指标，同时预警中需要添加首要污染物和超标污染物的预测，并提供不同的应急措施。此外，需要成立 AQI 预测预报部门和市大气重污染事件应急指挥中心两个新的机构来完成信息分析、判断和预测、实施应急预案的工作。柴发合等[98]基于北京奥运会、上海世博会和广州亚运会的空气质量保障工作，总结了举办三次世界活动中取得的短期经验，指出当前出现的跨省跨区域协调能力不佳、机制不完善等问题，提出建立统一规划、统一监测、统一评估、统一协调的机制。彭件新[99]借鉴中级微观经济学，提出了效用最大化和社会效益最大化的雾霾治理优化模型。

雾霾灾害发生后损失巨大，事前预防和事后的应对格外重要。邵超峰等[100]研究了大气污染源分类分级和识别分析体系、污染物扩散预测模拟、影响范围和危害损失的定量计算、预警和应急响应体系及决策支持系统等 5 个方面，提到了固定源应急处置等事前规避技术和污染物的快速封堵等事后控制策略。邓林等[101]总结了发达国家重污染事件治理的历程和经验，如限制机动车、工厂排污，推广清洁能源和环境立法等，同时指出我国大部分城市的空气污染预警和应急方案中存在发布不及时、应急措施不具体、职责部门分工合作不明确等问题。钟无涯和颜玮[102]探析了城市生活方式、生产方式与产业结构等对解决 $PM_{2.5}$ 问题的效果，指出区域产业结构调整才是实现兼顾城市发展、环境保护的最佳路径。

综合以上研究情况，从国内外与本项目相关的问题研究来看，主要存在以下几个方面的局限性。

（1）目前学者对雾霾的研究多集中在概念化的层面，没有对形成雾霾的根源进行深入研究，只是对相应的污染源进行了列举式的描述，缺乏详细的分类和危害程度的研究，更没有技术层面上的支持。

（2）尚没有进行相应的雾霾突发事件风险评估，也没有科学合理的应急管理体系作指导，以至于在雾霾发生时缺乏应急决策的支持，处于被动状态。

（3）目前大多数对雾霾风险研究涉及的群体较小，并未对城市间甚至区域间的雾霾风险应对及联防进行研究，对于区域雾霾联防机制的研究同样非常重要。

（4）针对雾霾天气的应对措施多集中在建议阶段，缺少量化模型的支持，这在实际推行过程中往往缺乏力度和可执行性。

1.3 研 究 内 容

针对 1.2 节中提到目前研究方面的局限性，提出以下几点主要研究内容。

（1）充分收集基础数据，对雾霾成因进行深层次的探究，确定导致雾霾的主要污染源所在，并对其进行分类。建立针对污染源的风险评估体系，对主要污染源进行风险源识别和分析。

（2）针对不同风险源类别，研究雾霾突发事件的特征和演化规律，包括演化机理、扩散路径、扩散方式、演化周期和影响因素等，对雾霾突发事件中的情景演化模式进行探讨。

（3）考虑雾霾突发事件风险特征，进行长三角联动防治机制研究。结合公众、企业和政府3个方面信息探讨合理的联合治理方式。

（4）借鉴突发事件的应急管理体系，提出针对性的应急管理体制和方法，结合雾霾突发事件的情景演化特征进行行为决策机制的研究。

1.4 研究方法和技术路线

1.4.1 研究方法

针对长三角雾霾天气的成因展开风险源调查，对相应的风险源进行风险分析和等级划分，建立风险评估体系，对关键性风险源进行监测和评估，建立风险源数据库。在雾霾事件发生时，通过前期的风险评估做出应急决策，并根据应急措施的实施情况和雾霾的进展及时做出调整。要以区域联动防治为基础，充分调动各方面的积极性，共同制定切实可行的应对方案。

1. 雾霾突发事件风险评估体系的建立

第一阶段的“风险预测评估”主要是对雾霾事件作事前评估，目的在于控制事故发生和减缓事故影响，对应的“事前评估阶段”，是指突发性雾霾事件没有发生，但有发生的可能性，存在一定的事故风险。

第二阶段的“风险应急评估”主要是对已发生的雾霾事件作应急评估，目的在于为应急决策提供依据和建议，并间接协助应急行动的开展，对应“事中评估阶段”，是指雾霾突发事件刚发生，造成的局部危害也已经出现。

第三阶段的“风险后果评估”主要是对雾霾事件作事后评估，目的在于识别和分析事件的长期、间接风险，对应“事后风险评估阶段”，是指污染事件造成的短期直接影响已经显现，采取应急措施后已经得到控制，但事件还可能产生后续影响，存在一定的后续风险。

事前评估阶段的主要任务是对风险源的识别、分析和评价过程。事中评估阶段的主要任务是针对前期的风险源分析和突发事件的具体情境，制定应急决策。事后风险评估主要针对前两个阶段风险评估的实施情况，做及时适当的调整，以消除可能存在的潜在影响，并总结风险评估和应急决策的技术经验。

2. 雾霾突发事件应急决策流程

在雾霾突发事件的应急决策中，应急决策响应的时间紧迫性对应急决策方案的生成提出了更高的要求。结合“情景-应对”决策范式特点和突发事件应急决策系统的特殊要求，提出基于“情景-应对”的决策方案生成模型。

3. 雾霾突发事件联动防治研究

雾霾的特性决定了根治雾霾必须建立社会联动防治机制，合理的联动防治机制是制定应急决策的关键。根据长三角雾霾特性，建立联动防治机制流程图和框架。

1.4.2 技术路线

本书研究的技术路线如图 1-1 所示。

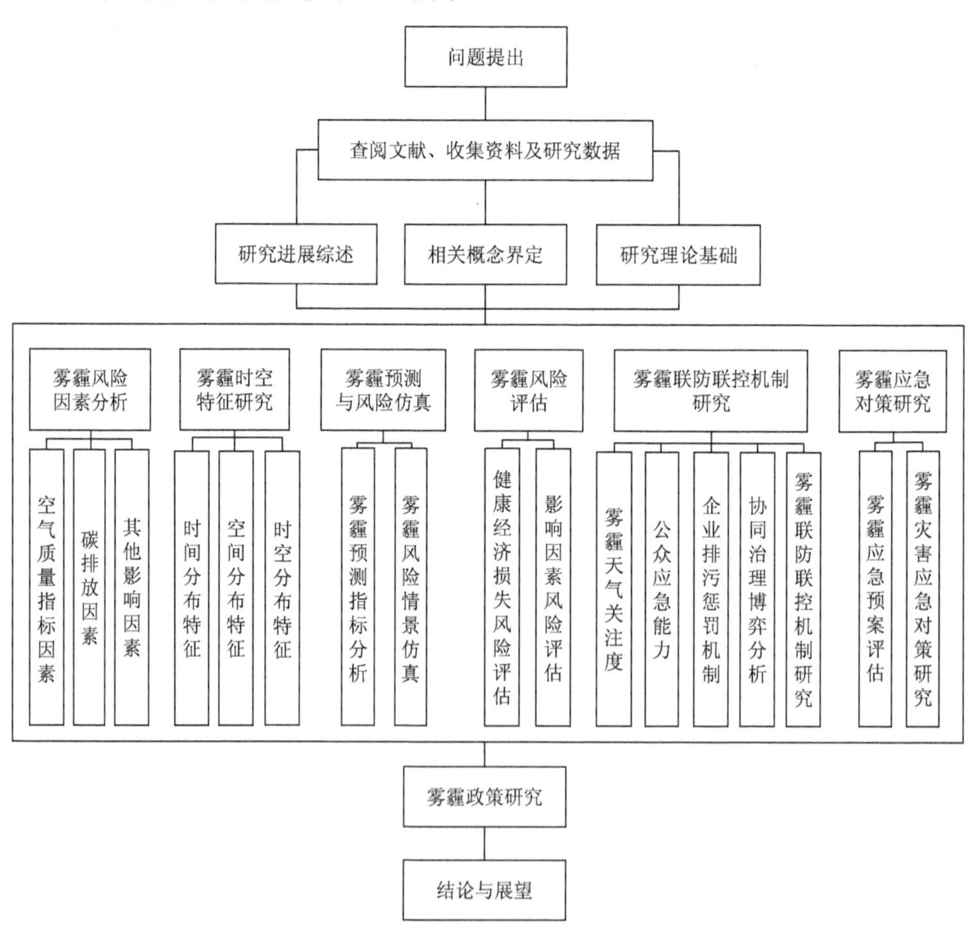

图 1-1　技术路线图

第 2 章　上海市雾霾天气影响因子研究

本章根据上海市雾霾的具体情况找出不同影响因子的作用力大小。鉴于雾霾影响因子的多样性及复杂性，本章采用基于 Multiple-Input Single-Output（MISO）多元广义神经网络[103]的雾霾天气影响因子分析模型。与层次分析法、主成分分析法等这些常用方法相比，BP（back propagation）神经网络在任意逼近力方面有明显的优势。MISO 多元广义神经网络不仅保证了 BP 神经网络的任意逼近能力，并且解决了迭代过程冗长、学习过程易发生动荡和网络隐神经元难以确定的问题。

2.1　雾霾天气影响因子研究模型的建立

2.1.1　MISO 多元广义神经网络原理

MISO 多元广义神经网络是一种改进的 BP 神经网络。依据负梯度下降法思想和 BP 算法推导出了基于矩阵伪逆表述的网络最优连接权值直接计算公式。用一种基于指数增长和折半删减搜索策略的自适应增删搜索算法来确定隐层神经元的数目。MISO 多元广义神经网络包括三层，即输入层、中间层（隐层）和输出层，MISO 多元广义神经网络结构如图 2-1 所示。

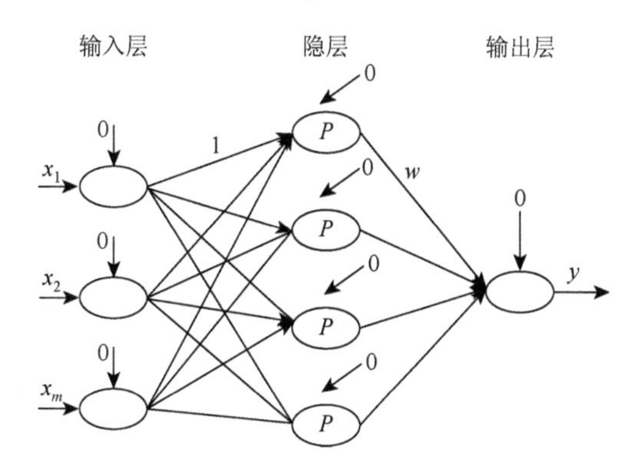

图 2-1　MISO 多元广义神经网络结构图

其中，$x_i(i = 1, 2, \cdots, m)$表示输入向量；P 表示隐层的激励函数；y 表示输出值；0 表示输入层和隐层的阈值；1 表示输入层与隐层之间的权值；w 表示隐层与输出层之间的权值。

2.1.2 最优连接权值的确定

MISO 多元广义神经网络为三层前向结构，输入层的 m 个神经元和输出层的单个神经元均采用恒等线性激励函数：

$$f(x)=x \tag{2-1}$$

隐层有 n 个隐神经元，使用一组多元广义多项式作为其激励函数组。该网络中所有神经元阈值均固定为 0，输入层神经元至隐层神经元之间的连接权值恒定设为 1。另外，记第 i 个隐神经元与输出神经元之间的连接权值为 $w_i\,(i=1,2,\cdots,n)$，w_i 为仅需调整的网络权值参数。

训练样本集：

$$\{((x_1^s,x_2^s,\cdots,x_n^s),f_s),s=1,2,\cdots,d\}$$

第 i 个隐神经元对第 s 个训练样本输入的激励响应为 q_i^s。隐层（n 个隐神经元）对全体训练样本输入（d 个训练样本）所产生的激励响应矩阵为

$$\boldsymbol{Q}\in\mathbf{R}^{d\times n}$$

$$\boldsymbol{Q}=\begin{pmatrix} q_1^{(1)} & \cdots & q_n^{(1)} \\ \vdots & & \vdots \\ q_1^{(d)} & \cdots & q_n^{(d)} \end{pmatrix}\in\mathbf{R}^{d\times n}$$

样本期望输出向量为

$$\boldsymbol{\gamma}\in\mathbf{R}^{d}$$

$$\boldsymbol{\gamma}=[f_1,f_2,\cdots,f_d]^{\mathrm{T}}\in\mathbf{R}^{d}$$

神经网络连接权值向量：

$$w\in\mathbf{R}^{n}$$

$$w=[w_1,w_2,\cdots,w_n]^{\mathrm{T}}\in\mathbf{R}^{n}$$

神经网络批量处理训练误差函数：

$$E(w)\geqslant 0,E(w)\in\mathbf{R}$$

$$E(w)=\frac{1}{2}\sum_{s=1}^{d}\left[\sum_{i=1}^{n}(w_i q_i^{(s)}-f_s)\right]^2\geqslant 0,E(w)\in\mathbf{R} \tag{2-2}$$

$$\boldsymbol{Q}^{+}=(\boldsymbol{Q}^{\mathrm{T}}\boldsymbol{Q})^{-1}\boldsymbol{Q}^{\mathrm{T}} \tag{2-3}$$

式中，$\boldsymbol{Q}^{+}$ 表示 $\boldsymbol{Q}$ 的伪逆。

最优连接权值为

$$w^{*}=\boldsymbol{Q}^{+}\boldsymbol{\gamma} \tag{2-4}$$

2.1.3　MISO 多元广义神经网络隐神经元增删算法

c 表示多元多项式神经网络的当前隐神经元数；在指数搜索阶段 $c=2^{h}$，h 表示控制指数增长的幂；a 和 b 分别表示折半搜索时搜索区间的上界和下界；ε 和 e 分别表示神经网络的目标误差和当前误差，如图 2-2 所示。

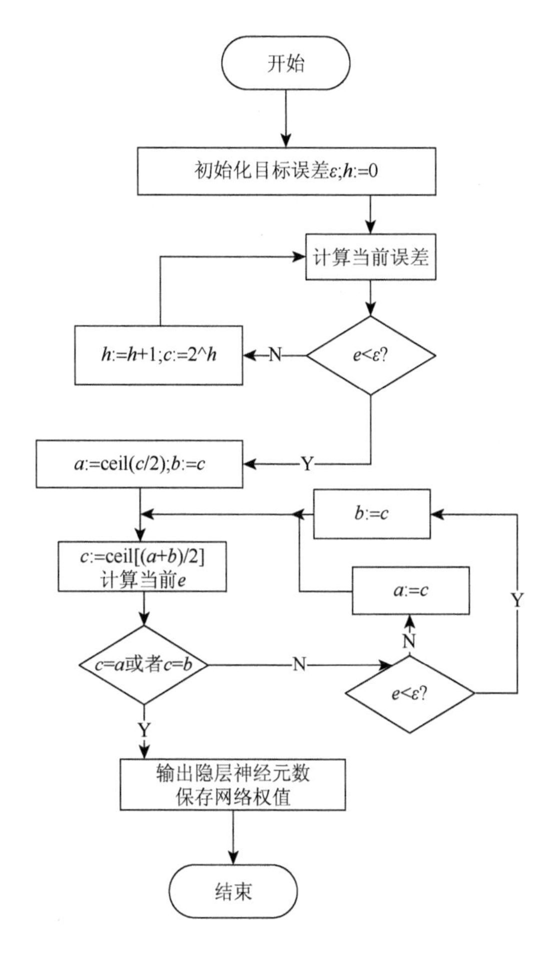

图 2-2　MISO 多元广义神经网络隐神经元增删算法

2.2　MISO 多元广义神经网络的实证分析

2.2.1　雾霾天气影响因子研究原理

根据空气指数实时监测数据，对雾霾天气的影响因素研究描述如下：设影响雾霾天气的因素为

$$X = \{x_1, x_2, x_3, \cdots, x_n\} \tag{2-5}$$

其中，x_i 表示第 i 个影响因素；X 表示雾霾天气。由式（2-5）可知，雾霾天气的影响因素分析就是根据收集到的雾霾天气历史数据及其影响因素的历史数据训练一个神经网络，通过此神经网络来判断各个影响因素对雾霾天气的不同作用，进而为雾霾天气的预防和控制提供有价值的信息。通过对雾霾天气的分析可知，其并不是由各个影响因子的简单加和构成的。各个影响因子不是单独发挥作用的，每个因子都与其他各个因子之间存在密切的联系。无论哪个影响因素，当周围影响因素发生变化时，它都会受到影响。基于 MISO 多元广义神经网络强大的非线性处理功能，对不同等级的雾霾天气的各个影响因素的实际作用情况能够更加准确地做出分析，从而能够为雾霾天气的控制给出有价值的信息。

2.2.2　数据收集与处理

本次研究采用的数据均来自上海空气质量实时发布系统，通过记录，统计了上海市 2013 年 1 月 1 日～2014 年 12 月 31 日的 $PM_{2.5}$、SO_2、NO_2、PM_{10}、CO、O_3 分指数。由于数据过多，此处只给出部分数据，如表 2-1 所示。影响雾霾天气的主要因素有 $PM_{2.5}$、PM_{10}、O_3、SO_2、NO_2、CO，为了提高训练精度，首先对这些数据进行了预处理。处理方式如下：

$$x' = \frac{x - x_{\min}}{x_{\max} - x_{\min}} \times 0.7 + 0.2 \tag{2-6}$$

式中，x' 表示归一化处理后的数据；x 表示真实数据；$x_{\min}$ 表示该组数据中的最小值；$x_{\max}$ 表示该组数据中的最大值。数据经过预处理之后落在[0.2, 0.9]。

表 2-1　原始数据　（单位：μg/m³）

日期（年-月-日）	$PM_{2.5}$	PM_{10}	O_3	SO_2	NO_2	CO
2014-12-22	103	85	19	46	94	30
2014-12-23	83	74	29	25	90	28
2014-12-24	178	115	23	55	109	43
2014-12-25	50	41	33	16	47	18
2014-12-26	32	38	32	17	59	15
2014-12-27	32	38	30	21	63	15
2014-12-28	95	76	24	30	101	27
2014-12-29	193	126	29	51	111	43
2014-12-30	172	112	25	48	155	40
2014-12-31	133	105	30	41	84	29

对于原始数据，为了处理方便，采用归一化处理。所得数据如表 2-2 所示。

表 2-2　处理后数据

日期（年-月-日）	$PM_{2.5}$	PM_{10}	O_3	SO_2	NO_2	CO
2014-12-22	0.340 6	0.356 7	0.245 5	0.594 4	0.698 3	0.412 1
2014-12-23	0.309 7	0.334 8	0.280 5	0.387 3	0.674 6	0.390 9
2014-12-24	0.456 5	0.416 1	0.259 5	0.683 1	0.787 3	0.550 0
2014-12-25	0.258 7	0.269 4	0.294 5	0.298 6	0.419 5	0.284 8
2014-12-26	0.230 9	0.263 5	0.291 0	0.308 5	0.490 7	0.253 0
2014-12-27	0.230 9	0.263 5	0.284 0	0.347 9	0.514 4	0.253 0
2014-12-28	0.328 3	0.338 8	0.263 0	0.436 6	0.739 8	0.380 3
2014-12-29	0.479 7	0.438 0	0.280 5	0.643 7	0.799 2	0.550 0
2014-12-30	0.447 2	0.410 2	0.266 5	0.614 1	0.822 9	0.518 2
2014-12-31	0.387 0	0.396 3	0.284 0	0.545 1	0.639 0	0.401 5

2.2.3　雾霾天气影响因子研究模型结构

根据本次所研究问题的特点，输入层有 6 个神经元，分别由 $PM_{2.5}$、PM_{10}、O_3、SO_2、NO_2、CO 的分指数构成。输入层神经元和隐层神经元之间的连接权值为 1。所有神经元阈值均为 0。输出层为单层神经元，由代表雾霾天气程度的指数构成。隐层神经元的个数由折半搜索算法确定。经过测定最终的隐层神经元个数为 8 个，误差设定为 0.1。

2.2.4　雾霾天气影响因子模型精度检验

仿真所选用的训练样本为上海市 2013 年 1 月 1 日～2014 年 12 月 31 日的 730 组数据，为了避免测试偶然性选用 2014 年 1 月 1 日～2014 年 11 月 30 的 334 组数据为预测样本。首先通过训练样本对神经网络进行训练，确定隐层神经元的数目。然后将预测数据导入模型，进行预测。预测结果显示：均方根误差 $e_1 = 0.0328$，平均绝对误差 $e_2 = 0.0243$，平均相对误差 $e_3 = 0.0661$，预测值与实际值间相关系数 $e = 0.967$。由于篇幅有限，用图 2-3 显示预测结果。图 2-4～图 2-6 分别展示了重度雾霾、轻度雾霾和中度雾霾的预测结果。图 2-4 为 2014 年 1 月 1～30 日的对比图。图 2-5 为 2014 年 7 月 6 日～8 月 4 日的对比图。图 2-6 为 2014 年 11 月 1～30 日的数据对比图。

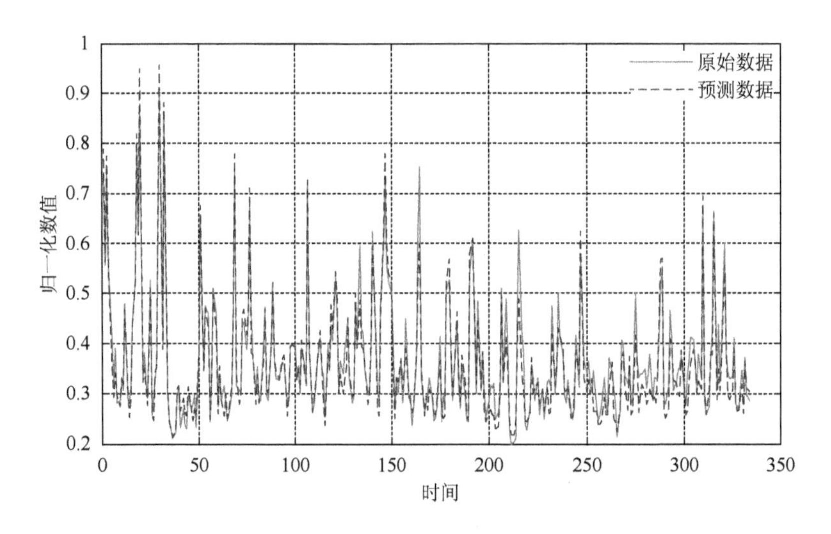

图 2-3　数据对比图

最优连接权变量：

$$w = [0.0685 \quad 0.1194 \quad 0.0051 \quad 0.1886 \quad 0.0755 \quad 0.0280 \quad 0.0585 \quad 0.7677]$$

由图 2-3～图 2-6 及误差可知，此 MISO 多元广义神经网络的预测精度较高，预测结果与原数据增减趋势一致，可以用来预测雾霾天气。通过这个模型，可以判断在不同程度的雾霾天气下，各个因子的实际影响力，为快速准确地做出应急方案提供有价值的信息。

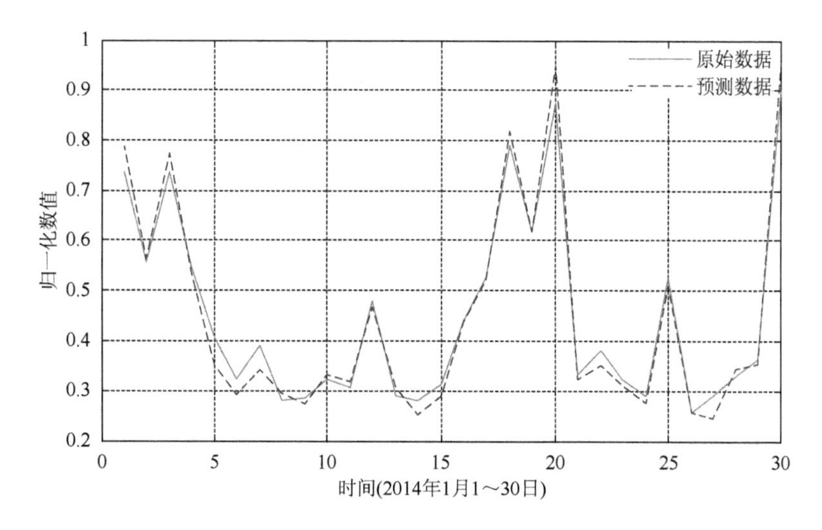

图 2-4　重度雾霾数据对比图

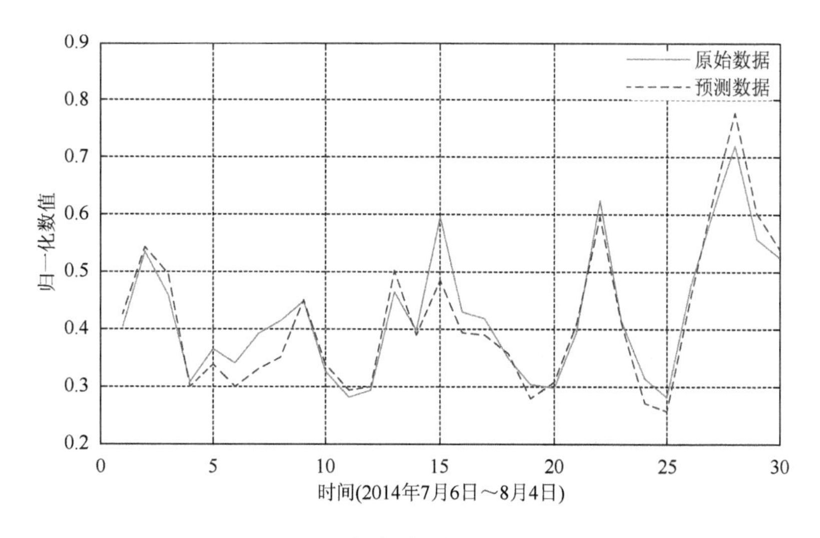

图 2-5　轻度雾霾数据对比图

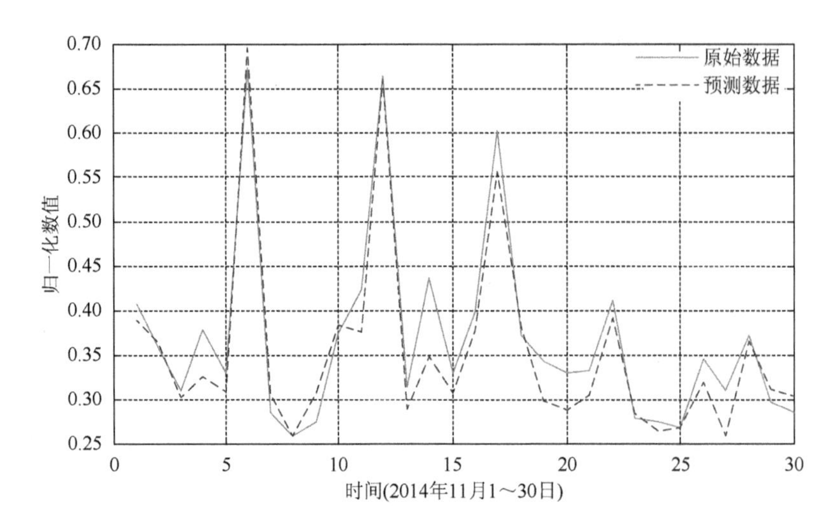

图 2-6　中度雾霾数据对比图

2.2.5　具体分析

首先根据《中华人民共和国气象行业标准》中关于霾的预报等级及其服务描述可知，轻度雾霾对人们的影响相对较小，而中度和重度雾霾对人们的影响则显著许多。其次通过统计分析，两年中的中度雾霾 51 天，重度雾霾 24 天，可见，中度雾霾比重度雾霾更易发生。综合考虑以上两个因素，选择 2014 年 11 月和 8 月的中度雾霾天气各影响因子的分指数作为研究对象进行分析，通过对各个指数进行等距离的变化来测量其实际影响力。原始数据如表 2-3 所示。

表 2-3　原始数据　（单位：μg/m³）

日期（月-日）	$PM_{2.5}$	PM_{10}	O_3	SO_2	NO_2	CO
11-17	153	88	49	29	64	25
11-12	172	103	35	35	82	33
11-06	175	103	88	26	83	29
08-04	98	70	161	15	49	22

由图 2-7～图 2-10 可知，当各分指数的改变量相同时，$PM_{2.5}$ 的变化量最大，可见 $PM_{2.5}$ 与雾霾之间存在正向显著关联。由图 2-8 可知，在 $PM_{2.5}$ 不是首要污染物时其实际影响力仍显著高于其他各因子。这就说明了，当雾霾发生时，$PM_{2.5}$ 是首要分析因子。由图 2-8 和图 2-9 可知，除 $PM_{2.5}$ 外各因子影响力从小到大依

次为 SO_2、CO、O_3、NO_2 和 PM_{10}。图 2-9 也表明 PM_{10} 的影响力与其他各因子相比较弱。通过对比图 2-7 和图 2-8 可以发现，次影响因子分别是 NO_2 和 O_3，这就表明雾霾情况具体分析的必要性。

以上研究通过建立 MISO 多元广义神经网络对当前的雾霾天气情况进行了评估，针对当天的雾霾天气情况对各影响因子依次进行了测试。通过测试，可以发

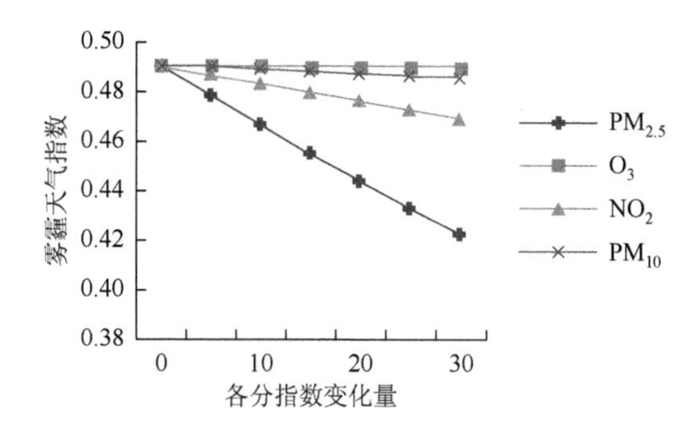

图 2-7　2014-11-17 各分指数变化趋势图

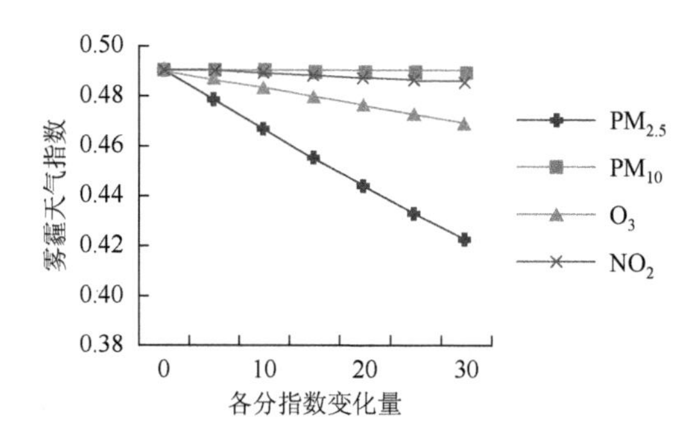

图 2-8　2014-08-04 各分指数变化趋势图

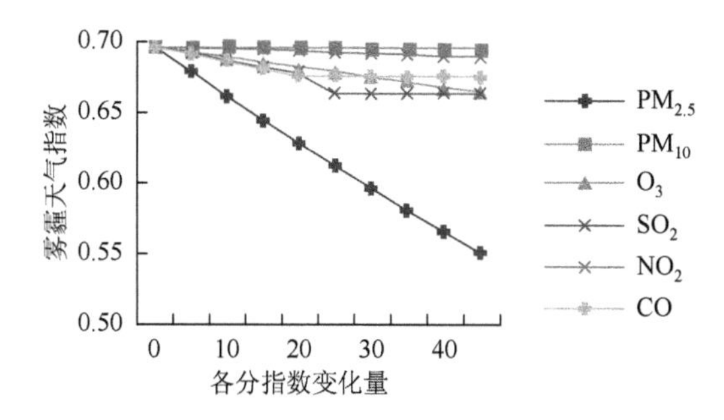

图 2-9　2014-11-06 各分指数变化趋势图

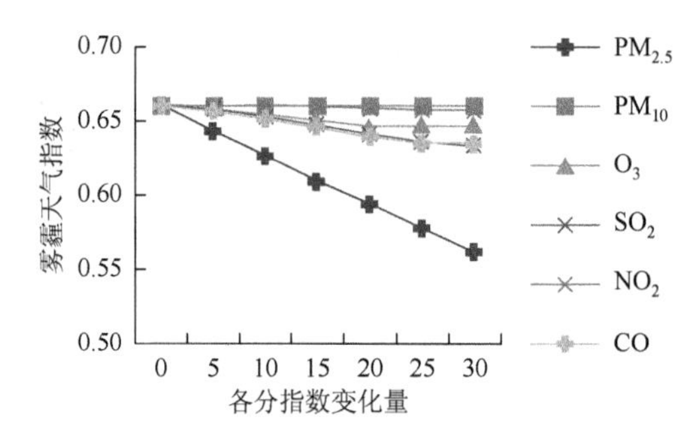

图 2-10　2014-11-12 各分指数变化趋势图

现每个影响因子在具体情况下的实际影响力。根据实际影响力的排序及各因子之间相差的具体情况，再结合各个影响因子的指数在当下可降低的程度及难度进行综合考量，最后做出应对雾霾的最优选择。

2.3　本章小结

MISO 多元广义神经网络是对 BP 神经网络的改进，具有神经网络的非线性处理能力及容噪能力。根据上海市 2013 年 1 月 1 日～2014 年 12 月 31 日的雾霾天气影响因素分指数对神经网络进行训练，然后对所选数据进行预测检验。通过反复训练和预测找到最优连接权值，然后进行影响因子数据分析。首先通过对中度雾霾天气的各个影响因子的等距分析可知，无论 $PM_{2.5}$ 是否为首要污染物，其对雾霾天气的影响都是最显著的，并且远大于其他影响因子。因此，$PM_{2.5}$ 是雾霾天气的首要分析因子，要想减少雾霾天气首先应该降低空气中 $PM_{2.5}$ 的浓度。其次，除 $PM_{2.5}$ 和 PM_{10} 之外的其他影响因子的实际影响力与其 AQI 呈正相关关系。最后，PM_{10} 的 AQI 的变化对雾霾天气的影响程度最小。因为影响因子的指数是随时变化的，只进行静态分析难以给出最优的控制方案。引入复杂网络理论、马尔可夫模型会取得更加精确的结果，提高模型的预测分析能力。雾霾的影响因素不仅与如上所说的因子有关，还与当时的气象条件相关。如果将气象条件考虑进来，预测分析的结果会更加精确。

第 3 章　雾霾与碳排放之间的关联效应分析

3.1　模型的建立

第 2 章研究了 $PM_{2.5}$、PM_{10} 和 SO_2 等影响因子对不同程度雾霾天气的实际作用力。以上研究结果为雾霾发生时应急措施的选择提供了依据，能够在短时间减弱雾霾的影响。但是想要从根本上降低雾霾的发生频率及严重程度，就需要对雾霾进行源解析。郝新东、刘菲利用省区市面板数据考察了煤炭消费对 $PM_{2.5}$ 的影响。研究结果表明，煤炭消费与 $PM_{2.5}$ 呈正相关，煤炭消费是 $PM_{2.5}$ 形成的主要原因。治理雾霾要以降低煤炭消费量，提高煤炭利用效率为重点。吴文景、常兴等利用 CMAQ/2D-VBS 模型研究了主要排放源减排 30%对 $PM_{2.5}$ 污染的影响。研究结果表明，工业源对 $PM_{2.5}$ 的影响最大，其次是民用源。从侧面表明了碳排放与 $PM_{2.5}$ 的密切关联。黄怡民、付川等研究了 $PM_{2.5}$ 中有机碳和元素碳的污染特征。研究结果表明，有机碳和元素碳在 $PM_{2.5}$ 中比重接近 30%，从微观成分解析方面说明了碳元素与 $PM_{2.5}$ 关系密切[104-106]。

以上研究表明，雾霾与碳排放存在密切的关系，为了进一步研究雾霾与碳排放之间的关联效应，下面采用因子分析方法对雾霾与碳排放各个相关因子进行探究。因子分析是研究多变量之间相关性的统计分析方法。具体研究过程如下。

设有 n 个样品，每个样品观测 p 个指标，p 个指标之间有较强的相关性。原始变量及标准化后变量向量均用 $\boldsymbol{X}$ 表示，$F_1, F_2, \cdots, F_m$（$m<p$）表示标准化公因子。如果：

（1）$\boldsymbol{X} = (X_1, X_2, \cdots, X_p)^{\mathrm{T}}$ 是可观测随机向量，且均值向量 $\boldsymbol{E}(\boldsymbol{X}) = 0$，协方差矩阵 $\mathrm{Cov}(\boldsymbol{X}) = \boldsymbol{\Sigma}$，且协方差矩阵 $\boldsymbol{\Sigma}$ 与相关矩阵 $\boldsymbol{R}$ 相等；

（2）$\boldsymbol{F} = (F_1, F_2, \cdots, F_m)^{\mathrm{T}}$（$m<p$）是不可观测的变量，其均值向量 $\boldsymbol{E}(\boldsymbol{F}) = 0$，协方差 $\mathrm{Cov}(\boldsymbol{F}) = I$，即向量 $\boldsymbol{F}$ 的各分量是相互独立的；

（3）$\varepsilon = (\varepsilon_1, \varepsilon_2, \cdots, \varepsilon_p)^{\mathrm{T}}$ 与 $\boldsymbol{F}$ 相互独立，且 $\boldsymbol{E}(\varepsilon) = 0$，$\varepsilon$ 的协方差矩阵 $\boldsymbol{\Sigma}\varepsilon$ 是对角方阵，$\mathrm{Cov}(\varepsilon) = \boldsymbol{\Sigma}\varepsilon = 0$，即 ε 的各个分量之间也是相互独立的。

则模型称为因子模型。

3.2　实 证 分 析

数据来源：$PM_{2.5}$ 来源于哥伦比亚大学、耶鲁大学和巴赫尔研究所的相关统计数据。哥伦比亚大学、耶鲁大学和巴赫尔研究所的研究人员对我国各省区市的 $PM_{2.5}$ 浓度进行了研究，并制作出了中国各省区市人口加权 $PM_{2.5}$ 年均浓度时间数据表（2001～2010 年）。该表用各省区市的平均大气污染暴露浓度代表 $PM_{2.5}$ 的浓度，然后进行人口加权，即首先用网格划分各个省区市；其次计算网格内居民占各个省区市人口总数的百分比，将其设为权重；最后计算所有网格区域的大气污染暴露浓度的人口加权平均值。碳排放各相关因子的统计数据来自《中国能源统计年鉴》和《上海能源统计年鉴》。根据《中国能源统计年鉴》口径，以上能源相关数据均采用能源平衡报表中的最终能源消耗量作为初始数据。由表 3-1 可知，各个变量之间的绝对差值很大，这是由单位不统一造成的。为了消除量纲影响，先对数据进行预处理，再利用 SPSS 进行相关性分析。

表 3-1　雾霾与碳排放各相关因子原始数据

项目	2005 年	2006 年	2007 年	2008 年	2009 年	2010 年
$PM_{2.5}$	22.94	24.43	31.79	28.10	28.80	23.51
碳排放/万 t	2 360.99	2 579.33	2 771.88	2 794.60	2 891.12	3 065.69
焦炭/万 t	603.16	617.92	691.38	684.92	658.32	705.21
燃料油/万 t	691.84	746.51	798.07	763.44	727.69	724.35
汽油/万 t	241.19	268.73	299.66	340.50	388.52	415.37
煤油/万 t	188.32	261.97	295.45	321.47	353.11	399.07
柴油/万 t	325.92	367.94	413.97	421.20	482.03	508.02

由表 3-2 可知，雾霾与碳排放之间的相关性为 0.746，说明雾霾与碳排放之间的关系比较紧密。在碳排放量中占有重要地位的焦炭和燃料油与雾霾的相关性分别是 0.699、0.806。由此可见，雾霾和碳排放之间有同根同源性。要想从根本上解决雾霾，就必须深入研究碳排放的各个影响因子对碳排放的实际作用力，从而有针对性地制定出解决雾霾及碳减排的相关政策。

表 3-2　雾霾与碳排放各相关因子相关矩阵

	$PM_{2.5}$	碳排放	焦炭	燃料油	汽油	煤油	柴油
$PM_{2.5}$	1.000	0.746	0.699	0.806	0.228	0.341	0.309
碳排放	0.746	1.000	0.889	0.344	0.958	0.991	0.983
焦炭	0.699	0.889	1.000	0.562	0.784	0.846	0.819
燃料油	0.806	0.344	0.562	1.000	0.109	0.348	0.214
汽油	0.228	0.958	0.784	0.109	1.000	0.956	0.985
煤油	0.341	0.991	0.846	0.348	0.956	1.000	0.975
柴油	0.309	0.983	0.819	0.214	0.985	0.975	1.000

3.3 本 章 小 结

因子分析法是用来研究各因子之间相关性的一种统计分析方法。相关系数绝对值的大小代表两个变量之间的相关程度，数值越大说明两变量相关性越大，数值越小说明两变量相关性越小。相关系数为正说明两变量之间是正相关，相关系数为负说明两变量之间是负相关。本章利用 SPSS 分析了上海市 2005～2010 年的雾霾与碳排放及其相关因子之间的相关性。分析结果表明，雾霾与碳排放之间为正相关，并且相关系数较高，说明相关度较强。

第 4 章　雾霾与其他相关指标统计分析

本章从雾霾与其他指标之间的数据入手，统计分析它们之间的关系，得出相关的统计规律。从自然因素来看，雾霾污染与森林覆盖率、森林面积、林业用地面积和农作物受灾面积等因素有关。从社会因素来看，雾霾污染与常住人口、人口自然增长率、地区生产总值、城市绿地面积等因素有关。从污染源因素来看，雾霾污染与公共汽电车运营数（辆）、建设工程监理企业单位数、液化石油气供气总量和天然气供气总量等因素有关。根据找到的雾霾指标建立相关的鱼骨图，如图 4-1 所示。

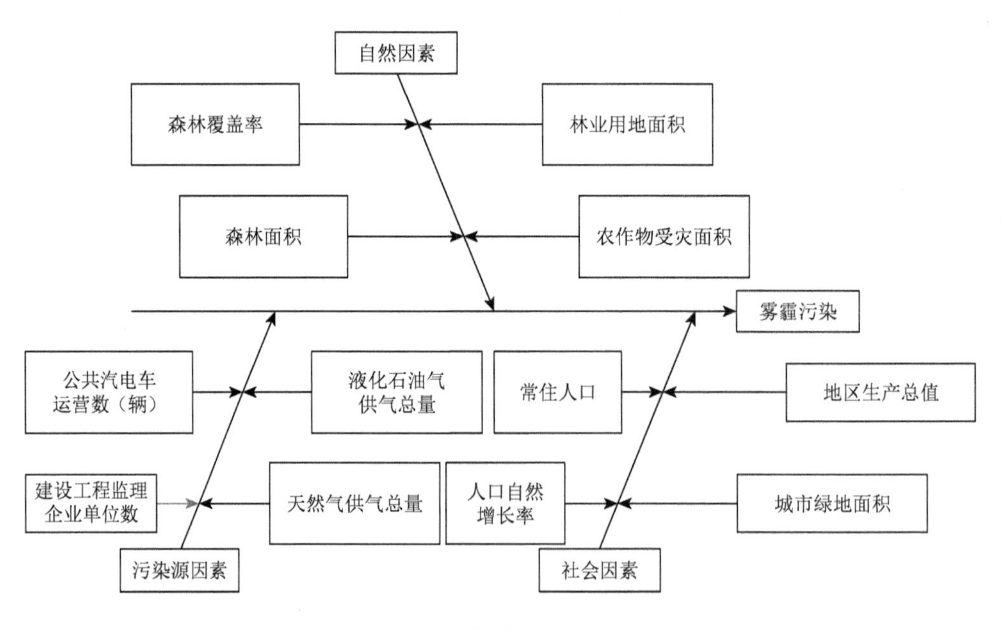

图 4-1　雾霾指标鱼骨图

本章在前几章的基础上，对雾霾与这些影响指标之间的相关关系进行了分析，并建立了多元线性回归方程，定量分析了雾霾污染与包括汽车尾气、原煤燃烧量、建筑施工和森林面积等因素之间存在的联系。

4.1　上海市统计指标数据分析

4.1.1　社会因素指标分析

由表 4-1 可知，从社会因素来说，上海市作为中国的经济金融中心，2010 年上海市地区生产总值达到了 1.72 万亿元，到 2014 年上海市地区生产总值已经达到了 2.36 万亿元，平均年增长率为 8.2%，在地区生产总值中第三产业增加值占到了 60%以上；从全市常住人口来看，2010 年年末，上海市常住人口为 2303 万人，到 2014 年年底上海市常住人口为 2426 万人，年平均增长率为 1.4%，其中 2014 年年底城镇人口占到常住人口的 90%。2010 年年底上海市人口自然增长率为 1.98‰，到了 2014 年年底上海市人口自然增长率为 3.14‰；2010 年年底城市绿地面积为 12.01 万 hm^2，到了 2014 年年底城市绿地面积增长为 12.57 万 hm^2，平均年增长率为 1.1%。从雾霾污染因子 $PM_{2.5}$ 的年平均浓度来看，2013 年 $PM_{2.5}$ 的全年平均浓度达到了 61.76μg/m^3，2014 年 $PM_{2.5}$ 的全年平均浓度为 51.89μg/m^3，2015 年为 52.94μg/m^3，2013～2015 年 $PM_{2.5}$ 的年平均浓度都高于国家空气质量二级标准，相对于其他沿海城市来说，上海市的雾霾污染程度还是比较严重的，这也验证了快速经济发展的同时伴随着空气质量的下降。从 AQI 来说，2013 年 AQI 全年平均为 97.10，2014 年 AQI 全年平均为 82.61，2015 年 AQI 全年平均为 89.02。图 4-2 描绘出 AQI、$PM_{2.5}$ 年平均浓度与社会因素统计指标之间的关系。

表 4-1　2010～2015 年上海市 $PM_{2.5}$ 与社会因素统计指标的关系

年份	年度平均 AQI	$PM_{2.5}$ 年平均浓度/(μg/m^3)	地区生产总值/万亿元	常住人口/万人	人口自然增长率/‰	城市绿地面积/万 hm^2
2010	81.73	54.34	1.72	2 303	1.98	12.01
2011	83.28	53.26	1.92	2 347	1.87	12.23
2012	84.36	55.46	2.02	2 380	4.2	12.42
2013	97.10	61.76	2.18	2 415	2.94	12.43
2014	82.61	51.89	2.36	2 426	3.14	12.57
2015	89.02	52.94	2.52	2 450	3.38	12.63

对雾霾与社会因素相关统计量之间进行多重共线性分析，结果如表 4-2 所示。表中，x_1、x_2、x_3、x_4、x_5 的容忍度都小于 0.1，并且其方差膨胀因子（variance inflation

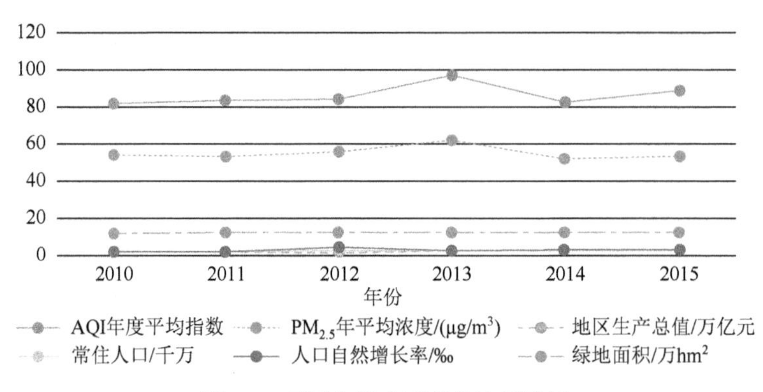

图 4-2　雾霾与社会因素统计折线图

factor，VIF）都大于 10，说明它们之间存在很严重的共线性[107]。因此，需要对雾霾与社会因素相关的统计量进行主成分回归分析以消除多重共线性。

表 4-2　回归系数和共线性统计量

项目	非标准系数		标准系数试用版	t	Sig	共线性统计量	
	B	标准误差				容忍度	VIF
（常量）	−86.605	0.000		—	—		
x_1	4.426	0.000	2.689	—	—	0.009	108.676
x_2	86.874	0.000	4.357	—	—	0.002	439.343
x_3	−1 054.193	0.000	−10.148	—	—	0.000	3 550.996
x_4	−8.949	0.000	−1.347	—	—	0.018	56.458
x_5	184.910	0.000	7.230	—	—	0.000	2 010.993

表 4-2 中，x_1 代表 $PM_{2.5}$ 年平均浓度；x_2 代表地区生产总值；x_3 代表常住人口；x_4 代表人口自然增长率；x_5 代表城市绿地面积。

将雾霾和社会因素的统计指标进行标准化处理，描述性统计量表中显示各变量的样本数（N）、均值和标准差，以便于对中心化后的自变量进行完主成分回归后还原为原始变量，处理结果如表 4-3 所示。

表 4-3　描述性统计量

项目	N	均值	标准差
y	6	86.350 0	5.855 06
x_1	6	54.941 7	3.557 18
x_2	6	2.120 0	0.293 67
x_3	6	2.388 3	0.056 36

续表

项目	N	均值	标准差
x_4	6	2.918 3	0.881 46
x_5	6	12.381 7	0.228 95
有效的 N（列表状态）	6		

表 4-3 中，y 代表雾霾污染程度的 AQI；x_1 代表 $PM_{2.5}$ 年平均浓度；x_2 代表地区生产总值；x_3 代表常住人口；x_4 代表人口自然增长率；x_5 代表绿地面积。

对中心化后的数据进行主成分分析，主成分分析结果如表 4-4 所示。

表 4-4　主成分提取汇总表

主成分	初始			提取项		
	特征值	方差百分比	累积方差百分比	特征值	方差百分比	累积方差百分比
1	3.414	68.271	68.271	3.414	68.271	68.271
2	1.045	20.905	89.176	1.045	20.905	89.176
3	0.524	10.482	99.658	0.524	10.482	99.658
4	0.017	0.339	99.997			
5	0.000	0.003	100.000			

可以计算出主成分得分表，如表 4-5 所示。

表 4-5　主成分得分表

	x_1	x_2	x_3	x_4	x_5	x_6
z_1	−2.836 2	−1.548 0	0.425 2	0.517 6	1.361 1	2.080 4
z_2	−0.171 0	−0.595 3	0.464 1	1.844 3	−0.903 7	−0.638 6
z_3	−0.105 5	0.473 7	−1.382 9	0.639 2	0.125 2	0.250 3

表 4-5 中，z_1、z_2、z_3 代表各主成分的得分；对中心化后的 y 与 z_1、z_2、z_3 进行线性回归方程，线性回归方程系数如表 4-6 所示。

表 4-6　回归系数

主成分	非标准化系数		标准系数试用版	t	Sig	共线性统计量	
	B	标准误差				容忍度	VIF
（常量）	8.087×10^{-16}	0.136		0.000	1.000		
z_1	0.231	0.080	0.426	2.865	0.103	1.000	1.000
z_2	0.758	0.145	0.775	5.213	0.035	1.000	1.000
z_3	0.574	0.205	0.417	2.803	0.107	1.000	1.000

回归系数估计值为$\widehat{\beta_1}=0.231$，$\widehat{\beta_2}=0.758$，$\widehat{\beta_3}=0.574$，常数项近似为零。把上面关系式代入下式：

$$z_y = 0.231z_1 + 0.758z_2 + 0.574z_3 \tag{4-1}$$

其中，z_y表示中心化后的y。可以求得

$$y = 1.4091x_1 + 3.9855x_2 + 34.3658x_3 - 1.6819x_4 + 2.8284x_5 - 111.7056 \tag{4-2}$$

其中，y表示雾霾污染程度的AQI；x_1表示$PM_{2.5}$年平均浓度；x_2表示地区生产总值；x_3表示常住人口；x_4表示人口自然增长率；x_5代表绿地面积。根据此线性方程可以根据给定的自变量的数据对AQI进行预测和分析。

4.1.2 自然因素指标分析

从自然因素来说，上海市2010～2014年森林覆盖率都是10.7%，森林面积都是6.81万hm^2，林业用地面积2010～2014年是7.73万hm^2，从森林覆盖率和森林面积的统计结果来看，森林的规模既没有扩大也没有缩减，但是2011年上海市农作物受灾面积为2.43万hm^2；2012年农作物受灾面积为1.47万hm^2；2013年农作物受灾面积为2.8万hm^2。2013年1月期间我国有20个省区市受到雾霾的严重影响，造成对交通、健康方面的直接经济损失约为230亿元，受雾霾影响损失最大的地区是中国东部长三角地区及京津冀地区，包括上海、江苏、浙江、山东、河北、北京和天津等。这次重大雾霾事件，使上海2013年的农作物受灾面积比往年明显提高，达到历年最高。由于$PM_{2.5}$细颗粒物第一次作为科技新词对雾霾进行报道是在2011年，从2011年开始人们才真正地认识到雾霾的重要性，随着空气质量的恶化及公众对雾霾关注度的提升，人们逐渐认识到雾霾天气影响的严重性[108]。

4.1.3 污染源因素指标分析

影响城市空气质量比较重要的一个因素就是机动车的使用量。随着现代科技的发展，机动车的使用越来越普遍，上海市几乎每家每户均拥有至少一辆私家车，冯少荣和冯康巍[109]认为城市的规模与城市的面积、城市GDP及城市的人口有关，机动车的排放标准与机动车的数量、单位面积的机动车数量及人均拥有的机动车数量有关，工业排放污染指标与第二产业增加值、第二产业所占的比重有关。从污染源因素角度讲，雾霾污染主要与6种污染物（$PM_{2.5}$，PM_{10}，CO，NO_x，O_3，SO_2）浓度有关，而从城市角度讲，城市里面产生$PM_{2.5}$及PM_{10}的主要污染源是

建立工厂、建筑工地而产生大量的粉尘；产生 CO、SO_2 的主要污染源是煤炭的使用、原油的使用，包括液化石油气的使用、天然气的使用。产生氮氧化物的主要污染源是汽车、柴油车等机动车的使用。

图 4-3 是上海市机动车使用情况，可以看出，2005～2014 年上海市的机动车使用量逐年递增，呈上升趋势，并且，此上升趋势可能会持续下去，从年末常住人口来看，虽然上海市每年居住人口都在不断增加，但是 2010～2014 年人口增长的趋势有所减缓，上海市人口趋向于饱和，随着人口的稳定和相关政策法规的颁布，相信上海市机动车量在短期内会不断增长，但从长期来看，预计增长趋势会趋向于平和、稳定。

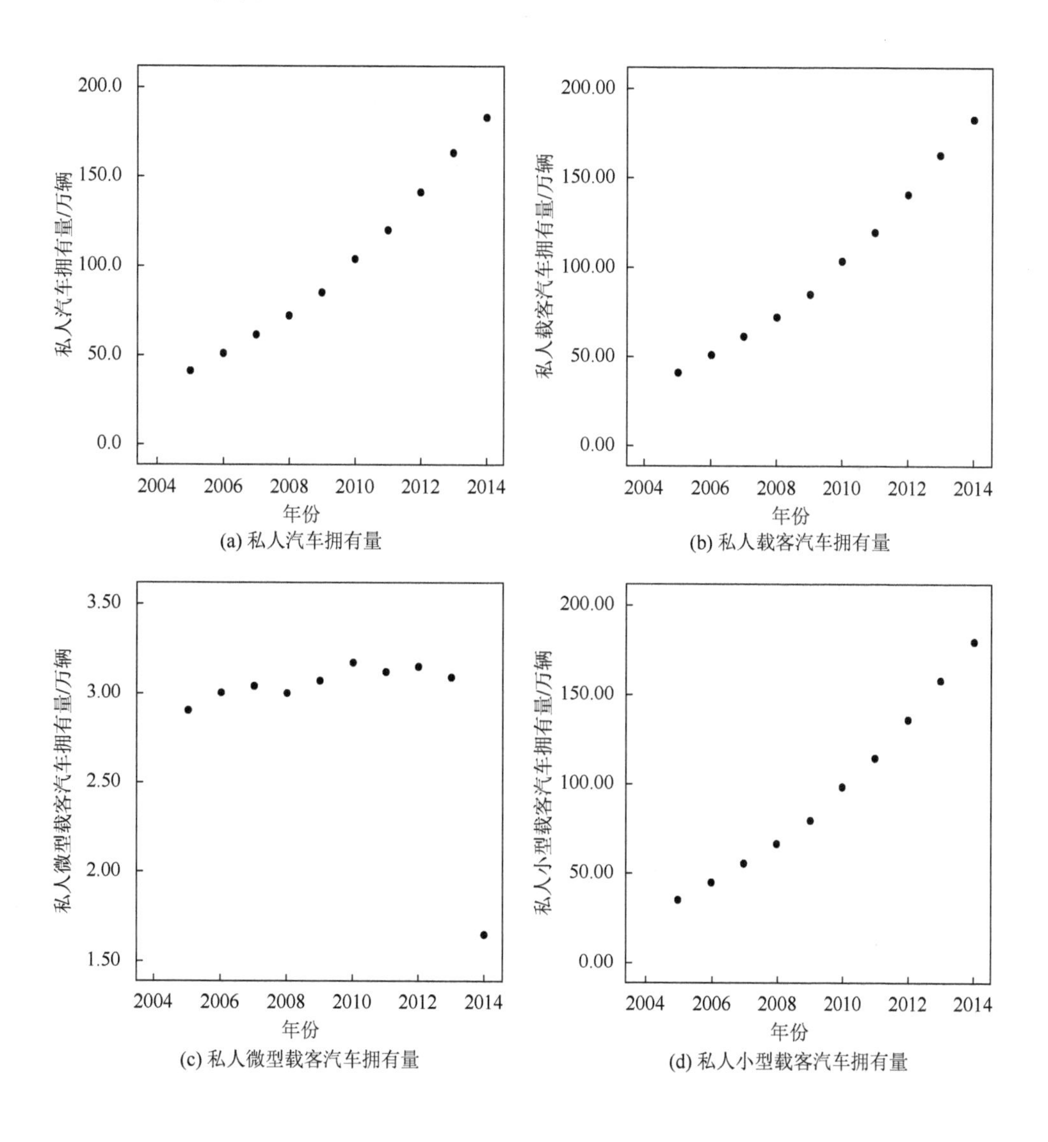

(a) 私人汽车拥有量

(b) 私人载客汽车拥有量

(c) 私人微型载客汽车拥有量

(d) 私人小型载客汽车拥有量

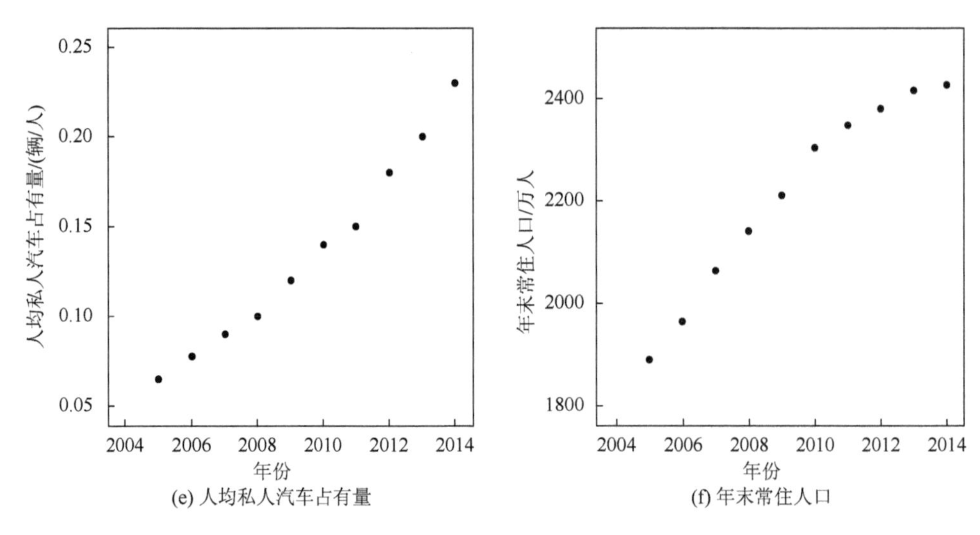

(e) 人均私人汽车占有量　　(f) 年末常住人口

图 4-3　2005～2014 年上海市机动车使用情况散点图

表 4-7 是 2005～2014 年上海市拥有机动车的基本情况。可以看出，各种车辆的拥有量逐年递增，其中，私人汽车、私人载客汽车及私人小型载客汽车的拥有量 2014 年都达到 150 万辆以上，占据了整个城市机动车拥有量的 70%左右。人均汽车拥有量也增长了数倍，从 2005 年人均占有汽车量为 0.065 辆/人，到了 2014 年人均占有汽车量为 0.23 辆/人，增长了 3 倍多。2009～2013 年上海市私人汽车的拥有量增长最快，从 2009 年的 85.03 万辆增长到 2013 年的 163.23 万辆，数量足足增长了 1 倍。同样私人客车的使用量也在 2009～2013 年增长了 1 倍。由此可见，上海市机动车在 2009～2013 年这五年处于私人汽车和私人客车的增长高峰期，随着 2013 年国务院颁布《大气污染防治行动计划》，全国地级及以上城市的可吸入颗粒物浓度得到了控制，上海市私人汽车的增长量也得到了控制。2013 年 1 月全国大部分地区暴发的严重雾霾污染事件也给人们敲响了警钟，上海市政府也于 2013 年印发了《上海市清洁空气行动计划（2013—2017）》，通过地方性政策制定了具体目标，以加快改善环境空气质量为目标，严格控制空气中二氧化硫、氮氧化物、挥发性有机物和颗粒物的排放。从这种层面上来看，上海市 2013～2014 年私人汽车、私人客车拥有量增长趋势减缓。

表 4-7　2005～2014 年上海市机动车使用情况统计表

指标	2014 年	2013 年	2012 年	2011 年	2010 年	2009 年	2008 年	2007 年	2006 年	2005 年
私人汽车拥有量/万辆	183.3	163.23	141.16	119.8	103.71	85.03	72.04	61.29	50.94	41
私人载客汽车拥有量/万辆	182.8	162.88	140.84	119.6	103.57	84.95	71.99	61.25	50.91	40.97
私人大型载客汽车拥有量/万辆	0.18	0.13	0.1	0.08	0.06	0.04	0.02	0.02	0.02	0.02

续表

指标	2014 年	2013 年	2012 年	2011 年	2010 年	2009 年	2008 年	2007 年	2006 年	2005 年
私人中型载客汽车拥有量/万辆	1.41	1.75	1.78	1.79	1.91	2.17	2.38	2.62	2.77	2.8
私人小型载客汽车拥有量/万辆	179.6	157.92	135.81	114.6	98.43	79.67	66.59	55.57	45.12	35.25
私人微型载客汽车拥有量/万辆	1.65	3.09	3.15	3.12	3.17	3.07	3	3.04	3	2.9
私人载货汽车拥有量/万辆	0.28	0.21	0.25	0.14	0.11	0.08	0.05	0.04	0.03	0.04
私人重型载货汽车拥有量/万辆	0.08	0.04	0.03	0.02	0.01	0.01	0			
私人中型载货汽车拥有量/万辆	0.06	0.05	0.12	0.05	0.03	0.02	0.01	0.01	0.01	0.01
私人轻型载货汽车拥有量/万辆	0.15	0.12	0.1	0.06	0.07	0.05	0.03	0.02	0.02	0.02
私人微型载货汽车拥有量/万辆	0	0		0	0					
私人其他汽车拥有量/万辆	0.21	0.14	0.07	0.04	0.02					
私人机动车拥有量/万辆	549.7	489.56	423.41	359.2	311.09	255.09	216.11	183.86	152.82	123.01
年末常住人口/万人	2 426	2 415	2 380	2 347	2 303	2 210	2 141	2 064	1 964	1 890
人均私人汽车占有量/(辆/人)	0.23	0.2	0.18	0.15	0.14	0.12	0.1	0.09	0.078	0.065

影响城市空气质量第二个比较重要的因素就是碳排放量，日常生活对碳排放的控制在很大程度上决定了整个城市的空气质量。雾霾主要是由 SO_2、氮氧化物和可吸入颗粒物组成的，而二氧化硫及氮氧化物都是气态污染物，可吸入颗粒物才是雾霾天气污染最大的影响因素。在空气质量检测过程中，$PM_{2.5}$ 本身作为一种污染物，又作为有毒物质的载体，这种可吸入颗粒物包含多种重金属、多环芳香烃等有毒物质，其中富含着多种有毒的物质[110]，这些有毒物质在空气中残留的时间比较久，对人体健康的影响比较大。可吸入颗粒物在化学上的学名也称 $PM_{2.5}$，是直径小于 2.5μm 的颗粒物的总称，众多研究表明雾霾主要是由 $PM_{2.5}$ 引起的，$PM_{2.5}$ 会使光线的传播效果减弱，降低空气的能见度，污染空气，造成全球性气候变化等。根据上海市历年的数据，上海市第二、第三产业占据整个地区生产总值的 99%以上，其中，第二产业占整个地区生产总值的 35%左右，第三产业占 64%左右，第二产业在很大程度上拉动着我国经济的增长，在三次产业中第二产业的碳排放量最大，上海市存在着一系列污染比较严重的高耗能、高污染的行业，如钢铁、水泥、水电等行业，建筑行业，这类行业对煤炭的消耗量比较大，煤炭燃烧得到的硝酸盐、硫酸盐及一些二次反应物，这些固体污染物是 $PM_{2.5}$ 浓度升高的主要原因，也是雾霾产生的主要原因。前面讲到的私家车数量的增长对雾霾的产生具有很重要的影响作用，随着机动车数量的飞速增长，柴油和汽油为代表的石油气使用量也急速增长，不管是汽油车还是柴油车，在使用的过程中都会产生 $PM_{2.5}$，相对而言，柴油车产生的 $PM_{2.5}$ 更多一些，而且汽车尾气中的一些污染物

也会逐渐转变成细颗粒物排放到空气中。表 4-8 是国家统计局对城市天然气、人工煤气和液化石油气的使用情况统计。

表 4-8　2005～2014 年上海市天然气、人工煤气和液化石油气使用情况

指标	2014 年	2013 年	2012 年	2011 年	2010 年	2009 年	2008 年	2007 年	2006 年	2005 年
城市天然气供气总量/亿 m^3	69.61	69.09	63.11	54.33	45	33.44	29.86	27.75	23.65	17.5
城市天然气用气人口/万人	1 553.9	1 447.3	1 320.9	1 231	1 092.6	850.66	740.63	696.45	585.72	521.85
城市人工煤气供气总量/亿 m^3	3.14	5.93	9.04	11.85	14.22	16.27	19.91	20.83	21.76	19.97
城市人工煤气用气人口/万人	34.98	112.35	197.73	274.8	357.71	351.33	446.39	576.13	621.59	662.31
城市液化石油气供气总量/万 t	41.8	39.73	39.25	39.43	39.84	40.02	48.92	50.65	45.86	45.26
城市液化石油气用气人口/万人	836.78	855.52	861.8	838.67	851.62	719.33	701.44	749	703	710.88

从表 4-8 可以看出，2005 年上海市民使用天然气、人工煤气和液化石油气的人群差不多，之后的 10 年，使用人工煤气的人越来越少，最为明显的转变是 2013 年有 112.35 万人使用城市人工煤气，到了 2014 年使用人工煤气的人口只有 34.98 万人了，缩减了 2/3。同样变化比较明显的还有城市天然气使用量，从 2005 年 521.85 万人增长到 2014 年的 1553.9 万人，人数增长了 2 倍。城市液化石油气的使用量变化并不明显，使用人次从 2005 年 710.88 万人到 2014 年的 836.78 万人，基本上变化不大。

根据以上的分析研究，抽取人均汽车占有量、人均天然气使用量、人均人工煤气使用量和人工液化石油气使用量这些变量，把这些变量与 AQI 进行主成分回归分析，找出它们所存在的关系，建立相应的模型。表 4-9 是 AQI 与各变量统计指标的数据。

表 4-9　2010～2014 年人均机动车、人均天然气使用量统计表

年份	人均天然气使用量/(亿 m^3/万人)	人均人工煤气使用量/(亿 m^3/万人)	人均液化石油气使用量/(万 t/万人)	人均汽车占有量/(辆/人)	AQI
2010	0.041 2	0.039 8	0.046 8	0.14	81.73
2011	0.044 1	0.043 1	0.047 0	0.15	83.28
2012	0.047 8	0.045 7	0.045 5	0.18	84.36
2013	0.047 7	0.052 8	0.046 4	0.20	97.10
2014	0.044 8	0.089 8	0.050 0	0.23	82.61

对雾霾与污染因素相关统计量进行多重共线性分析，结果如表 4-10 所示。

表 4-10　回归系数和共线性统计量

主成分	非标准化系数		标准系数试用版	t	Sig	共线性统计量	
	B	标准误差				容忍度	VIF
（常量）	−479.927	0.000		—	—		
z_1	−824.039	0.000	−0.356	—	—	0.095	10.480
z_2	−2 380.410	0.000	−7.628	—	—	0.009	113.359
z_3	11 936.755	0.000	3.179	—	—	0.023	43.976
z_4	940.771	0.000	5.417	—	—	0.019	52.848

表 4-10 中，x_1、x_2、x_3、x_4（x_1 表示人均天然气使用量；x_2 表示人均人工煤气使用量；x_3 表示人均液化石油气使用量；x_4 表示人均汽车占有量）的容忍度都小于 0.1，并且其 VIF 都大于 10，说明它们之间存在很严重的共线性[107]。因此，需要对雾霾与污染因素相关统计量进行主成分回归分析以消除多重共线性。

将雾霾和污染因素的统计指标进行标准化处理，描述性统计量表中显示各变量的样本数（N）、均值和标准差，以便于对中心化后的自变量进行完主成分回归后还原为原始变量，处理结果如表 4-11 所示。

表 4-11　描述统计量表

指标	样本数	均值	标准差
人均天然气使用量	5	0.045 120	0.002 754 5
人均城市煤气使用量	5	0.054 240	0.020 445 9
人均液化石油气使用量	5	0.047 140	0.001 699 4
人均汽车占有量	5	0.180 0	0.036 74
AQI	5	85.816 0	6.380 71

对中心化后的数据进行主成分分析，主成分分析结果如表 4-12 所示。

表 4-12　主成分信息汇总表

主成分	初始			提取项		
	特征值	方差百分比/%	累积方差百分比/%	特征值	方差百分比/%	累积方差百分比/%
1	2.612	65.299	65.299	2.612	65.299	65.299
2	1.353	33.836	99.135	1.353	33.836	99.135
3	0.029	0.730	99.865			
4	0.005	0.135	100.000			

可以计算出各主成分的得分，其结果如表 4-13 所示。

表 4-13　主成分表

	x_1	x_2	x_3	x_4	x_5
z_1	−0.90	−0.61	0.18	2.71	−1.38
z_2	−0.46	1.29	1.15	−0.63	−1.35

表 4-13 中，z_1、z_2 分别代表各主成分的得分；对中心化后的 y 与 z_1、z_2 进行线性回归方程，线性回归方程系数如表 4-14 所示。

表 4-14　回归系数

主成分	非标准系数		标准系数试用版	t	Sig	共线性统计量	
	B	标准误差				容忍度	VIF
常量	-4.476×10^{-16}	0.471		0.000	1.000		
z_1	0.033	0.326	0.053	0.102	0.928	1.000	1.000
z_2	0.572	0.452	0.666	1.265	0.333	1.000	1.000

对第一主成分 z_1 和第二主成分 z_2 做关于中心化因变量 z_y 的最小二乘回归分析。回归系数估计值为 $\widehat{\beta_1}=0.033$，$\widehat{\beta_2}=0.572$，常数项近似为零。把上面关系代入式（4-3）。

$$z_y = 0.033z_1 + 0.572z_2 - 4.476\times10^{-16} \tag{4-3}$$

其中，z_y 表示中心化后 y 的值。可以求得

$$y = 1\,111.903\,9x_1 - 10.392\,2x_2 - 925.529\,3x_3 + 33.013x_4 + 73.897\,7 \tag{4-4}$$

其中，y 表示因变量 AQI；x_1 表示人均天然气使用量；x_2 表示人均人工煤气使用量；x_3 表示人均液化石油气使用量；x_4 表示人均汽车占有量。

综合社会因素、资源因素和污染源因素来看，工业原煤的消耗、机动车使用数量、生活垃圾废气量和建筑施工等影响因素都在随着经济的发展和人口快速增长而出现不同程度的增长趋势，其中，近几年机动车特别是私人小汽车的拥有量增长迅速，说明汽车行业在雾霾形成过程中起到比较敏感的作用，而随着政府环保部门的环保资金的投入，上海市的空气质量得到一定的改善。从组成地区生产总值的成分来说，上海市第二产业、第三产业的总额占到了总生产总值的 99%左右，其中第二产业的增加使得工业燃煤消耗量增长，表明近年来第二产业基本上与往年维持平衡，但是 AQI 却在增长，这说明雾霾还是停留在表面控制上，并没有进行能源和产业的深度治理。在城市经济发展越来越快的情况下，如果政府的财政资金和补贴不能跟上空气净化的环保投资，空气污染会越来越严重，

因此政府应该加大环保补贴力度，直接控制雾霾的污染蔓延，遏制空气的进一步恶化。

4.2 本章小结

本章在前面统计分析的基础上，从影响空气污染的其他指标入手考虑这些指标与 AQI 之间的关系。首先从自然因素、社会因素和污染源因素方面考虑其他指标的选择，在社会因素下选取了常住人口、人口自然增长率、地区生产总值及城市绿地面积这些子项目作为统计指标，从国家统计局网站找到相关数据，利用多元统计的方法进行相关分析，建立线性回归模型。其次，在自然因素下选取了森林覆盖率、森林面积、林业用地面积和农作物受灾面积这些子项目作为统计指标，通过数据查询发现森林面积、森林覆盖率和林业用地面积没有变化，因此简单分析了一下农作物受灾面积变化发生的原因，结合 2013 年我国重大雾霾事件做了说明。最后在污染源因素角度做了详细说明，从机动车使用量和碳排放量两个方面着手分析，利用散点图画出了 2005～2014 年上海市机动车使用情况，在碳排放方面主要从人均使用天然气、人均使用人工煤气和人均使用液化石油气方面考虑，最后综合机动车使用量和碳排放量两个方面建立 AQI 与这些统计指标之间的相关关系并建立多元线性回归方程，并进行了简单的分析。

第5章　上海市雾霾时间分布特征

科学预测雾霾的浓度是对人们健康生活、环境可持续发展的有效保障，雾霾的预测主要有年平均浓度、月平均浓度和日平均浓度等，受气候条件、季节变化等因素的影响，上海市雾霾呈现出相应的时间分布特征，通过研究发现雾霾具有一定的周期特点。

目前对时间周期研究的方法有很多，自回归积分滑动平均模型（autoregressive integrated moving average，ARIMA）是由博克斯和詹金斯在20世纪70年代提出的一个著名的时间序列预测方法，是指将非平稳时间序列转化为平稳时间序列，然后将因变量仅对它的滞后值及随机误差项的现值和滞后值进行回归所建立的模型，ARIMA模型根据原数列是否平稳及回归中所含部分的不同，包括移动平均过程、自回归过程、自回归移动平均过程和ARIMA过程。

5.1　ARIMA模型建立

ARIMA模型的建立分为以下步骤。

（1）根据时间序列的散点图、自相关系数及偏相关函数图等对时间序列进行稳定性识别，如果是平稳序列则进行下面的步骤，如果不是平稳数列，则需要对非平稳序列进行平稳化处理。如果序列是非平稳的，并存在一定的增长或者下降趋势，需要对数列进行差分处理；如果序列出现异方差，需要对数据进行技术处理，直到处理完的数据的自相关函数（auto correlation function，ACF）值和偏相关函数（partial auto correlation function，PACF）值无显著地异于零为止。

（2）根据时间序列的相关原则，建立相关的模型，若平稳数列的PACF和ACF均是拖尾的，则序列适合ARIMA模型。

（3）进行参数估计，检验模型是否具有统计意义。

（4）判断残差序列是否为白噪声。

（5）利用已经建立起来的模型进行预测分析。

本章选取2015年1～12月的$PM_{2.5}$和PM_{10}的浓度数据进行分析，图5-1描绘了$PM_{2.5}$和PM_{10}的月平均浓度，从折线图中可以直观地观察到$PM_{2.5}$月平均浓度和PM_{10}的月平均浓度变化趋势大致相同，1月和12月相对于其他月份较高，6～8月 3个月浓度达到最低，$PM_{2.5}$浓度基本波动区间在40～80μg/m^3，

PM_{10}浓度基本波动区间在 50～100μg/m^3，PM_{10}浓度的波动性较大，浓度也高于 $PM_{2.5}$。

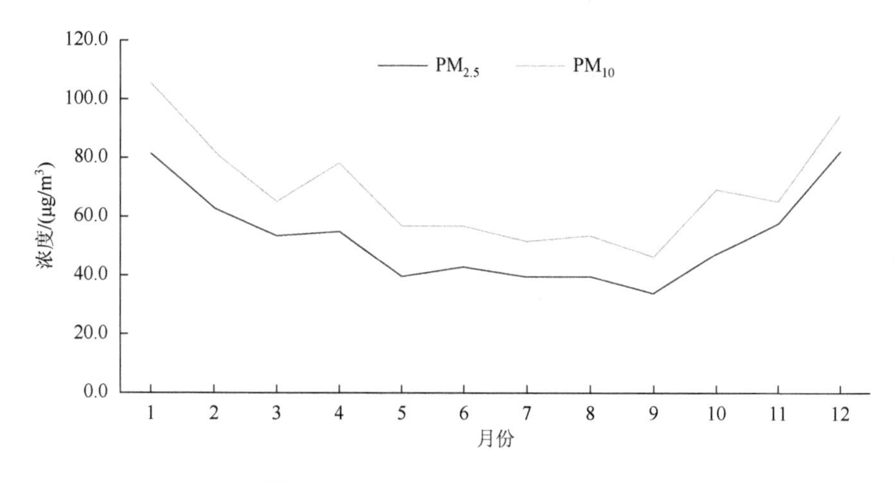

图 5-1　$PM_{2.5}$和 PM_{10}月平均浓度折线图

以 3 个月为一个时间段（以 $PM_{2.5}$日平均浓度来看）：第一时间段浓度值波动范围在 25～200μg/m^3，波动范围较大，气候专家指出雾霾黄色预警信号标准是在预计 24 小时内可能出现下列条件之一或者实况已达到下列条件之一并可能持续。①能见度小于 3000m 并且相对湿度小于等于 80%。②能见度小于 2000m 且相对湿度大于 80%，$PM_{2.5}$ 大于等于 75μg/m^3 且小于 150μg/m^3。③$PM_{2.5}$ 大于等于 150μg/m^3。从图 5-2 中可以直观地看到 $PM_{2.5}$日均浓度达到 75μg/m^{3}以上的时间达到了 60%左右，达到 150μg/m^{3}以上有 5 天，即占到整个时间的 5.6%。冬末春初，各工厂排放污染物因气温较低不容易扩散，从而形成严重的雾霾天气，达到国家黄色预警信号标准的雾霾天有 35%左右，且雾霾污染物浓度波动剧烈。第二时间段浓度值波动范围在 20～100μg/m^3，波动范围不大，比较平稳，浓度值达到 75mg/m^{3}以上的天数只有 4 天左右，占到整个时间段的 4.4%，由于这个时间段降水比较多，较多的雨水将污染物冲淡，所以污染程度比较轻微，空气质量较好，出现蓝天白云的概率比较大。第三时间段浓度值波动范围在 10～100μg/m^3，波动范围较大，夏末秋初，受到季节性降水的影响，雨水对污染物的冲刷使得空气污染程度比较轻微。第四时间段浓度值范围在 40～200μg/m^3，秋粮丰收，大量燃烧秸秆，人口集中、工业集中、基础设施集中的经济活动区域及周边城市污染物的溢出等使污染物浓度升高，12 月浓度值大多在 75mg/m^{3}以上，污染程度最为严重，甚至达到橙色预警标准，人们不宜进行户外运动，如图 5-2 所示。

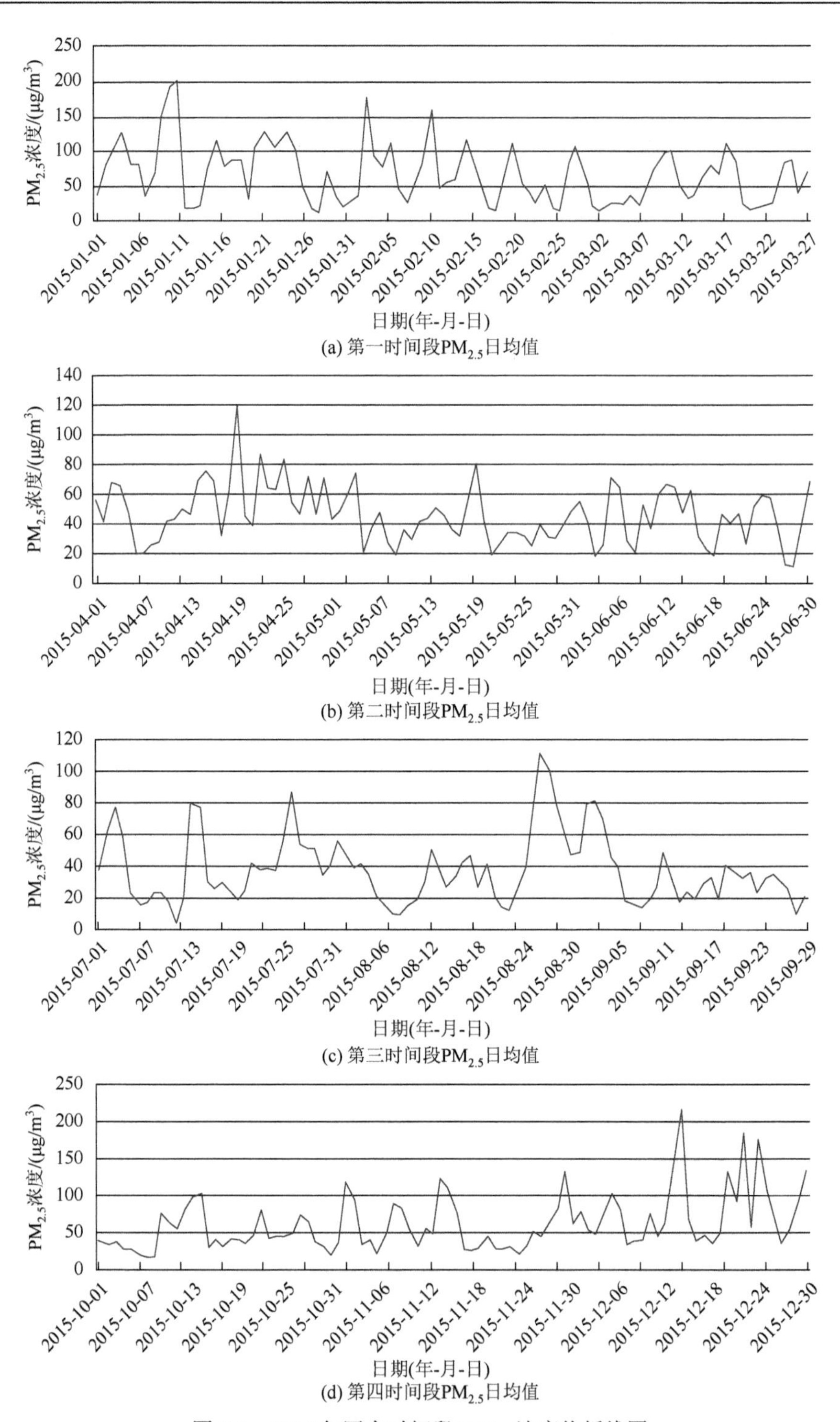

(a) 第一时间段$PM_{2.5}$日均值

(b) 第二时间段$PM_{2.5}$日均值

(c) 第三时间段$PM_{2.5}$日均值

(d) 第四时间段$PM_{2.5}$日均值

图 5-2　2015 年四个时间段 $PM_{2.5}$ 浓度值折线图

ARIMA 模型也就是 ARIMA（p，d，q）模型。模型中 p 表示自回归多项式阶数；q 表示移动平均多项式阶数；d 表示差分阶次。本章使用的数据是 2013 年 1 月～2016 年 6 月上海市 $PM_{2.5}$ 和 PM_{10} 的日平均浓度值，在利用模型进行季节性预测之前需要对模型进行平稳性检验，由于 ARIMA 模型要求数列是平稳数列，要对数据进行平稳性分析，下面利用 SPSS 软件对数据进行平稳性分析，绘制 $PM_{2.5}$ 浓度的序列图，图 5-3 中使用的是一阶差分。

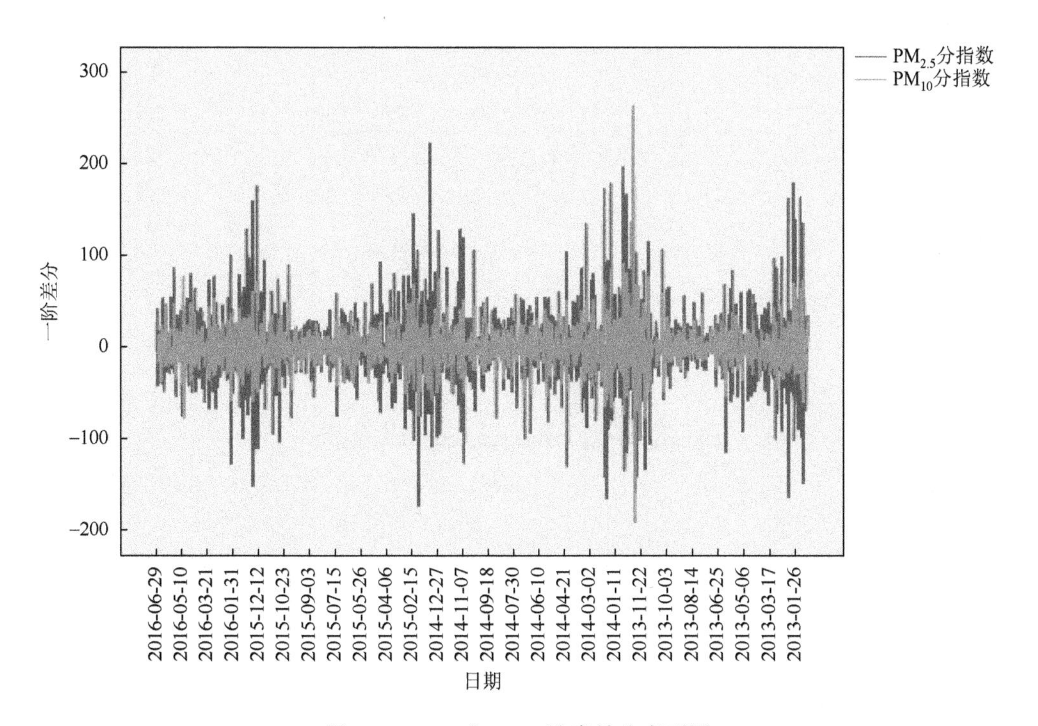

图 5-3　$PM_{2.5}$ 和 PM_{10} 浓度差分序列图

从图 5-3 可以看出，$PM_{2.5}$ 和 PM_{10} 浓度的差分序列基本均匀分布在 0 刻度线的上下两侧，因此可以认为差分序列是平稳的，在测试过序列的平稳性以后，需要对数列进行 ACF 和 PACF 自回归算子和移动平均算子的阶数计算，从图 5-4 可以看出经过一阶差分后的序列的 ACF 值和 PACF 值都是拖尾的。

从图 5-4 中可以看出，$PM_{2.5}$ 的 ACF 值在 0 刻度线上下波动，PACF 值均在 0 刻度线以下，整体上可以看出经过一阶差分之后的 $PM_{2.5}$ PACF 值呈现递减趋势；PM_{10} 的 ACF 值也在 0 刻度线上下波动，PACF 值均在 0 刻度线以下，从整体上可以看出经过一阶差分之后的 PM_{10} PACF 值也呈现递减趋势。可以通过图像初步识别，大致判断出经过一阶差分后的 ACF 值和 PACF 值都是拖尾的。

在进行时间序列的平稳性检验时，通过图形可以大致判断一阶差分后的 ACF

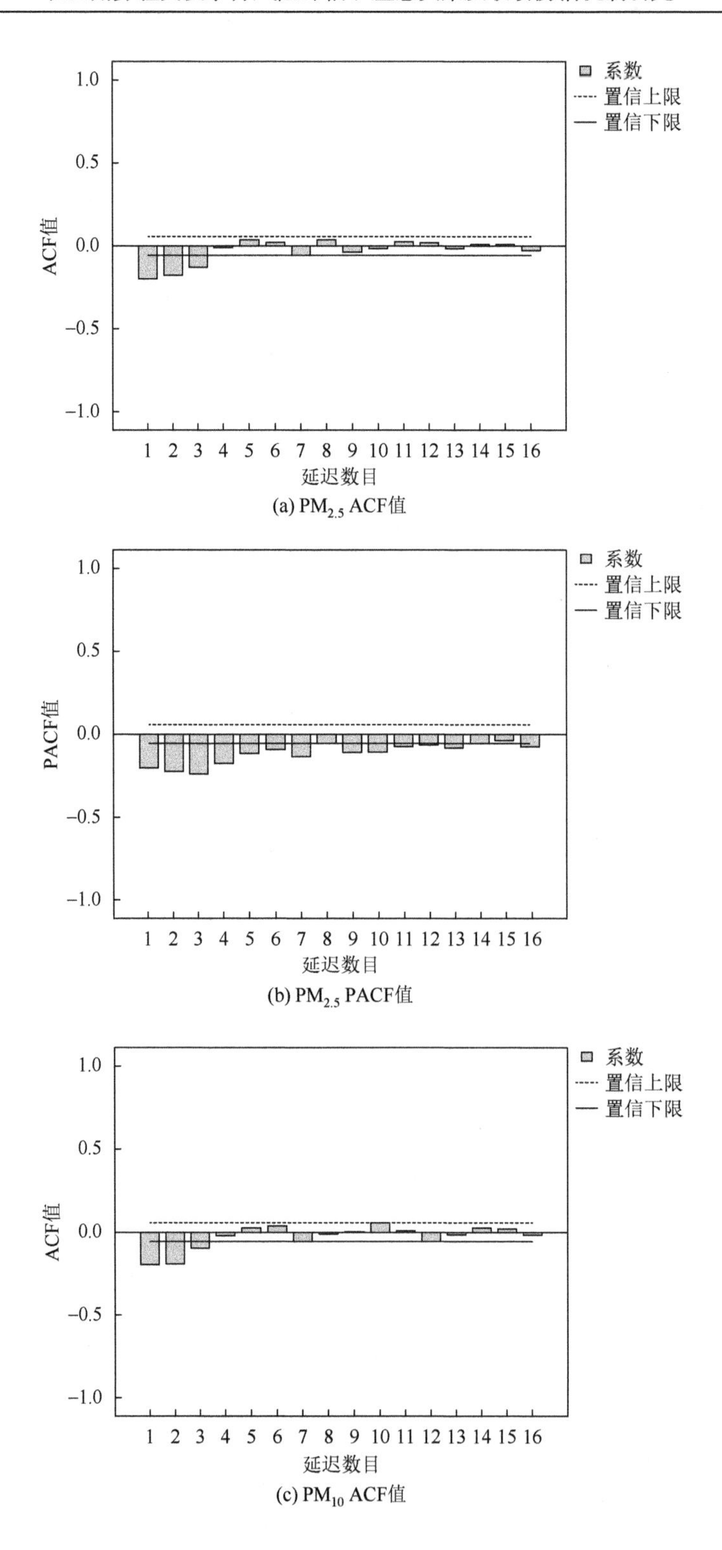

(a) $PM_{2.5}$ ACF值

(b) $PM_{2.5}$ PACF值

(c) PM_{10} ACF值

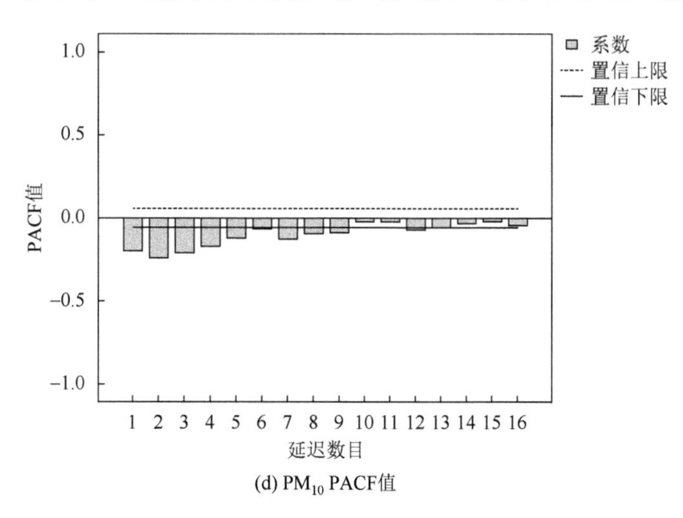

(d) PM_{10} PACF值

图 5-4　$PM_{2.5}$ 和 PM_{10} 的 ACF 和 PACF 值

和 PACF 是否是拖尾的，表 5-1 中的数据更能准确地表现出 ACF 和 PACF 的相关特征。

表 5-1　$PM_{2.5}$ ACF 和 PACF 表

自相关						偏自相关		
滞后	ACF	标准误差	Box-Ljung 统计量值	df	Sig.b	滞后	PACF	标准误差
1	−0.201	0.028	51.653	1	0	1	−0.201	0.028
2	−0.176	0.028	91.486	2	0	2	−0.226	0.028
3	−0.128	0.028	112.606	3	0	3	−0.239	0.028
4	−0.012	0.028	112.798	4	0	4	−0.173	0.028
5	0.037	0.028	114.595	5	0	5	−0.115	0.028
6	0.020	0.028	115.116	6	0	6	−0.090	0.028
7	−0.052	0.028	118.638	7	0	7	−0.135	0.028
8	0.036	0.028	120.344	8	0	8	−0.052	0.028
9	−0.039	0.028	122.280	9	0	9	−0.110	0.028
10	−0.013	0.028	122.510	10	0	10	−0.109	0.028
11	0.022	0.028	123.150	11	0	11	−0.075	0.028
12	0.016	0.028	123.493	12	0	12	−0.065	0.028
13	−0.013	0.028	123.714	13	0	13	−0.081	0.028
14	0.009	0.028	123.830	14	0	14	−0.055	0.028
15	0.007	0.028	123.887	15	0	15	−0.038	0.028
16	−0.026	0.028	124.735	16	0	16	−0.077	0.028

注：假定的基础过程是独立性（白噪声）；基于渐近卡方近似；df 表示自由度，Sig.b 表示差异性显著检验值，余表同。

在建立 ARIMA 模型的过程中需要对其进行诊断分析，来证实所得的模型确实与所观察到的数据特征相符合。一般要求如下：①模型的 AR 和 MA 的根的倒数要在单位圆内；②模型的残差序列为白噪声序列。

可以通过残差序列的 Q 检验或者单位根检验的方法进行检验。表 5-1 列出了 $PM_{2.5}$ 的 ACF 值和 PACF 值，可以看出 $PM_{2.5}$ 的 ACF 的绝对值从第一次滞后以后呈现递减趋势，PACF 的绝对值是从三次滞后以后整体上呈递减趋势，所以认为 $PM_{2.5}$ 一阶差分后的 ACF 值和 PACF 值是拖尾的。

表 5-2 列出了 PM_{10} 的 ACF 值和 PACF 值的对应数据。

表 5-2　PM_{10} 的 ACF 和 PACF 表

自相关						偏自相关		
滞后	ACF	标准误差	Box-Ljung 统计量值	df	Sig.b	滞后	PACF	标准误差
1	−0.199	0.028	50.505	1	0	1	−0.199	0.028
2	−0.19	0.028	96.745	2	0	2	−0.239	0.028
3	−0.096	0.028	108.431	3	0	3	−0.210	0.028
4	−0.021	0.028	109.020	4	0	4	−0.170	0.028
5	0.023	0.028	109.678	5	0	5	−0.120	0.028
6	0.036	0.028	111.378	6	0	6	−0.068	0.028
7	−0.055	0.028	115.304	7	0	7	−0.126	0.028
8	−0.007	0.028	115.363	8	0	8	−0.093	0.028
9	0.004	0.028	115.384	9	0	9	−0.086	0.028
10	0.051	0.028	118.666	10	0	10	−0.023	0.028
11	0.010	0.028	118.785	11	0	11	−0.020	0.028
12	−0.055	0.028	122.693	12	0	12	−0.070	0.028
13	−0.015	0.028	122.973	13	0	13	−0.055	0.028
14	0.024	0.028	123.722	14	0	14	−0.032	0.028
15	0.018	0.028	124.140	15	0	15	−0.022	0.028
16	−0.017	0.028	124.503	16	0	16	−0.045	0.028

注：假定的基础过程是独立性（白噪声）；基于渐近卡方近似。

从表 5-2 可以看出，PM_{10} 的 ACF 的绝对值从第一次滞后以后整体上呈迅速递减趋势，PACF 的绝对值从第三次滞后以后也呈迅速递减趋势，所以可以认为自回归算子的阶数 $p=1$，移动平均算子的阶数 $q=3$，由于检验序列是一阶差分序列并且经过反复推算，考虑使用模型 ARIMA（1，1，3）来对 $PM_{2.5}$ 和 PM_{10} 的日平均浓度进行模拟和预测。

$PM_{2.5}$和PM_{10}的残差综合如表 5-3 所示。

表 5-3　$PM_{2.5}$和PM_{10}的残差 ACF 值和 PACF 值

	模型	$PM_{2.5}$分指数-模型_1		PM_{10}分指数-模型_2			模型	$PM_{2.5}$分指数-模型_1		PM_{10}分指数-模型_2	
		ACF	SE	ACF	SE			PACF	SE	PACF	SE
	1	0.586	0.029	0.542	0.029		1	0.586	0.029	0.542	0.029
	2	0.274	0.037	0.248	0.036		2	−0.104	0.029	−0.065	0.029
	3	0.144	0.039	0.121	0.038		3	0.043	0.029	0.019	0.029
	4	0.146	0.039	0.114	0.038		4	0.098	0.029	0.075	0.029
	5	0.162	0.040	0.132	0.038		5	0.052	0.029	0.057	0.029
	6	0.154	0.040	0.161	0.039		6	0.034	0.029	0.078	0.029
	7	0.141	0.041	0.158	0.039		7	0.040	0.029	0.039	0.029
	8	0.139	0.041	0.158	0.040		8	0.047	0.029	0.059	0.029
	9	0.123	0.042	0.145	0.040		9	0.01	0.029	0.033	0.029
	10	0.13	0.042	0.144	0.041		10	0.055	0.029	0.049	0.029
	11	0.151	0.042	0.139	0.041		11	0.058	0.029	0.032	0.029
残差 ACF	12	0.164	0.043	0.113	0.041	残差 PACF	12	0.044	0.029	0.001	0.029
	13	0.169	0.043	0.117	0.042		13	0.047	0.029	0.046	0.029
	14	0.169	0.044	0.126	0.042		14	0.046	0.029	0.031	0.029
	15	0.172	0.044	0.140	0.042		15	0.047	0.029	0.043	0.029
	16	0.159	0.045	0.102	0.043		16	0.018	0.029	−0.029	0.029
	17	0.164	0.045	0.105	0.043		17	0.055	0.029	0.046	0.029
	18	0.165	0.046	0.120	0.043		18	0.030	0.029	0.036	0.029
	19	0.166	0.046	0.130	0.043		19	0.035	0.029	0.026	0.029
	20	0.132	0.047	0.087	0.044		20	−0.017	0.029	−0.036	0.029
	21	0.110	0.047	0.070	0.044		21	0.013	0.029	0.008	0.029
	22	0.125	0.047	0.131	0.044		22	0.043	0.029	0.102	0.029
	23	0.153	0.047	0.163	0.044		23	0.039	0.029	0.033	0.029
	24	0.15	0.048	0.139	0.045		24	0.007	0.029	−0.007	0.029

从表 5-3 可以看出，$PM_{2.5}$的 ACF 的残差序列总体呈现递减趋势，波动范围在 0.11～0.586，残差序列落在置信区间内，$PM_{2.5}$的 PACF 的残差序列总体也呈现递减趋势，波动范围在−0.104～0.586。PM_{10}的 ACF 残差序列总体呈现递减趋势，

波动范围在 0.07～0.542，PM_{10} 的 PACF 残差序列总体也呈现递减趋势，波动范围在–0.065～0.542。

从图 5-5 可以直观地看到 ARIMA（1，1，3）模型残差序列的自相关系数落在置信区间内，所以此模型是比较适合对 $PM_{2.5}$ 和 PM_{10} 的浓度进行模拟的模型。

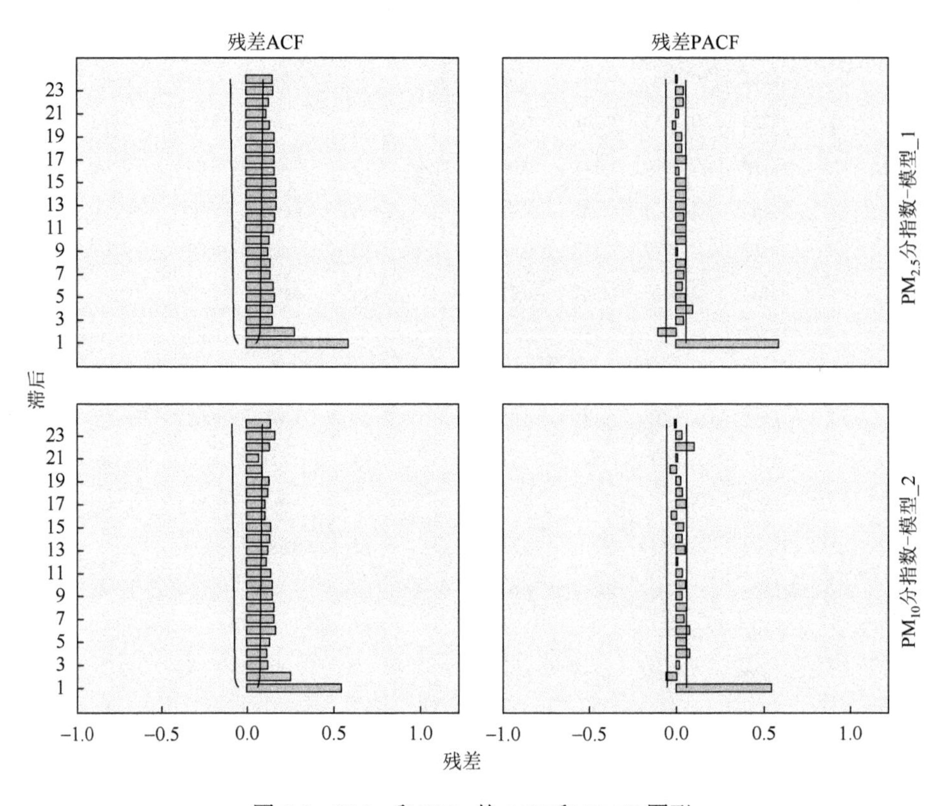

图 5-5 $PM_{2.5}$ 和 PM_{10} 的 ACF 和 PACF 图形

5.2 结 果 分 析

ARIMA 模型能够比较清楚地拟合出 $PM_{2.5}$ 浓度的变化趋势，但是考虑雾霾受气象、季节等各种外界环境因素的影响很大，所以此模型只适合用于短期预测。另外，本章将 2014 年和 2015 年的空气质量含量抽取出来进行时间序列分析，从图 5-6 可以看出，2014 年 1 月、2015 年 1 月和 2015 年 12 月的 AQI 明显比其他月份要高，这个测试结果符合空气污染的季节性特点，秋末冬初空气污染比较严重，从图中可以很明显地看出 AQI 的季节性周期特点，冬季至来年春季的空气指数要明显高于其他季节，并且每年的 1～10 月 AQI 大致呈下降趋势，在每年的 7 月、8 月空气质量最好，说明夏天的雨水冲刷对空气质量有很好的改善作用。

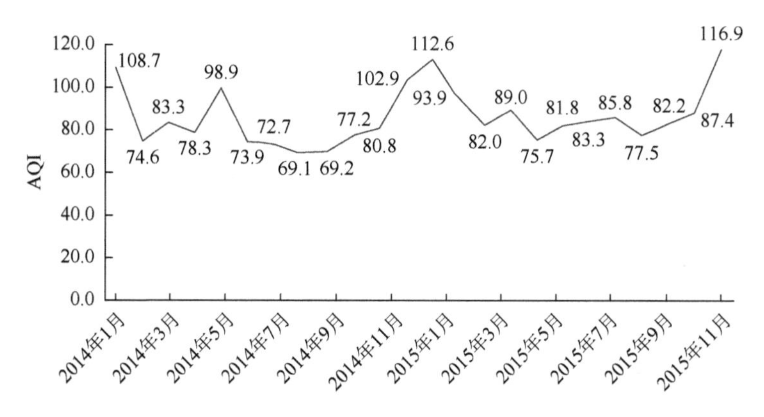

图 5-6　2014～2015 年上海市月平均 AQI

同时，对每日的首要污染物进行统计，如表 5-4 所示，可以看出 2014～2015 年空气污染最首要的污染物是 $PM_{2.5}$，O_3 排在第二，NO_2 排在第三，PM_{10} 排在最后。这符合现实情况，雾霾的主要污染物就是细小颗粒物，对人体健康有很严重的影响，然后是 O_3，O_3 是空气中气溶胶相互作用的中间体，是光化学污染主要的产物。而以 NO_2 为代表的氮氧化物的主要污染源是汽车，汽车的尾气主要成分是 NO_x，由于上海市城镇人口的增长、经济的发展，上海市汽车拥有量越来越多，很多家庭都拥有私家车，甚至有些家庭拥有 2 辆及以上的汽车，城市用车量的增加是 NO_2 指数上升的主要原因。

表 5-4　首要污染物频数统计表

首要污染物	频数	百分比	累计百分比
$PM_{2.5}$	253	35%	35%
O_3	227	31%	66%
NO_2	122	17%	83%
PM_{10}	25	3%	86%
无	103	14%	100%
总计	730	100%	

从表 5-5 可以看出，2014～2015 年这两年中空气质量评价达到污染的天数为 191 天，占到总天数的 26.16%，污染情况较为严重，其中重度污染有 12 天。

表 5-5　空气质量评价频数

质量评价	频数	百分比	累计百分比
优	103	14%	14%
良	436	60%	74%
轻度污染	131	18%	92%
中度污染	48	7%	98%
重度污染	12	2%	100%
总计	730	100%	

5.3　本 章 小 结

本章从时间分布角度对上海市雾霾问题进行了分析，以 ARIMA 模型为主要工具，选取适当的 ARIMA（p，d，q）模型进行数据模拟分析，通过比较分析发现 ARIMA（1，1，3）模型最适合用于 $PM_{2.5}$ 和 PM_{10} 的平均浓度分析，通过模拟发现模型的适用性良好，本章在进行模型模拟之前还抽取了 2015 年整年的 $PM_{2.5}$ 和 PM_{10} 的浓度进行月份分析，结果发现，上海市雾霾秋末及冬季的污染程度相对于其他时间段较为严重，且波动幅度较大。最后，本章对 2014 年和 2015 年 AQI 进行了分析，发现 AQI 也呈现出周期性的特点，每年的 12 月、1 月、2 月 AQI 较高，之后的几个月整体呈现下降趋势，7 月、8 月最低。从空气质量评价表格可以看出，2014 年和 2015 年共 730 天里有 191 天是雾霾污染天数，占到总天数的 26.16%，其中重度污染日有 12 天。这说明上海市雾霾污染情况还是比较严重的，在雾霾污染日里，市民不宜进行户外运动，应该佩戴口罩之类的护具。

第 6 章 上海市空气质量动态研究

全国大范围持续性的雾霾不仅降低了空气能见度，也严重损害了居民健康，继而引发了公众的普遍担忧和政府的重视[111]。雾霾大气污染的形成过程复杂，不同地区、不同季节、不同时间点的空气质量具有显著区别。其变化规律的探索研究将为下一步的雾霾治理提供科学的决策依据。本章将通过小波分析来研究最新的 AQI 和 $PM_{2.5}$时间序列，并结合 Mann-Kendall 突变检测来挖掘监测数据所包含的价值信息，弥补这方面的研究空白，并为政府部门提供信息线索。

6.1 数据和方法

6.1.1 数据来源

研究所用数据均来自上海市环境监测中心，时间涉及 2012～2015 年，累计 800 天的时间序列数据。具体包含了 2012 年 11 月 16 日～2015 年 1 月 24 日上海市每日平均 AQI、$PM_{2.5}$含量和首要污染物，其中，$PM_{2.5}$的单位为 μg/m³，如图 6-1 所示。

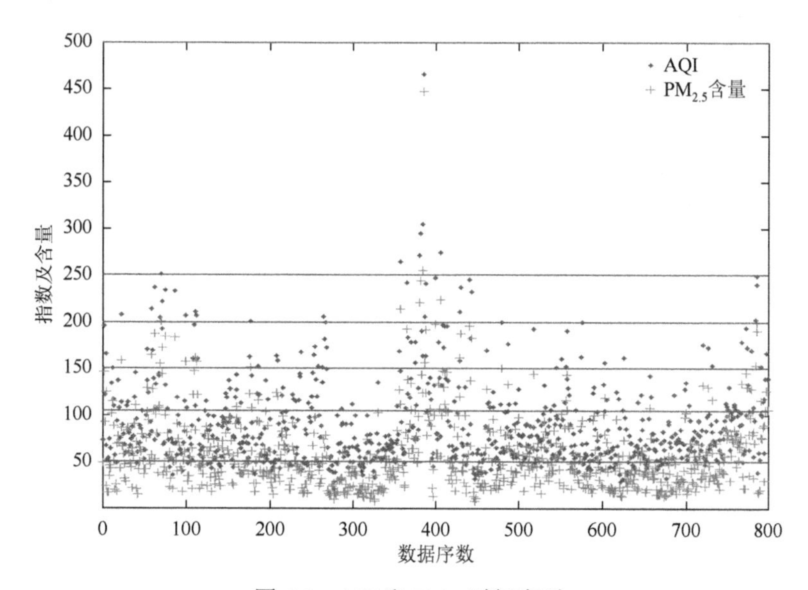

图 6-1 AQI 和 $PM_{2.5}$时间序列

6.1.2 小波分解降噪

非平稳、非线性的时间序列，通常包含大量的随机误差，极大地干扰了研究分析。小波分析能在去噪的同时不损坏信号的突变部分[112]。基于多分辨率分析的理论[113]，通常采用快速小波变换[114, 115]的 Mallat 算法，其中，构造拥有紧支集的低通和高通滤波器的系数成了关键，两者的关系为

$$g(n)=(-1)^{1-n}h(1-n) \tag{6-1}$$

式中，$g(n)$表示高通系数；$h(n)$表示低通系数。通过这些系数可以构造小波系数矩阵。通过小波系数矩阵（即变换矩阵）就能实现离散采样数据的第一层小波变换。小波多层次分解的原理就是逐层应用一层小波变换分解数据序列。在对原序列进行小波分解之后，通过设置每层信号对应的阈值，就能在去除高频信号后得到原序列的主干信号。为了避免小波分析中的边界效应[116]，对降噪后的新序列采用对称延伸法，在计算小波系数后将这些新数据的小波系数删除，既消除了边界效应的影响，又保证了数据的真实性。

6.1.3 小波变换

气象和水文的时间序列一般都组成复杂，而且特性多变，尤其是非平稳序列，随机性波动很大[117]。小波分析方法目前在水文时间序列分析等方面应用广泛[117-120]，国外一些学者结合了小波分析和其他方法对空气污染物含量进行了模拟预测[121]。

设 $\varphi(t)$ 为一平方可积函数，即 $\varphi(t)\in L^2(\mathbf{R})$，若其傅里叶（Fourier）变换 $\psi(\omega)$ 符合以下条件：

$$C_\psi=\int_{-\infty}^{+\infty}\frac{|\psi(\omega)|^2}{|\omega|}\mathrm{d}\omega<\infty \tag{6-2}$$

则称 $\varphi(t)$ 为一个基小波，将其进行伸缩和平移，得到连续小波函数，即

$$\varphi_{a,b}(t)=\frac{1}{\sqrt{a}}\varphi\left(\frac{t-b}{a}\right)\mathrm{d}t \quad a,b\in\mathbf{R},a>0 \tag{6-3}$$

式中，a 表示伸缩因子；t 表示平移因子。对于任意函数，若

$$W_f(a,b)=\frac{1}{\sqrt{a}}\int_{-\infty}^{+\infty}f(t)\varphi\left(\frac{t-b}{a}\right)\mathrm{d}t \tag{6-4}$$

式中，$W_f(a,b)$ 称为小波变换系数。时间域上的关于 a 的所有小波变换系数的平方之和叫作小波方差，可判断各序列的主要周期，即

$$\mathrm{var}(a)=\int_{-\infty}^{+\infty}|W_f(a,b)|^2\mathrm{d}b \tag{6-5}$$

为了对上海市 AQI 时间序列进行多时间尺度分析，选用复数小波（complex morlet wavelet），复数形式的小波在应用中有比实数形式更多的优点，类似于加窗傅里叶变换，但其窗口大小可变化。因此，Morlet 小波可以用来进行周期分析，它比窗口傅里叶分析更能反映出信号的局部特征[122-125]。其定义为

$$\psi(t)=\frac{1}{\sqrt{\pi f_b}}\mathrm{e}^{2i\pi f_c t}\cdot\mathrm{e}^{-\frac{x^2}{f_b}} \tag{6-6}$$

式中，f_b 表示带宽；f_c 表示中心频率。小波变换系数的实部对时间序列周期规律的判别十分重要，实部表示时间序列在时域分布和频域分布两方面的信息。

6.1.4　Mann-Kendall 突变检验

目前在水文气象时间序列资料的突变点非参数检验方法中，Mann-Kendall 检验法是世界气象组织推荐并被广泛应用的方法[126-128]，其不要求样本的具体先验分布，且少数异常值的影响很小。其基本原理如下。

假设样本容量为 n 的时间序列 X_n，是 n 个独立的同分布的随机变量样本；备择假设 H_1 是双边检验：对于所有的 $i,j \leqslant n$，且 $i \neq j$，X_i 和 X_j 的分布是不相同的，检验的统计变量计算公式为

$$s_k=\sum_{i=1}^{k} r_i,\quad r_i=\begin{cases}1\ ,\ X_i-X_j<0\\ 0\ ,\ X_j-X_k\geqslant 0\end{cases} \tag{6-7}$$

s_k 的均值和方差近似值为

$$E(s_k)=k(k-1)/4 \tag{6-8}$$

$$\mathrm{var}(s_k)=k(k-1)(2k+5)/72 \tag{6-9}$$

定义统计量 $\mathrm{UF}_k=\dfrac{s_k-E(s_k)}{\sqrt{\mathrm{var}(s_k)}}$（$k=1,2,\cdots,n$），给定显著性水平 α，若 $|\mathrm{UF}_k|>\mathrm{UF}_{\alpha/2}$，则表明序列存在明显的变化趋势。将数据序列 X_k 逆序排列后，再按照上述过程计算统计量 UB_k，同时使

$$\begin{cases}\mathrm{UB}_k=-\mathrm{UF}_k\\ k=n+1-k\end{cases}\quad (k=1,2,\cdots,n) \tag{6-10}$$

通过统计量 UF_k 和 UB_k，可以进一步判断 X_k 的变化趋势，并且确定突变时间区域。若 $\mathrm{UF}_k>0$，则序列 X_k 有上升的变化倾向；若 $\mathrm{UF}_k<0$，则序列 X_k 有下降的变化倾向。当统计量 UF_k 和 UB_k 超过临界值时，则上升或下降的趋势倾向显著。当序列 UF_k 和 UB_k 有交点而且位于临界值 $(\mathrm{UF}_{\alpha/2},\mathrm{UB}_{\alpha/2})$ 时，交点对应的位置便是序列发生突变的时间，α 一般取 0.1。

6.2 结 果 分 析

6.2.1 滤波降噪

气象数据的时间序列中，不可避免地出现测量误差，其通常表现为高频信号。为了剔除这些误差，揭示信号中有用的信息，需要将低频信号和高频信号分开。小波分析相对于加窗傅里叶变换，通过小波函数的伸缩和平移，具有自适应强的特点，非常适合分析非平稳序列中的时域和频域信息。本章选用具有紧支正交小波基的 Daubechie（db）小波函数，采用 db6 小波对 AQI 时间序列进行 3 层分解，通过 MATLAB 2010a 版本默认的阈值设置进行滤波，然后得到了降噪后的新序列。3 个层次分解后的低频和高频信号，具体结果如图 6-2 和图 6-3 所示。

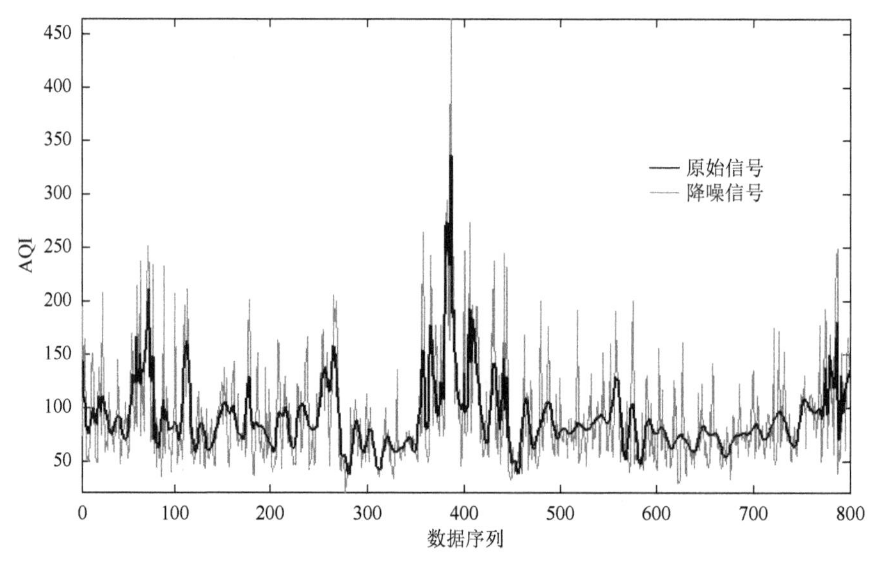

图 6-2　AQI 降噪结果

6.2.2 周期规律分析

通过计算可得 AQI 和 $PM_{2.5}$ 序列的小波系数实部立体分布，如图 6-4 和图 6-5 所示，其中，*X* 轴表示排序数，*Y* 轴表示时间尺度，*Z* 轴表示数值大小。图 6-4 显示了日平均 AQI 的尺度变化，其中，40 天尺度上的振荡周期表现最明显，其次 9 天尺度也表现出显著的振荡周期。

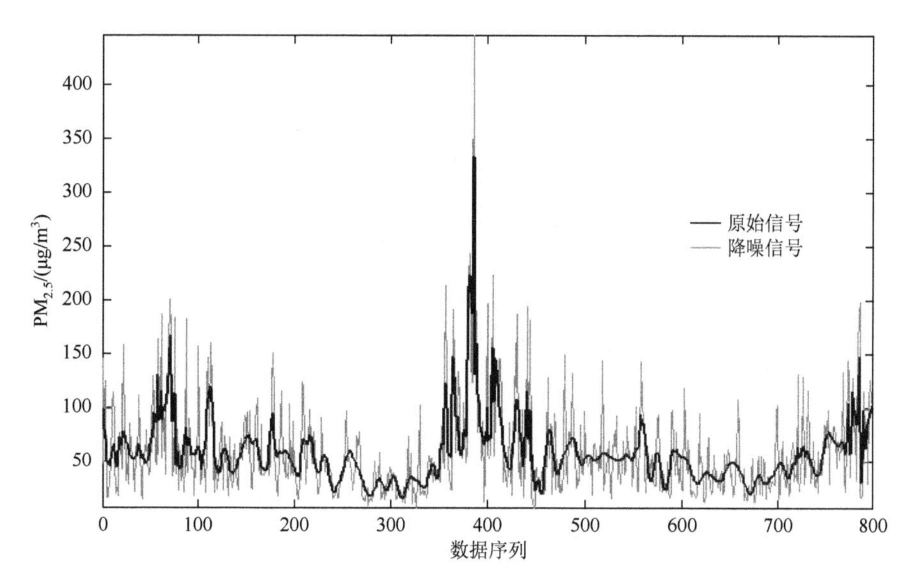

图 6-3　$PM_{2.5}$ 降噪结果

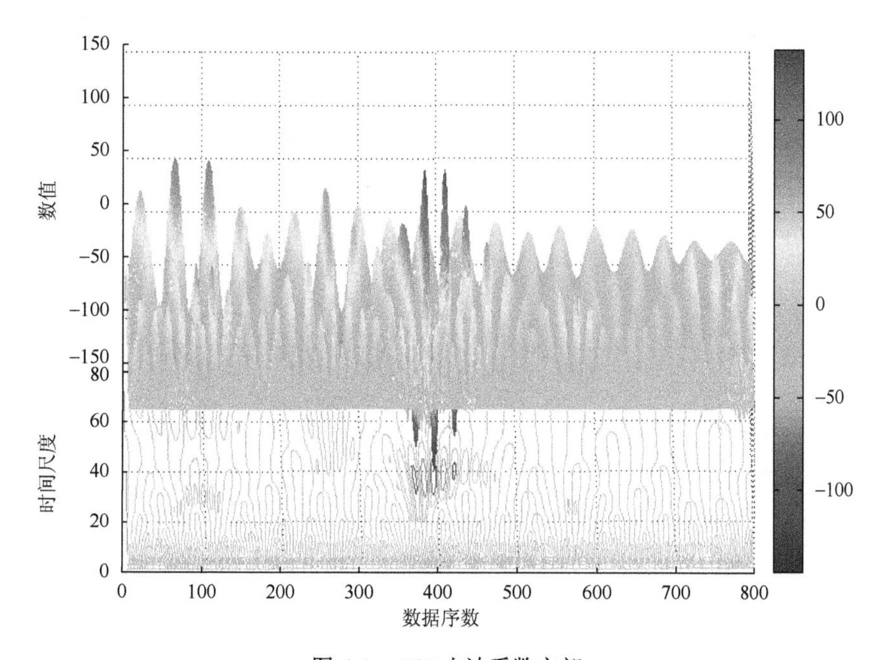

图 6-4　AQI 小波系数实部

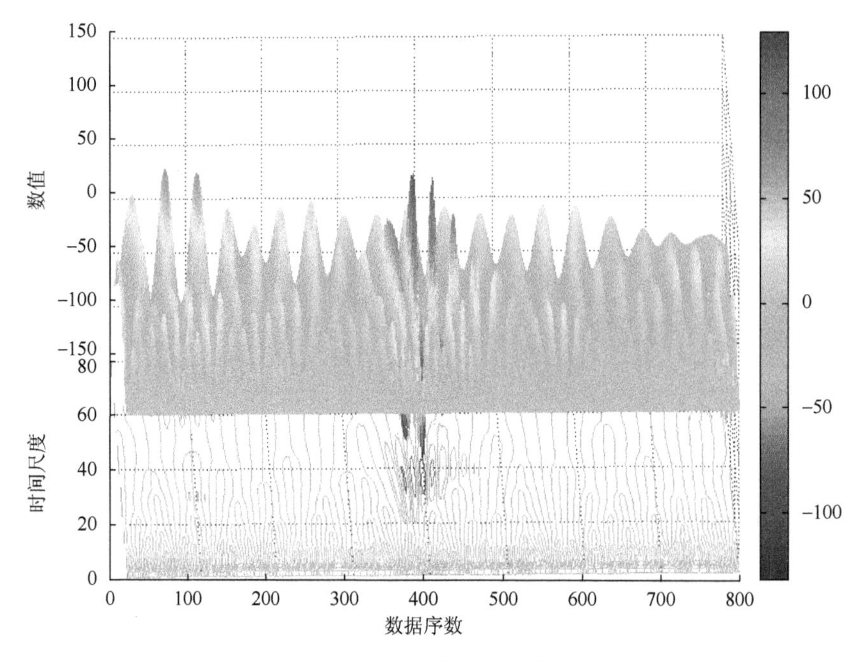

图 6-5　$PM_{2.5}$ 小波系数实部

为了进一步确定影响 AQI 变化的主要周期，计算 AQI 序列的小波方差，小波方差曲线的波峰（局部极大值）所对应的周期即为主要变化周期，结果如图 6-6 所示。同理，图 6-7 显示了 $PM_{2.5}$ 日平均含量时间序列表现出 39 天尺度的主周期和 9 天尺度的次周期。

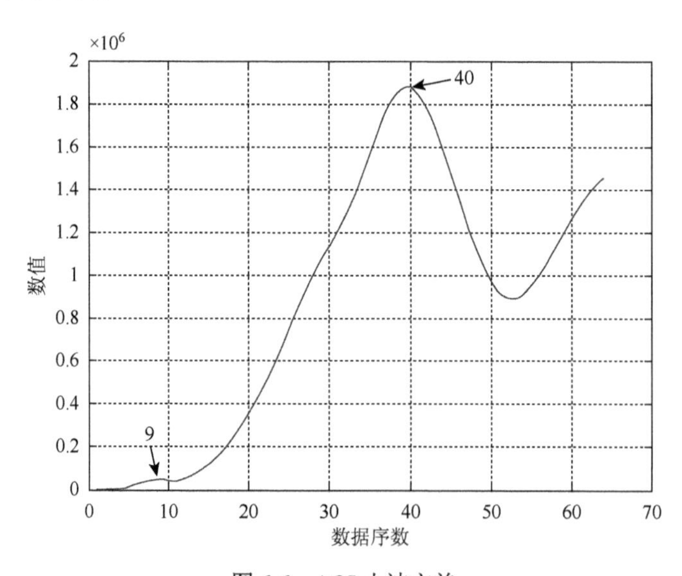

图 6-6　AQI 小波方差

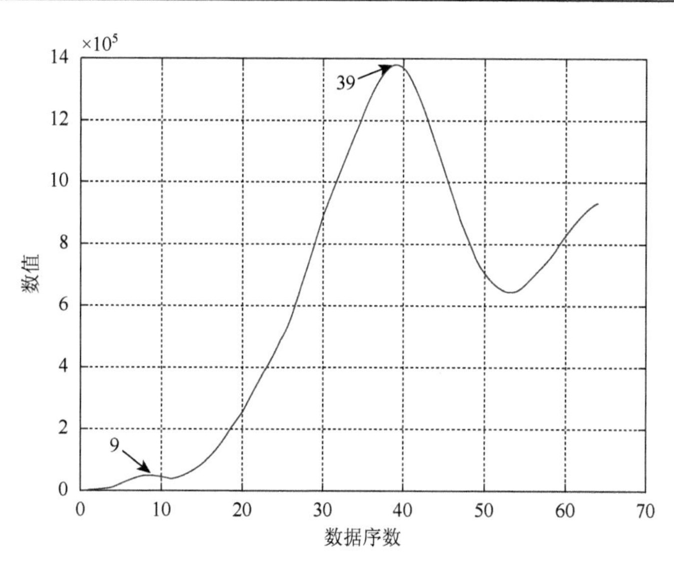

图 6-7　$PM_{2.5}$ 小波方差

AQI 和 $PM_{2.5}$ 小波系数的周期波动情况如图 6-8 和图 6-9 所示。

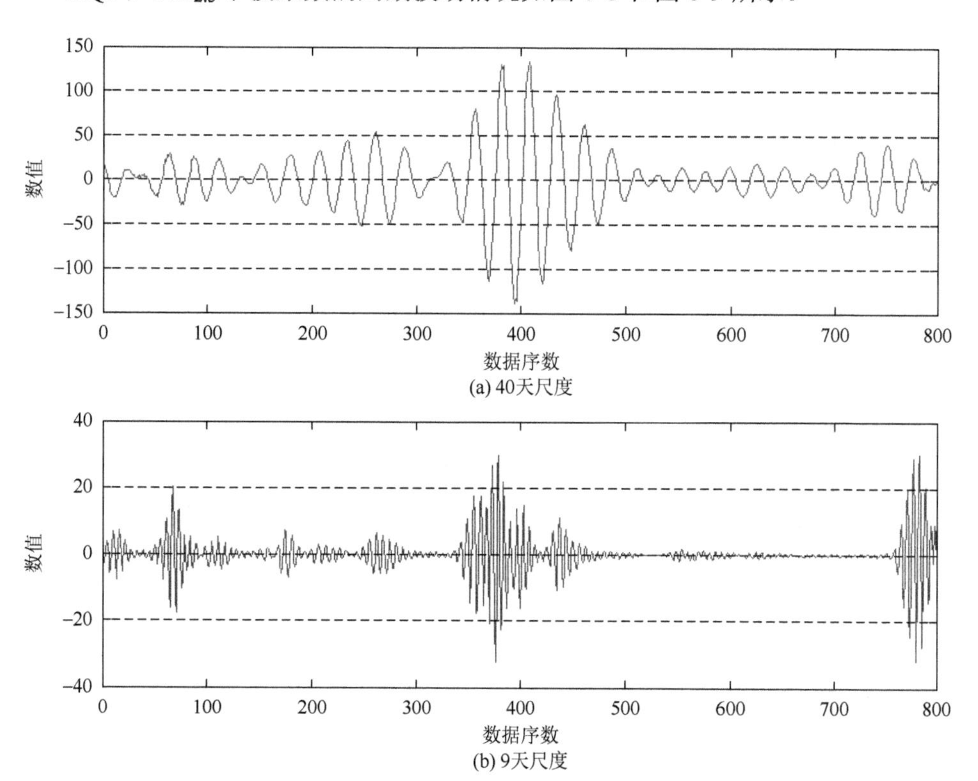

图 6-8　AQI 小波系数周期变化

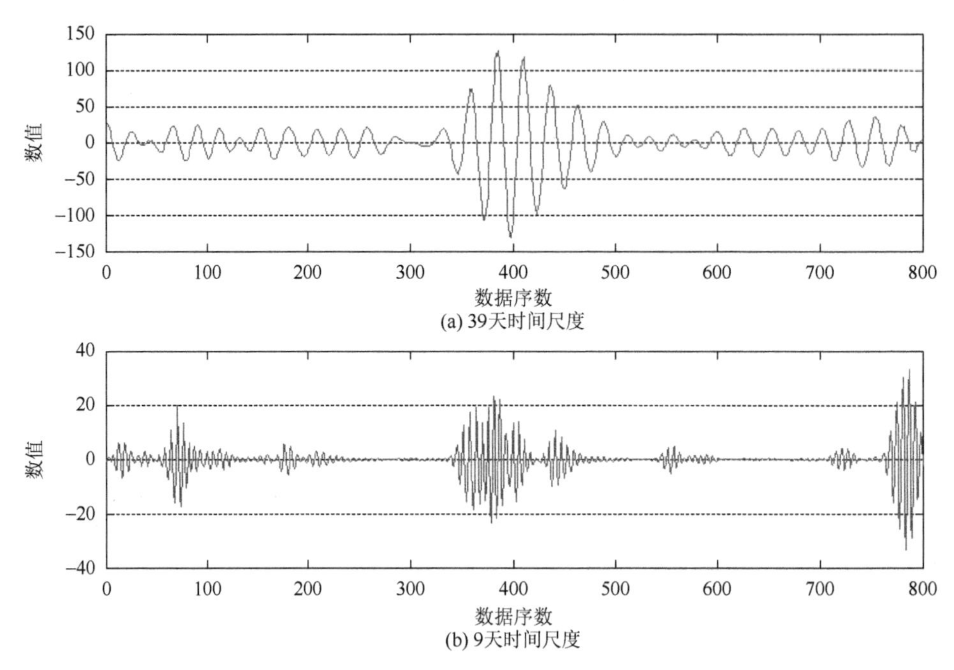

图 6-9　$PM_{2.5}$ 小波系数周期变化

6.2.3　突变特性分析

AQI 序列的 Mann-Kendall 突变检测如图 6-10 所示，可以看出，AQI 突变开

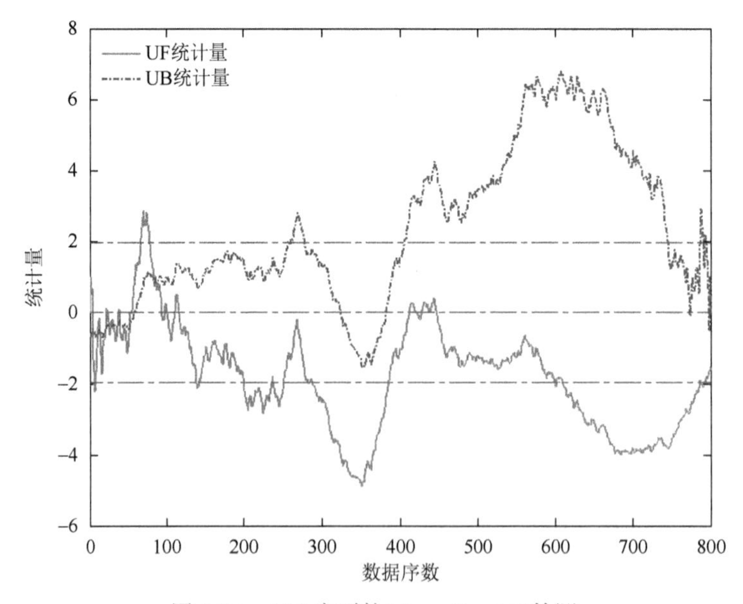

图 6-10　AQI 序列的 Mann-Kendall 检测

始于第 5 天（2012 年 11 月 20 日），到第 87 天（2013 年 2 月 10 日）停止振荡波动，总体表现出下降趋势。$PM_{2.5}$序列的 Mann-Kendall 突变检测如图 6-11 所示，$PM_{2.5}$序列突变开始于第 5 天（2012 年 11 月 20 日），到 115 天（2013 年 3 月 10 日）结束振荡波动，总体表现出下降趋势。此后总体处于持续下降的状态，但显著性却处于振荡波动的状态，说明近年来上海市空气质量的状态受到多种复杂因素的交替影响，短期内的趋势可以预测，但长期预测的准确度很低。

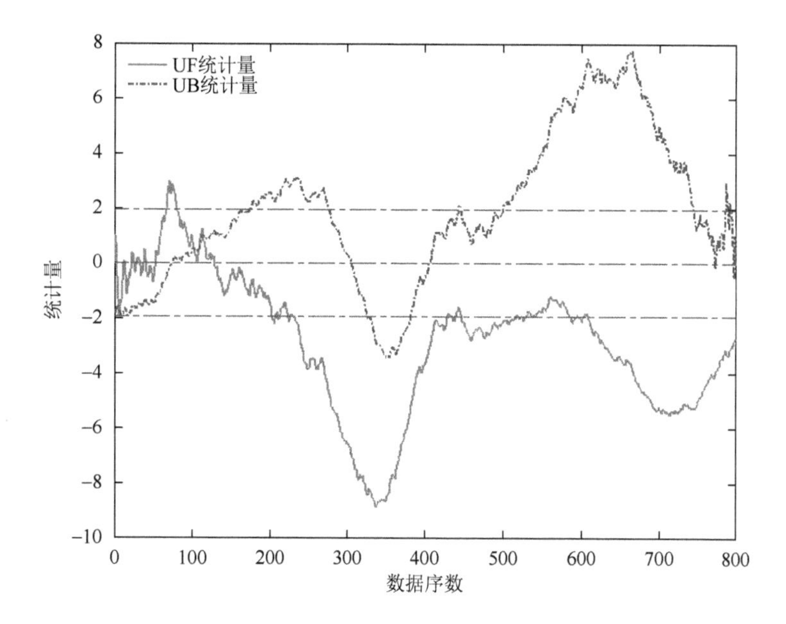

图 6-11 $PM_{2.5}$序列的 Mann-Kendall 检测

考虑气象、季节等外部环境因素的影响很大，为此计算了研究时间内每月的 AQI 月平均水平，如图 6-12 所示。

可以看出，2012 年 11 月、2013 年 12 月和 2014 年 11 月的 AQI 水平相比其他月份高很多，符合冬季空气污染严重的规律。仔细观察发现，2013 年 11 月～2014 年 1 月的 AQI 平均水平远高出 2014 年 11 月～2015 年 1 月的平均水平，2013 年的 1～10 月的 AQI 总体水平低于 2014 年 1～10 月平均水平。这与空气质量总体下降的结论不矛盾，但总体水平掩盖了细节问题，即同期大部分月份的 AQI 增加了且保持在较高水平波动较小。这可能是内部污染因素增强而外部因素减弱的迹象。同时根据每日的首要污染物整理得到首要污染物的比例，如表 6-1 所示。

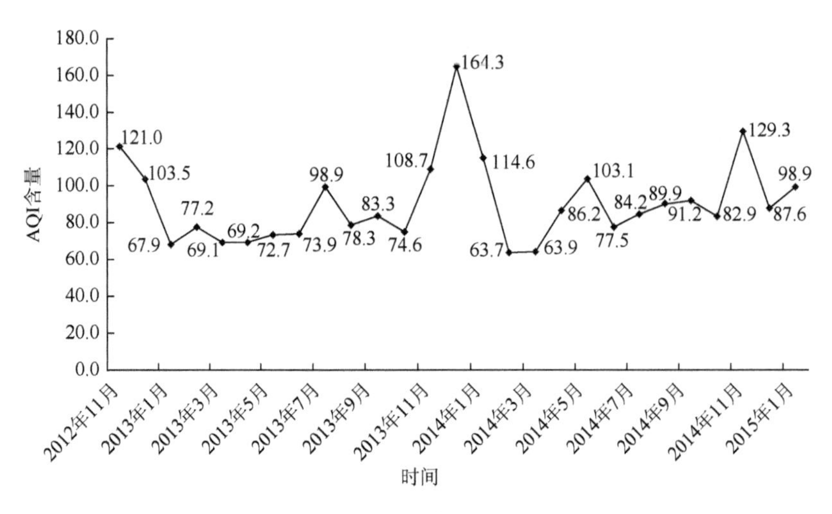

图 6-12　AQI 各月平均值

表 6-1　首要污染物比例

首要污染物	频数	百分比	累计百分比
$PM_{2.5}$	337	42.13%	42.13%
O_3	188	23.50%	65.63%
NO_2	124	15.50%	81.13%
PM_{10}	42	5.25%	86.38%
无	109	13.63%	100%
总计	800	100%	—

$PM_{2.5}$ 在污染物中排名第一，O_3 排名第二，PM_{10} 排名第四，第三是 NO_2。按照有关理论，NO_2 的主要来源是机动车尾气，O_3 主要是光化学烟雾反应的中间体。可以推测，上海市本地的大气污染正在经历一定的性质变化，与气溶胶物理和化学反应的关联度越来越大，需要更深入的研究来揭示其中的原因。

6.3　结　　论

（1）上海市 2012～2015 年 AQI 和 $PM_{2.5}$ 含量时间序列的随机成分通过小波分解降噪后，呈现出多尺度的变化特点。其中，AQI 具有 40 天的多尺度主周期和 9 天的多尺度次周期，$PM_{2.5}$ 具有 39 天的多尺度主周期和 9 天的多尺度次周期。

（2）上海市 2012～2015 年的空气质量在总体上表现出下降趋势，AQI 时间序列的突变点开始于 2012 年 11 月 20 日，$PM_{2.5}$ 时间序列突变开始于 2012 年 11 月

20 日。但总体趋势却掩盖了污染严重的月份比例增加的趋势，2014 年大部分月份的空气污染比 2013 年同期水平高，少数月份的数值较高导致总体变化趋势是降低的，不同季节之间的空气质量差别趋同。

（3）上海市大气首要污染物中，$PM_{2.5}$ 的比例最高，PM_{10} 所占比例最低，O_3 和 NO_2 的比例排名第二和第三，说明上海市雾霾问题十分复杂，不再单纯地是各种污染源的简单叠加，而是经历了复杂化学物理反应后的产物。

第7章　上海市雾霾风险因素及空间差异分析

近年来，雾霾对人们生活的风险日趋扩大，容易引起交通事故、空气质量下降等诸多问题。2013年1月，全国出现大面积雾霾现象，成为城市生活的极大隐患。刘鸿志[129]认为雾霾的风险不容忽视，对雾霾风险因素的研究，对于进一步了解雾霾成因及日后的治理防范工作有着重要的意义。本章以上海市7个区为研究对象，通过“压力-状态-响应”（pressure-state-response，PSR）框架建立城市雾霾风险因素评价指标体系，利用PSR模型中人与自然平衡系统，综合全面地分析了关于城市雾霾的风险因素及各区空间差异。

7.1　研究区简介及数据来源

上海是中国第一大城市，在经济、交通、科技、工业、金融和航运等方面处于全国领先水平，但同样存在雾霾的风险，因此，对上海市雾霾风险因素的研究具有重要的现实意义。本章以上海市杨浦区、浦东新区、虹口区、静安区、黄浦区、普陀区和徐汇区7个区为研究对象，采用2013年上海市7个区的空气监测数据及上海市2014年统计年鉴和统计公报上的指标数据，分析上海市各区雾霾风险因素，同时对各区风险因素空间差异进行分析，为上海市雾霾治理提供参考建议。

7.2　评价模型构建

7.2.1　PSR框架基本原理

经济合作与发展组织（Organization for Economic Co-operation and Development，OECD）最早提出PSR框架，并且应用于世界环境状况研究的评价模型中[130]。其基本概念是人类行为活动对自然环境的压力，改变了自然环境的状态，从而引起风险管理者对社会经济和环境的响应。PSR模型能有效反映雾霾的风险因素，首先，人口、经济的增长对雾霾形成产生压力。其次，在这种压力的驱动下，城市雾霾风险因素会表现为PM_{10}、$PM_{2.5}$、SO_2、NO_2等气体状态。最后，管理者会针对雾霾压力而采取相应的措施。近年来，PSR 模型被广泛应用于土地集约利用研究[131, 132]、生态安全评价[133]和资源可持续利用[134-137]等领域。PSR 框架（图 7-1）阐明了城市雾霾风险因素中人与自然之间的相互作用，有效地揭示了各因素对雾霾的风险。

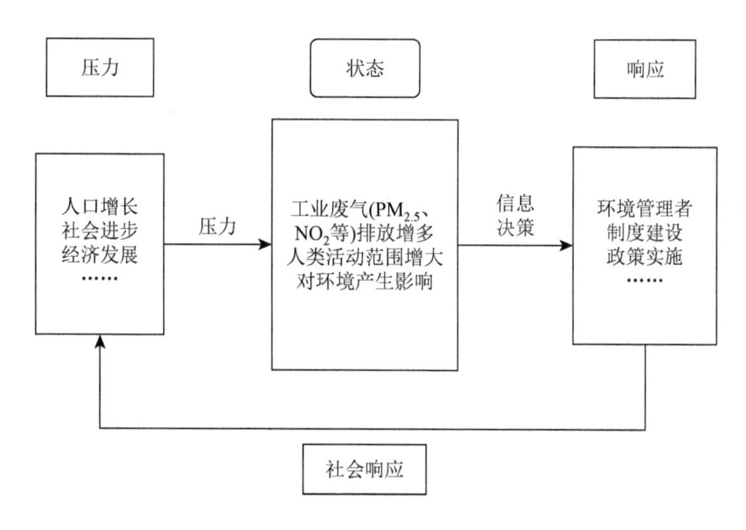

图 7-1　雾霾风险因素的 PSR 框架

7.2.2　PSR 模型的应用

从对 PSR 模型的分析可以看出，PSR 模型是针对问题而提出的，是具有很强逻辑因果关系的一个问题解决方法，并且适用于多种涉及可持续发展的问题与状况。因此 PSR 模型得到了广泛的运用，如在使用 PSR 模型时，运用主成分分析法、德尔菲法等来对研究对象的选取指标进行评价，目前对于“压力-状态-响应”的雾霾评价指标体系很少，仍然是一个研究性很广的领域，但在土地评价体系中应用很广，并且迅速成了非常可行的指标评价模型。

7.2.3　技术路线

本章所采用的方法主要是主成分分析法，通过主成分分析法来确定主成分的贡献率，然后得出上海市雾霾风险因素的综合分值，再通过 PSR 模型中的协调度来分析上海市各区受雾霾风险的均衡程度，分析上海市所研究区域的空间差异，具体的技术路线如图 7-2 所示。

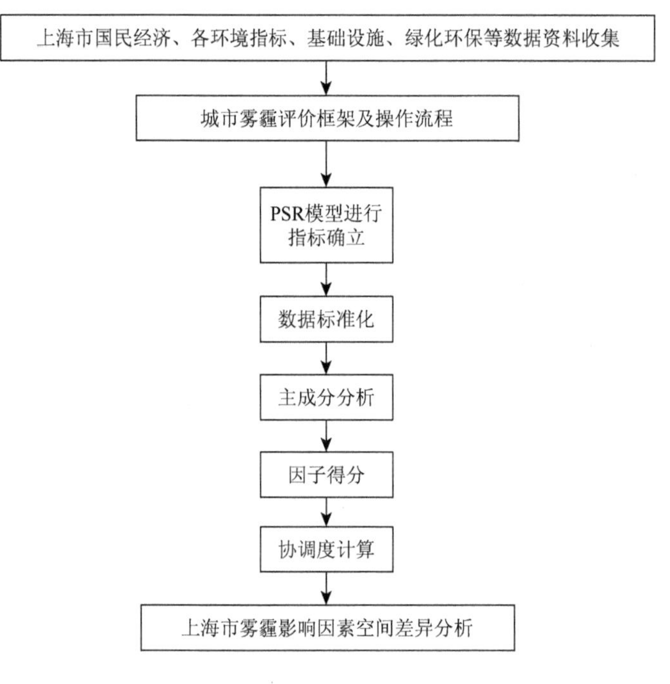

图 7-2　技术路线图

7.2.4　评价指标体系的构建

选取评价指标，需要目的明确，必须能根据所选的指标正确、全面地反映所研究对象的属性，不能出现与评价内容毫无关系的指标；选择的指标较全面，也就是要比较全面地反映所评价的研究对象，偏差过大会影响风险评价后的质量，从而影响风险评价结果；并且指标对于评价内容来说切实可行，指标具有可实现性、可操作性。本章借鉴相关学者研究[19]，选取雾霾风险因素的压力层和响应层指标；借鉴文献[138，139]选取雾霾风险因素的状态层指标。通过专家咨询的方法筛选指标体系，见表 7-1，有 3 个子系统和 8 个指标因子。

表 7-1　雾霾风险因素评价指标

目标层	准则层	指标层	含义
上海市雾霾风险因素	压力指标	人口密度（x_1）	反映人口与经济对地区雾霾的风险压力
		人均 GDP（x_2）	
	状态指标	日均 SO_2 浓度（x_3）	年日均浓度
		日均 NO_2 浓度（x_4）	

续表

目标层	准则层	指标层	含义
上海市雾霾风险因素	状态指标	日均 PM_{10} 浓度（x_5）	年日均浓度
		日均 $PM_{2.5}$ 浓度（x_6）	
	响应指标	人均绿地面积（x_7）	各区绿地覆盖状况
		绿地覆盖率（x_8）	

7.2.5　数据标准化

不同指标间存在量纲差异，为了使数据具有可比性，采用标准差标准化法对评价指标进行标准化处理，标准化公式为

$$P_{ij} = \frac{x_{ij} - x_j}{\delta_j} \tag{7-1}$$

式中，P_{ij} 表示第 i 个地区第 j 个指标标准化后的数值；x_{ij} 表示第 i 个地区第 j 个指标的指标原值；x_j 表示第 j 个指标的算术平均值；δ_j 表示第 j 个指标的样本标准差。

7.2.6　主成分分析法的评价因子得分

以上海市 7 个区为研究对象，以表 7-1 中 7 个指标标准化后的数值构建矩阵，采用 SPSS 软件对数据进行处理，计算出矩阵的特征根和相应的方差贡献率，再通过特征根的方差贡献率和累积方差贡献率来选取主成分，并得到因子提取结果和因子回归系数，通过因子回归系数，计算出各因子得分，公式[140]为

$$Y_{ik} = \sum_{j=1}^{n} W_j X'_{ij} \tag{7-2}$$

式中，Y_{ik} 表示第 i 个地区第 k 个主成分的因子得分；W_j 表示第 j 个指标的因子回归系数；X'_{ij} 表示第 i 个地区第 j 个指标的得分。因为各主成分之间相互独立，且因子方差贡献率能有效解释原始方差、原始变量总方差，以主成分方差贡献率计算为权重计算，公式[141]为

$$V_k = \lambda_j \left(\sum_{j=1}^{k} \lambda_j \right)^{-1} \tag{7-3}$$

式中，V_k 表示第 k 个主成分的权数；λ_j 表示第 j 个指标的方差贡献率；k 表示所提取主成分的个数。再根据因子回归系数计算各因子的权重，公式[142]为

$$W_j' = \left|\sum_{p=1}^{k} V_p a_{pj}\right| \tag{7-4}$$

式中，W_j' 表示未经过标准化的第 j 个指标的权重；a_{pj} 表示第 j 个指标在第 k 个主成分中的系数。

综合各个因子得分，得出每个样本地区的综合得分，公式为[143]

$$S_i = \sum Y_{ik} V_k \tag{7-5}$$

式中，S_i 表示第 i 个地区的综合得分。为了便于显示城市雾霾风险因素的差异，将各因子的综合得分转换为百分制，公式如下：

$$F_i = \frac{S_i - S_{\min}}{S_{\max} - S_{\min}} \times 40 + 60 \tag{7-6}$$

7.2.7 PSR 系统的协调度分析

雾霾对城市的风险是一个持续、动态的过程，而雾霾风险因素要通过反复的观察研究才能得以确立。PSR 模型能有效说明一定时期内城市雾霾风险因素中人与自然的相互作用。通过对雾霾风险因素的压力、状态和响应各个子系统的分析，有效调整城市雾霾治理的措施方案。为了减少压力、状态和响应各个子系统的偏颇对城市雾霾风险因素产生影响，保持各个子系统变化速率相互均衡，引入协调度函数，判断压力、状态和响应各个子系统的协调状况。公式[144]为

$$\mathrm{CI} = \frac{A_1 + A_2 + A_3}{\sqrt{A_1^2 + A_2^2 + A_3^2}} \tag{7-7}$$

式中，CI 表示协调度指数；A_1、A_2、A_3 分别表示压力、状态、响应系统的综合得分。式中，

$$A_1 = \frac{x_1 + x_2}{2},\quad A_2 = \frac{x_3 + x_4 + x_5 + x_6}{2},\quad A_3 = \frac{x_7 + x_8}{2} \tag{7-8}$$

7.3 实证研究——以上海市为例

7.3.1 上海市雾霾风险因素评价

近些年来，中国经济飞速发展，上海市作为中国金融中心，发展尤为迅速。城市的发展会带来诸多环境问题，上海市近几年雾霾比较严重，因此对雾霾风险因素的研究就显得非常重要。上海市区划众多，但由于资料有限，以上海市 7 个典型区为样本，以 8 个二级指标标准化后的数据为变量构造矩阵，采用 SPSS 统

计分析软件对数据进行主成分分析处理，计算出矩阵相应的特征值和方差贡献率，如表 7-2 所示。

表 7-2　总方差分解

成分	初始特征值			旋转平方和载入		
	合计	方差贡献率/%	累积方差贡献率/%	合计	方差贡献率/%	累积方差贡献率/%
1	5.665	70.818	70.818	4.397	54.967	54.967
2	1.797	22.468	93.286	3.066	38.319	93.286
3	0.366	4.580	97.866			
4	0.131	1.634	99.500			
5	0.026	0.324	99.824			
6	0.014	0.176	100.000			
7	1.701×10^{-16}	2.126×10^{-15}	100.000			
8	-2.168×10^{-16}	-2.711×10^{-15}	100.000			

由表 7-2，根据特征根大于 1 的原则选取主成分，可以选前两个特征根为主成分，累计方差贡献率为 93.286%，包含原始变量中 93.286%的信息。鉴于因子提取结果不能明显地反映主成分所包含的信息，要对其正交方差最大旋转，得出旋转后的因子提取结果和因子回归系数。并且根据式（7-3）确定主成分权数，$V_1=0.5892$，$V_2=0.4108$。再通过旋转后的因子回归系数，计算每个因子的权重。

从表 7-3 可以看出，第一主成分对日均 NO_2 浓度（x_4）、日均 PM_{10} 浓度（x_5）、日均 $PM_{2.5}$ 浓度（x_6）、人均绿地面积（x_7）4 个指标有绝对值较大的负荷系数，反映上海市雾霾风险因素中 NO_2、PM_{10}、$PM_{2.5}$、人均绿地面积状态指标；第二主成分对日均 SO_2 浓度（x_3）、绿地覆盖率（x_8）2 个指标有绝对值较大的负荷系数，反映上海市雾霾风险因素中 SO_2 状态指标和绿化状况的响应指标。根据式（7-1）和式（7-5），以 $V_1=0.5892$，$V_2=0.4108$ 为权数，得到各个区域的综合因子得分，根据式（7-6）将其进行百分制处理，得到上海市 7 个区的雾霾风险因素的最后得分；同时根据权重、标准化值和式（7-7）得到各地区协调度（表 7-4）。

表 7-3　旋转后的因子提取结果和因子回归系数

因子	因子提取结果（旋转后）		因子回归系数（旋转后）		权重
	提取结果	旋转后	回归系数	旋转后	
x_1	0.685	−0.717	0.078	−0.188	0.024
x_2	0.685	−0.717	0.078	−0.188	0.024
x_3	−0.085	0.962	0.146	0.400	0.195
x_4	0.981	−0.177	0.264	0.098	0.152
x_5	0.877	−0.113	0.244	0.107	0.146

续表

因子	因子提取结果（旋转后）		因子回归系数（旋转后）		权重
	提取结果	旋转后	回归系数	旋转后	
x_6	0.938	−0.038	0.276	0.151	0.175
x_7	−0.913	0.398	−0.204	0.009	0.091
x_8	−0.084	0.952	0.144	0.396	0.193

表 7-4　上海市雾霾风险因素综合得分

地区名称	综合得分	百分制得分	得分排名	协调度	排名
杨浦区	0.66	99.78	2	1.727	2
浦东新区	−1.17	60.00	7	1.677	7
虹口区	−0.19	81.30	5	1.716	4
静安区	0.43	94.78	4	1.708	5
黄浦区	−0.54	73.70	6	1.700	6
普陀区	0.46	95.43	3	1.730	1
徐汇区	0.67	100.00	1	1.726	3

从表 7-4 可以看出，徐汇区雾霾风险因素得分最高，为 100 分；浦东新区雾霾风险因素得分最低，为 60 分；普陀区的协调度最高，浦东新区协调度最低。

7.3.2　上海市雾霾风险因素空间差异分析

1. 上海市雾霾风险因素得分差异显著

（1）上海市雾霾风险因素得分黄浦江两岸差异显著：杨浦区、虹口区、静安区、黄浦区、普陀区、徐汇区与浦东新区雾霾风险因素综合得分差异显著，徐汇区与浦东新区差异最大，徐汇区雾霾风险因素得分 100 分，浦东新区雾霾风险因素得分 60 分，徐汇区得分是浦东新区的 1.67 倍。究其原因，主要是徐汇区等 6 个区的人口、经济对雾霾所带来的压力远大于浦东新区，浦东新区面积大，人口密度小，且相比其他 6 个区毗邻闵行、长宁等区域，各区经济发展也相对较好，相互风险作用大；浦东新区绿化覆盖状况相比其他 6 个区有较大的优势，说明浦东新区绿化状况弱化了浦东新区雾霾的风险。同时浦东新区东临东海，有较大的地理优势，NO_2、PM_{10}、$PM_{2.5}$ 日均浓度明显低于其他 6 个区是浦东新区雾霾风险因素得分低的原因，反之，说明了其他 6 个区雾霾受这些因素影响较大。

（2）密集区内部得分凸显差异：除浦东新区外，其余 6 区中，黄浦区综合得分明显低于其他 5 个区，只有 73.70 分，说明黄浦区的雾霾因素风险程度低于其他 5 个区，主要原因是黄浦区 SO_2、NO_2、$PM_{2.5}$ 的日均浓度比其他 5 个区相对较低，同时说明了这些因素对区域雾霾的风险相对较大，从而导致区域间的显著化差异。

2. 状态层及响应层是城市雾霾风险的主要因素

在上海市雾霾风险因素研究体系中，首先以 PM_{10}、$PM_{2.5}$、SO_2、NO_2 为组成部分的状态层指标权重在所有指标中占 66.8%，指标的数量也比较多，从因子权重可以看出状态层对城市雾霾风险因素影响最大，尤其是 $PM_{2.5}$、SO_2 权重风险最大，说明 $PM_{2.5}$、SO_2 是所有指标中对城市雾霾风险最大的因素，同时反映了在上海市经济发展中，工业经济带来的 $PM_{2.5}$、SO_2 等污染物对上海市雾霾有着极其重要的风险，因此应该减少工业气体的排放。其次响应层中绿地覆盖率的权重仅次于 SO_2 的权重，说明管理者在考虑治理上海市雾霾过程中，认识到城市绿地覆盖对城市雾霾的风险及雾霾治理有着重要的作用。

3. 上海市各区雾霾风险因素与其 PSR 系统协调度呈正相关

如表 7-5 所示，上海市各区雾霾风险因素与其 PSR 系统协调度呈正相关，相关系数为 0.909，各地区的风险因素对各地区的风险越大，其协调度基本也越高。从表 7-4 得知，普陀区的协调度最高，浦东新区协调度最低，说明了普陀区受雾霾风险最大，浦东新区受雾霾风险最小。

表 7-5 综合得分与协调度的相关性

	百分制得分	协调度
百分制得分 Pearson 相关性	1	0.909
显著性（双侧）		0.005
N	7	7
协调度 Pearson 相关性	0.909	1
显著性（双侧）	0.005	
N	7	7

PSR 协调指标有效反映了城市雾霾中压力、状态和响应指标间的关系，从上海市 7 个区的协调度可以看出，普陀区和杨浦区雾霾风险因素中协调度水平较高，但其他 5 个区与这两个区之间协调度水平相差不是很大，说明上海市各区之间雾霾风险因素的协调度水平相近，总体来说，雾霾风险较大。

7.4 本章小结

上海市雾霾风险因素得分呈黄浦江两岸差异大，浦东新区明显低于其他 6 个区，主要是因为徐汇区等 6 个区的人口、经济对雾霾所带来的压力远大于浦东新区，浦东新区绿地覆盖状况相比其他 6 个区有较大的优势，且浦东新区东临东海，有较大的地理优势，NO_2、PM_{10}、$PM_{2.5}$ 日均浓度明显低于其他 6 个区。同时，除浦东新区外的 6 个区之间差异凸显，黄浦区雾霾风险因素得分低于其他 5 个区，主要是因为 SO_2、NO_2、$PM_{2.5}$ 的日均浓度比其他 5 个区相对较低，同时也说明了这些因素对区域雾霾的风险相对较大。

上海市雾霾风险因素的 PSR 系统中，其协调度与上海市雾霾风险因素的各个因子呈正相关，可以用来衡量城市雾霾风险因素的风险程度；上海市各区之间雾霾风险因素的协调度水平相近，总体来说，雾霾风险较大。

状态层中的 $PM_{2.5}$、SO_2 和压力层中的绿地覆盖率指标对上海市雾霾风险显著，应减少 $PM_{2.5}$、SO_2 排放，加大对城市绿地的管理，有效促进上海市雾霾的治理。

PSR 系统反映的是人类社会与自然的关系，城市雾霾的形成是人与自然作用的结果，雾霾风险因素的研究是一个复杂的工程，必须提高雾霾风险因素中响应因子对雾霾风险响应作用及措施管理，同时要在提高经济发展水平、稳定人口的基础上减少城市雾霾对人类生活的风险，提高社会、环境的质量。

第8章　上海市雾霾风险差异的空间统计分析

自2013年中国遭遇一场罕见的大范围雾霾以来，雾霾开始成为国内学者研究的重点领域。雾霾天气对人体健康、社会经济发展及空气质量的风险很大，尤其是对人体健康的风险。本章运用空间统计分析的方法对上海市的17个区、县域（黄浦、徐汇、长宁、静安、普陀、虹口、杨浦、闵行、宝山、嘉定、浦东、金山、松江、青浦、奉贤、崇明、闸北[①]）的降尘量、$PM_{2.5}$浓度两项指标进行空间差异的研究，以此反映上海市不同区县之间的雾霾风险的空间相关性，以进一步了解上海市雾霾风险的区域分布状况及相关关系，从而有针对性地对区域雾霾风险制定出合理的治理政策。

8.1　数据来源及研究区概况

选取上海市2015年环境月报数据，指标选取区域季度降尘量和$PM_{2.5}$季度平均浓度，数据的准确性和完整度良好。

上海市近两年雾霾天气严重，出现过大范围雾霾天气，且上海市是一个人口密度非常高的地域，对雾霾的研究和治理非常重要。

8.2　研 究 方 法

通过建立上海市各区县生成空间的权重，分别确定各空间单元的权重，再通过各空间单元的数据信息进行空间的自相关分析，包括全局空间自相关分析、Moran散点图和局部空间自相关分析。

8.2.1　空间权重矩阵建立

在空间分析过程中，通常定义一个二元对称空间权重矩阵$\boldsymbol{W}_{n\times n}$来表达$n$个位置的空间邻近关系：

$$\begin{bmatrix} W_{11} & \cdots & W_{1n} \\ \vdots & & \vdots \\ W_{n1} & \cdots & W_{nn} \end{bmatrix} \tag{8-1}$$

① 2015年11月，静安区与闸北区合并，建立静安区。

空间权重矩阵建立的规则通常有两种——邻接规则和距离规则[145, 146]；本章采用邻接规则：

$$\boldsymbol{W}_{ij}=\begin{cases}1, & \text{当区域}i\text{和}j\text{相邻接}\\0, & \text{其他}\end{cases} \tag{8-2}$$

8.2.2 全局空间自相关分析

不同的分析对象存在空间相关性指的是它们的同一属性变量在空间上呈现一定程度的规律性，而不是随机分布[147, 148]。全局空间自相关分析运用的是 Moran's I，反映空间关联度和空间差异程度：

$$I=\sum_{i=1}^{n}\sum_{j\neq i}^{n}W_{ij}(x_i-\overline{x})(x_j-\overline{x})/S^2\sum_{i=1}^{n}\sum_{j\neq i}^{n}\boldsymbol{W}_{ij} \tag{8-3}$$

式中，$S^2=\sum_{i=1}^{n}(x_i-\overline{x})^2$；$\overline{x}=\frac{1}{n}\sum_{i=1}^{n}x_i$；$x_i$表示某一个区域的观测值；$x_j$表示其他区域的观测值；$\overline{x}$表示所有区域观测值的平均值；$\boldsymbol{W}_{ij}$表示空间权重矩阵。

检验统计量是标准化 Z 值，公式为

$$Z=\frac{I-E(I)}{\sqrt{\mathrm{var}(I)}} \tag{8-4}$$

检验统计量可以检验所有区域之间是否存在空间自相关性，取值范围介于 –1～1，当取值为负时，区域单元之间存在显著负相关，即呈现空间分散格局；当取值为正时，区域单元之间存在显著正相关，即高高低低集聚；当取值为 0 时，区域单元之间不存在空间相关性。

8.2.3 局部空间自相关分析

局部空间自相关用来分析是否有观测值对全局空间相关性的贡献更大，可以更好地评估全局相关性掩盖的局部不稳定性，用 Local Moran's I_i 表示。

$$I(d)=z_i\sum_{j\neq i}^{n}\boldsymbol{W}_{ij}z_j \tag{8-5}$$

式中，z_i、z_j表示区域单元值的标准化形式；$\boldsymbol{W}_{ij}$表示空间权重矩阵。若取值大于 0，则区域 i 与周边区域空间差异小；若取值小于 0，则差异大。

8.2.4 Moran 散点图

Moran 散点图中有四个象限，用于研究局部区域的空间不稳定性，第一象限和第三象限表示正的空间相关性，第二象限和第四象限表示负的空间相关性。其中，第一象限表示高值被周边区域高值包围（HH 型），第二象限表示低值被周边区域高值包围（LH 型），第三象限表示低值被周边区域低值包围（LL 型），第四象限表示高值被周边区域低值包围（HL 型）。

8.3　上海市雾霾风险空间差异分析

运用式（8-1）建立上海市各区县空间权重矩阵，再通过 Geoda 空间统计分析软件和其他公式分别对上海市雾霾风险中的区域降尘量和 $PM_{2.5}$ 浓度的季度平均值进行空间统计分析，得出上海市 2015 年四个季度的全局和局部相关性指标。

8.3.1　全局空间自相关分析

运用 GeoDa 软件对上海市 2015 年四个季度的区域降尘量和 $PM_{2.5}$ 浓度的季平均值进行全局自相关分析检验，第一季度区域降尘量 Moran' s I 为 0.2040，Z 值为 1.9344，$PM_{2.5}$ 浓度 Moran's I 为 0.3983，Z 值为 3.3392；第二季度区域降尘量 Moran' s I 为 0.3489，Z 值为 3.0497，$PM_{2.5}$ 浓度 Moran's I 为 0.1086，Z 值为 1.3291；第三季度区域降尘量 Moran's I 为 0.3136，Z 值为 2.9537，$PM_{2.5}$ 浓度 Moran's I 为 0.3001，Z 值为 2.6262；第四季度区域降尘量 Moran' s I 为 0.2226，Z 值为 2.1340，$PM_{2.5}$ 浓度 Moran's I 为 0.2735，Z 值为 2.7012；以上指标均在 0.01 的显著性水平下通过显著性检验，四个季度的计算结果如表 8-1 所示，且 Moran' s I 都为正，说明每个季度的区域降尘量和 $PM_{2.5}$ 浓度在空间分布上有明显的正相关，相邻区县存在着相互的风险关系，即有空间聚集现象——高高集聚和低低集聚，区域间的降尘量和 $PM_{2.5}$ 浓度差异明显。

表 8-1　上海市雾霾分析指标 Moran 散点图对应区县表

	指标	HH 型	LH 型	LL 型	HL 型
第一季度	区域降尘量	闸北区、普陀区、徐汇区、杨浦区、长宁区、虹口区、宝山区、静安区	嘉定区、浦东新区	奉贤区、青浦区、金山区、闵行区	松江区
	$PM_{2.5}$ 浓度	青浦区、嘉定区、松江区、金山区	普陀区、奉贤区	杨浦区、徐汇区、闸北区、静安区、虹口区、浦东新区	宝山区
第二季度	区域降尘量	闸北区、徐汇区、杨浦区、长宁区、虹口区、宝山区、静安区、浦东新区	普陀区、嘉定区	闵行区、松江区、金山区、青浦区、奉贤区	

续表

	指标	HH 型	LH 型	LL 型	HL 型
第二季度	$PM_{2.5}$浓度	青浦区、嘉定区、闸北区、宝山区、长宁区、静安区、普陀区	金山区、闵行区、虹口区	浦东新区、奉贤区、徐汇区	杨浦区
第三季度	区域降尘量	虹口区、徐汇区、静安区、浦东新区、闸北区、普陀区、杨浦区、宝山区、长宁区	嘉定区	闵行区、青浦区、金山区、松江区	奉贤区
	$PM_{2.5}$浓度	青浦区、嘉定区、松江区、闵行区、金山区	普陀区、长宁区、奉贤区	虹口区、闸北区、徐汇区、杨浦区、浦东新区	宝山区、静安区
第四季度	区域降尘量	长宁区、徐汇区、普陀区、闸北区、静安区	浦东新区、虹口区、嘉定区	松江区、金山区、青浦区、闵行区	杨浦区、奉贤区
	$PM_{2.5}$浓度	青浦区、松江区、嘉定区、金山区、闵行区	普陀区、长宁区、奉贤区	徐汇区、杨浦区、虹口区、静安区、浦东新区	宝山区、闸北区

8.3.2 Moran 散点图

根据 2015 年上海市四个季度两项指标，得到区域降尘量和$PM_{2.5}$浓度的四个季度的 Moran 散点图（图 8-1 和图 8-2）。每个季度的 Moran 散点图对应象限的区域见表 8-1。可以看出，大多数区域的降尘量四个季度分布相似，大体分布在一、三象限，尤其是第二、三季度，聚集度很高，雾霾风险大，且降尘量大的区域聚集度很高，在虹口、静安等市中心地带，表现了很强的空间正相关性；而$PM_{2.5}$浓度四个季度中，第二象限四个季度聚集明显，青浦区、金山区、松江区和嘉定区等区域$PM_{2.5}$浓度聚集较高，多位于西南地区，而在虹口、徐汇等市中心地带属于低值聚集区，较其他地区雾霾风险低。

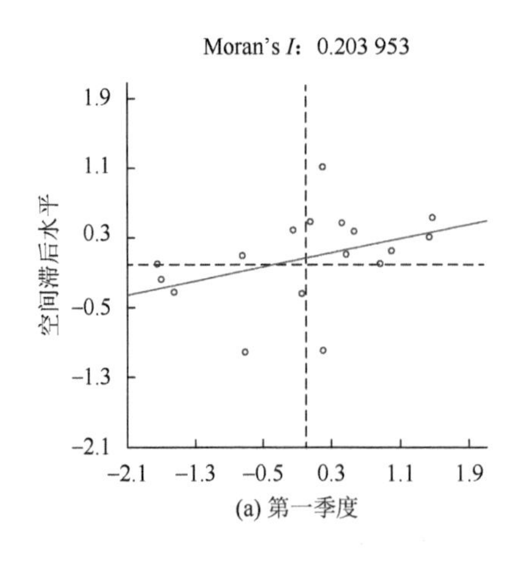

(a) 第一季度

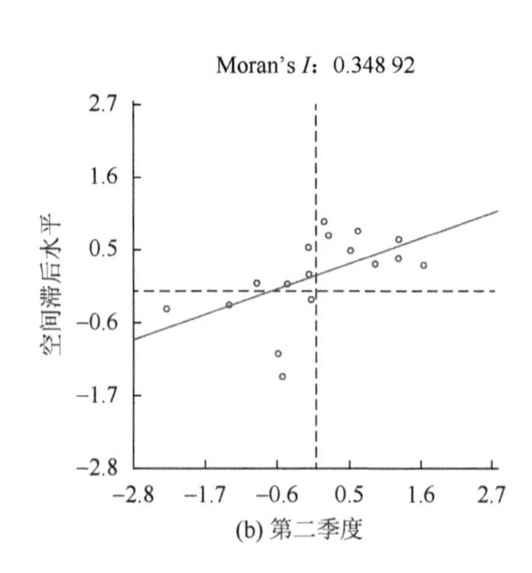

(b) 第二季度

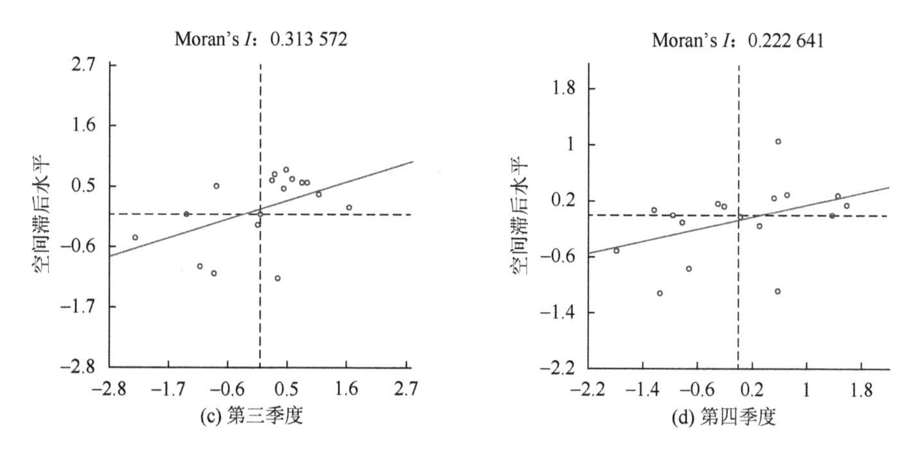

图 8-1　2015 年四个季度区域降尘量 Moran 散点图

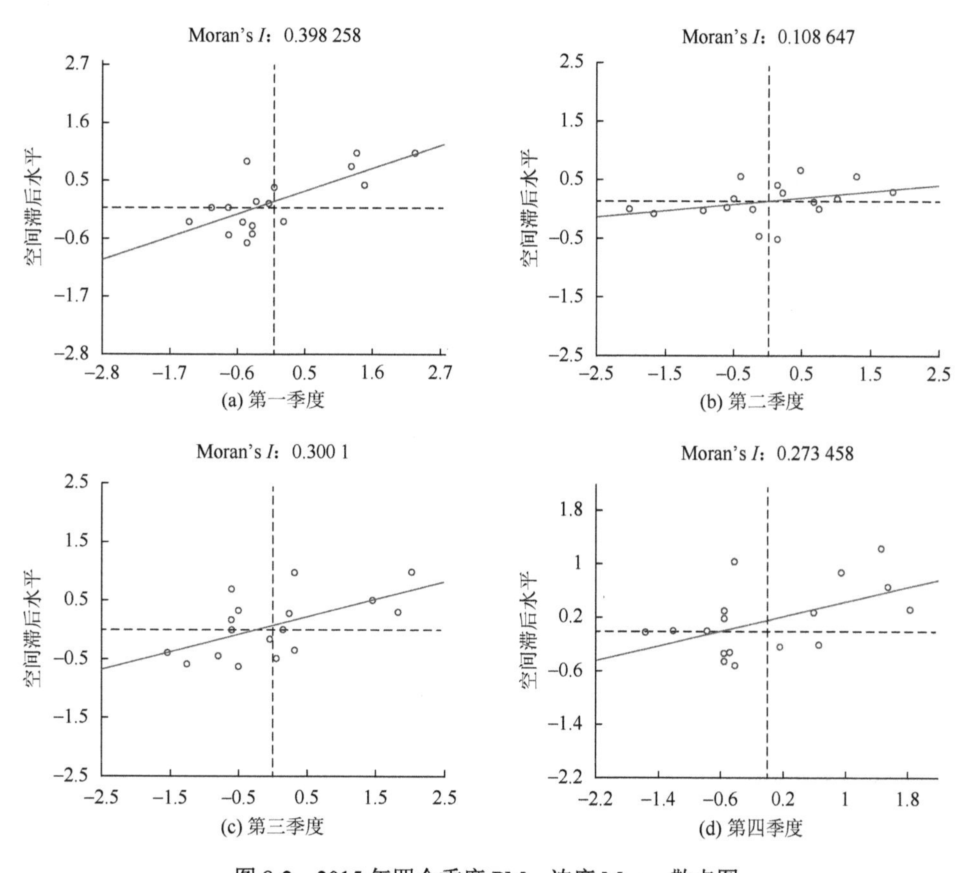

图 8-2　2015 年四个季度 $PM_{2.5}$ 浓度 Moran 散点图

8.4 本章小结

本章运用空间统计分析方法，通过 GeoDa 软件，对上海市 17 个区县的 2015 年四个季度的区域降尘量和 $PM_{2.5}$ 季均浓度进行了分析，结果表明：①上海市 2015 年四个季度区域降尘量和 $PM_{2.5}$ 季均浓度存在较为显著的全局空间正相关性，表现雾霾风险大的区域相邻，而雾霾风险小的区域相邻；且区域降尘量第二、三季度聚集度提高，说明这段时间区域的雾霾风险有所提高，$PM_{2.5}$ 季均浓度在第二季度聚集度有所降低，说明这段时间区域的雾霾风险有所降低；②局部空间自相关分析可以看出，区域降尘量四个季度呈现西南低聚集，聚集度高，中部高聚集，$PM_{2.5}$ 季均浓度四个季度西南地区高聚集，聚集度高，说明在西南-中部地区雾霾风险度呈现高聚集状态，且西南地区工厂密集度较高，中部地区人口密集度较高，是雾霾风险聚集度较高的区域，应对上海市的工业发展和人口政策做出适当的调整，以降低区域雾霾风险。

本章对上海市 17 个区域进行全局分析，选定区域降尘量和 $PM_{2.5}$ 季均浓度作为雾霾风险空间差异测定指标，以两个指标研究上海市雾霾风险的整体空间差异，以为区域雾霾治理提供辅助治理措施。同时，在今后的研究中，可以选定更多指标，将指标综合化，并对上海市雾霾风险空间差异进行综合风险评估。

第 9 章　长三角重雾霾污染溢出效应研究

本章以长三角区域 7 个城市为研究目标，以 $PM_{2.5}$ 浓度为统计量，采用时变 VaR 评估长三角区域这 7 个城市重雾霾污染情况，并运用风险 Granger 计量方法探讨长三角区域这 7 个城市雾霾污染的变化趋势及长三角区域城市间重雾霾污染的传输机制。

9.1　模型基本原理

本章主要研究的是 $PM_{2.5}$ 浓度上升的极端情况及其传导，首先利用广义 GARCH 模型对长三角 7 个城市 $PM_{2.5}$ 进行建模，得到条件均值和条件方差，进而估计时变 VaR 值，通过计算上涨侧 VaR 分别得出 7 个城市在确定置信水平下的 $PM_{2.5}$ 浓度的临界值，一旦某城市如 A 实际 $PM_{2.5}$ 浓度超过其相应的临界值，则意味着 A 城市发生了极端污染事件，然后利用风险 Granger 因果检验法继续评估 A 城市的极端污染情况是否有助于预测另一城市 B 极端污染情况发生的可能性，如果可以，则意味着城市 A 极端污染具有溢出效应，基于 GARCH 模型在金融领域的普及，这里就不做赘述，仅对 VaR 的估计检验及风险 Granger 因果检验进行简单介绍。

9.1.1　各城市重雾霾污染的 VaR 估计

（1）定义 $PM_{2.5}$ 浓度上涨侧对应的 VaR 为

$$P(Y_t > V_t \mid I_{t-1}) = \alpha \tag{9-1}$$

式中，V_t 表示 t 时刻某城市 $PM_{2.5}$ 浓度上涨时相应的 VaR，也是 $PM_{2.5}$ 浓度在 t 时刻的条件分布右分位数；I_{t-1} 表示 $t-1$ 时刻的信息集。

（2）运用 GARCH 模型计算出某城市 $PM_{2.5}$ 浓度对应的条件均值与条件方差，从而进一步由式（9-2）计算出上升时对应的 VaR 序列：

$$\hat{V}_t = \hat{\mu}_t + \hat{z}_\alpha \sqrt{\hat{h}_t} \tag{9-2}$$

基于 GARCH 模型，式（9-2）中 $\hat{\mu}_t$ 与 $\hat{h}_t$ 分别表示 t 时刻 $PM_{2.5}$ 浓度对应的条件均值和条件方差的估计值；$\hat{z}_\alpha$ 表示标准残差服从条件分布的右分位数，即 $F(\hat{z}_\alpha) = \alpha$。

（3）运用 Kupiec[149]提出的 VaR 估计检验方法来验证上述 VaR 估计是否是充分的，即当样本容量为T，置信水平为$1-\alpha$时，将 $PM_{2.5}$ 浓度实际值与估计值 VaR 进行比较，当实际值大于估计值时，记作一次失效。令N为失效的总天数，构造极大似然检验统计量LR，如式（9-3）所示：

$$\mathrm{LR}=-2\ln[(1-\alpha)^{T-N}(\alpha)^{N}]+\ln[(1-f)^{T-N}(f)^{N}] \tag{9-3}$$

式中，$f=T/N$，表示失效频率；α表示失效率的期望值，在满足零假设设定时，统计量LR将服从自由度为 1 的χ^2分布，置信水平 95%时其对应的临界值为 3.84，若$\mathrm{LR}>3.84$，则拒绝零假设，即表示 VaR 序列不是充分估计的。

9.1.2 重雾霾污染的风险溢出效应检验

采用基于协相关函数的风险 Granger 因果检验对重雾霾污染的溢出效应进行分析，它可以较好地刻画长三角样本城市间极端风险的溢出效应。风险溢出效应是一种外部效应，即无意识作用的间接影响。假设 A 城市的 $PM_{2.5}$ 浓度上升出现极端的情况，可以用这个信息预测 B 城市未来 $PM_{2.5}$ 浓度极端情况出现的可能性，则表明 A 城市对 B 城市具有风险溢出效应。

设t时刻 A 城市与 B 城市的 $PM_{2.5}$ 浓度分别为$Y_{(\mathrm{A},t)}$与$Y_{(\mathrm{B},t)}$，则对城市 A 与 B 之间风险溢出效应的验证思路如下。

（1）设该城市 $PM_{2.5}$ 浓度上升时对应的风险指标函数为

$$Z_{l,t}=I(Y_{l,t}>V_{l,t}),\quad l=\mathrm{A,B} \tag{9-4}$$

式中，$I(\cdot)$表示风险指标函数，当实际 $PM_{2.5}$ 浓度大于确定置信水平下 VaR 估计值时，$I(\cdot)$取值为 1，否则为 0。假设城市 A 与 B 之间重雾霾污染不存在风险溢出效应，则城市 A 与 B 应满足如下原假设。

$$\mathrm{Cov}(Z_{\mathrm{A},t},Z_{\mathrm{B},t-j})=0 \tag{9-5}$$

（2）设$V_{l,t}=V_l(I_{l,t-1},\alpha)$是城市$l(l=\mathrm{A,B})$在置信水平$1-\alpha$下对应的 VaR 序列。设有$T$个随机样本$\{Y_{1,t},Y_{2,t}\}_{t=1}^{T}$。令

$$\hat{\alpha}_1=T^{-1}\sum\nolimits_{t=1}^{T}\hat{z}_{l,t},\quad \hat{z}_{l,t}=I(Y_{l,t}>V_{l,t}),\quad l=\mathrm{A,B}$$

则$\hat{z}_{1,t}$与$\hat{z}_{2,t}$之间的样本互协方差函数如式（9-6）所示：

$$\hat{C}(j)\equiv T^{-1}\sum\nolimits_{t=1+j}^{T}(\hat{z}_{1,t}-\hat{\alpha}_1)(\hat{z}_{2,t}-\hat{\alpha}_2),\quad 1\leqslant j\leqslant T-1 \tag{9-6}$$

而$\hat{z}_{1,t}$与$\hat{z}_{2,t}$之间的样本互相关函数如式（9-7）所示。

$$\hat{p}(j)\equiv\hat{C}(j)/\hat{S}_1\hat{S}_2,\quad 1\leqslant j\leqslant T-1 \tag{9-7}$$

式中，$\hat{S}_l^2=\hat{\alpha}_l(1-\hat{\alpha}_l)$ 表示 $\hat{z}_{l,t}$ 的样本方差。选取 $k(z)=\sin(\pi z)/\pi z, z\in(-\infty,+\infty)$ 表示核权函数，并且以此核权函数构造统计量 Q_1，如式（9-8）所示，来验证城市 B 的 $PM_{2.5}$ 浓度是否对城市 A 具有单向风险溢出效应：

$$Q_1(M)=\left[T\sum_{j=1}^{T-1}k^2(j/M)\hat{p}(j)-C_{1T}(k)\right]/[2D_{1T}(k)]^{1/2} \tag{9-8}$$

式中，$C_{1T}(k)$ 和 $D_{1T}(k)$ 分别表示中心因子和尺度因子，具体表示如下。

$$C_{1T}(k)=\sum_{j=1}^{T-1}(1-j/T)k^2(j/M) \tag{9-9}$$

$$D_{1T}(k)=\sum_{j=1}^{T-1}(1-j/T)(1-(j+1)/T)k^4(j/M) \tag{9-10}$$

式中，M 表示有效滞后截尾阶数，如若满足零假设，$Q_1(M)$ 在大样本条件将服从渐近的标准正态分布。

9.2　重雾霾事件刻画

9.2.1　数据的基本统计特征

以长三角地区 7 个城市（上海、杭州、常州、无锡、南京、宁波、湖州）为目标，收集 $PM_{2.5}$ 浓度的日数据，收集的时间跨度为两年，具体从 2013 年 11 月 1 日～2015 年 10 月 30 日，浓度数据来源于各城市空气监测数据及统计公报。首先对 7 个城市日 $PM_{2.5}$ 浓度数据进行单位根检验，结果显示 7 个城市的 $PM_{2.5}$ 浓度序列都是平稳序列，表 9-1 统计整理了长三角 7 个城市 $PM_{2.5}$ 浓度在固定时间跨度内的均值（单位为 $\mu g/m^3$）、标准差、峰度和偏度，其中，JB 统计量原假设为序列符合正态分布，括号内表示概率 p 值。

表 9-1　长三角地区 7 个城市 $PM_{2.5}$ 浓度的统计特征

城市	均值/($\mu g/m^3$)	标准差	偏度	峰度	JB 统计量
上海	75.00	48.83	2.12	11.01	2 501.45（0.00）
杭州	60.96	38.35	2.57	14.79	5 082.73（0.00）
宁波	47.69	37.08	3.56	27.09	19 249.24（0.00）
湖州	63.40	44.78	2.70	13.76	4 451.98（0.00）
常州	66.37	43.68	2.14	10.01	2 071.97（0.00）
无锡	67.76	41.25	2.28	11.51	2 838.92（0.00）
南京	69.01	45.64	1.94	8.65	1 441.85（0.00）

从表 9-1 得出，长三角 7 个城市 $PM_{2.5}$ 浓度的均值都大于 35μg/m³，超过了环保部门规定的 $PM_{2.5}$ 年均浓度限值，表明长三角区域 $PM_{2.5}$ 污染较为严重；且 7 个城市 $PM_{2.5}$ 浓度标准差较大，表明未来出现更高浓度 $PM_{2.5}$ 污染的可能性较大；由峰度值大于 3 及 JB 统计量得出，7 个城市 $PM_{2.5}$ 浓度均未服从正态分布，服从尖峰厚尾右偏分布；厚尾性及右偏性表明 7 个城市未来具有较大概率出现雾霾极端情况。

以上海市为例，由图 9-1 可知，上海 $PM_{2.5}$ 浓度呈现尖峰右偏分布，且偏度为 2.12，峰度为 11.01，有明显的右偏后尾分布。具体统计得出，2013 年 11 月 1 日～2015 年 10 月 30 日，有 83%天数的 $PM_{2.5}$ 浓度超过了环境保护部规定的二级标准（35μg/m³），并且有 13.3%天数的 $PM_{2.5}$ 浓度超过 120μg/m³，表明未来出现严重雾霾天气的概率较大。

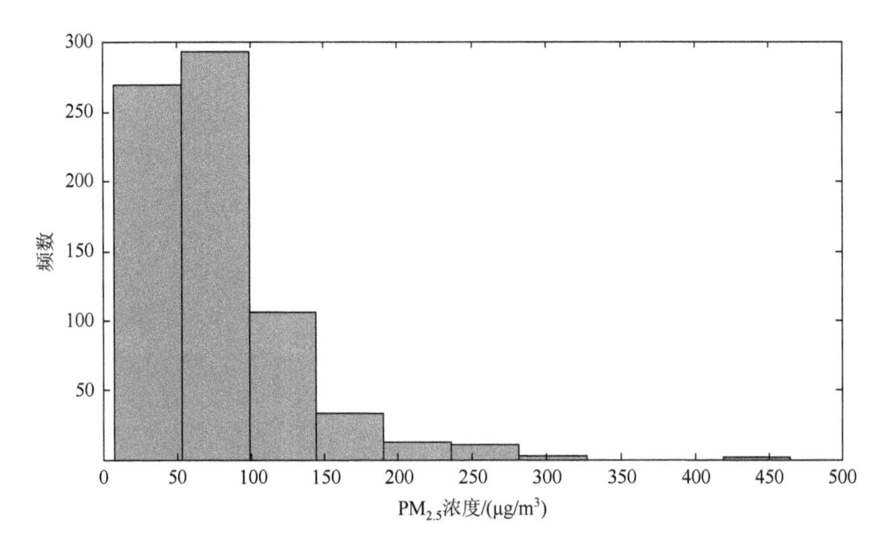

图 9-1　上海市 $PM_{2.5}$ 浓度直方图

9.2.2　雾霾波动 GARCH 模型的估计

运用正态分布的极大似然法（maximum likelihood estimate，MLE）建立长三角 7 个城市 $PM_{2.5}$ 浓度的 GARCH 模型，可得每个城市 $PM_{2.5}$ 浓度的条件均值和条件方差序列，继而可得 VaR 序列。基于赤池信息准则（akaike information criterion，AIC）构建 $PM_{2.5}$ 浓度的最佳 GARCH 模型，并应用统计量 Q 考察其充分性。表 9-2 列出了估计的条件均值和条件方差方程参数结果与常用诊断量 Q 统计量。

表 9-2　长三角 7 个城市 GARCH 模型参数

城市	上海	杭州	常州	无锡	南京	宁波	湖州
c	64.54	50.29	50.70	55.25	51.27	34.22	47.62
ϕ_1	0.62（0.00）	0.65（0.00）	0.68（0.00）	0.65（0.00）	0.79（0.00）	0.65（0.00）	0.75（0.00）
ϕ_2	−0.11（0.009）	—	—	—	−0.11（0.01）	—	−0.09（0.04）
Ω	8.84	7.23	4.50	5.03	9.14	4.40	6.12
α_1	0.16（0.00）	0.08（0.08）	0.22（0.02）	0.06（0.00）	0.27（0.00）	0.20（0.00）	0.23（0.00）
α_2	−0.13（0.003）	—	−0.16（0.01）	—	−0.18（0.007）	−0.12（0.008）	−0.16（0.001）
β	0.96（0.00）	0.91（0.00）	0.94（0.00）	0.93（0.00）	0.90（0.00）	0.91（0.00）	0.92（0.00）
Q（10）	6.37（0.78）	20.17（0.03）	9.10（0.52）	11.42（0.33）	10.51（0.40）	9.14（0.52）	9.82（0.46）
AIC	9.92	9.13	9.32	9.29	9.45	8.84	9.10

注：Q 表示 Ljung-Box 统计量 GARCH 模型的条件均值方程为 $Y_t = c + \phi_1 X_{t-1} + \phi_2 X_{t-2} + \mu_t$，条件方差方程形式为 $h_t = \omega + \alpha_1 \varepsilon_{t-1}^2 + \alpha_2 \varepsilon_{t-2}^2 + \beta h_{t-1}$，括号内为概率 p 值；—表示不存在此回归项。

由表 9-2 可得，杭州与无锡的 $PM_{2.5}$ 浓度满足 GARCH（1，1）模型，上海、常州、南京、宁波及湖州的 $PM_{2.5}$ 浓度符合的 GARCH 模型为 GARCH（2，1）。7 个城市的 $PM_{2.5}$ 一阶自相关系数都处于 0.6～0.8，即均呈现低阶 AR（auto regressive）效应，表明 7 个城市 $PM_{2.5}$ 浓度值有较强的自相关性，参数满足不等式 $0 < \alpha_1 + \alpha_2 + \beta \leqslant 1$，表明 $PM_{2.5}$ 浓度的二阶矩是平稳的，且参数 β 值较大，$\alpha_1 + \beta$ 的值接近于 1，表明 $PM_{2.5}$ 浓度变化存在显著的“长期记忆性”，即过去 $PM_{2.5}$ 浓度波动与其未来无限长期 $PM_{2.5}$ 波动有关，且 $PM_{2.5}$ 浓度波动减弱速度较缓，表明若一地区 $PM_{2.5}$ 浓度在某阶段波动幅度扩大时，其在接下来相当长期间内 $PM_{2.5}$ 浓度的变动幅度也会比较大，在短时期内很难消除，$PM_{2.5}$ 污染表现为较强的持续性。此外，在条件方差方程中，其相关参数估计值均小于显著水平 5%，且除杭州外，标准残差 Q 统计量 p 值均大于 10%，表明对长三角 7 个城市的 GARCH 模型估计是充分的。

9.2.3　雾霾浓度上升的 VaR 估计

根据式（9-2）估计出在置信水平 80%时长三角 7 个城市 $PM_{2.5}$ 浓度极端上升的 VaR 序列。以上海市为例，图 9-2 给出了在确定置信水平下上海 $PM_{2.5}$ 浓度上升侧的 VaR 序列与实际值序列分布情况，表明上海市 $PM_{2.5}$ 浓度的实际值大多小于 VaR 序列值。

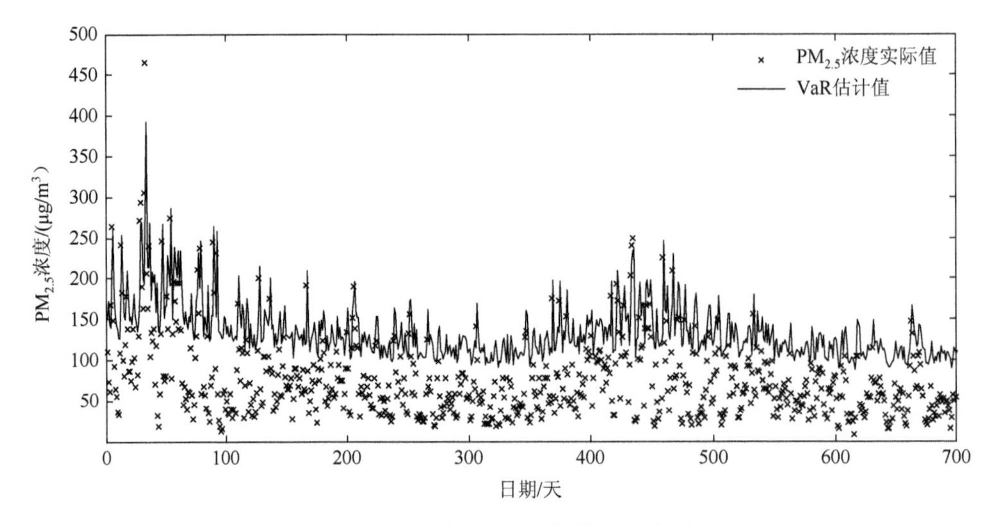

图 9-2　上海市 $PM_{2.5}$ 浓度的 VaR 序列

为了评估基于 GARCH 模型得出的 VaR 估计序列是否充分，运用式（9-3）构建的统计量进行验证，检验成果整理如表 9-3 所示。可以看出，置信水平为 80% 时，长三角区域上海、常州、南京、宁波及湖州这 5 个城市的 VaR 检验值的 LR 统计量均小于 3.84，说明对这 5 个城市 VaR 的估计比较准确。因此，整体而言，基于 GARCH 模型，通过条件均值与条件方差得出的各城市 $PM_{2.5}$ 浓度 VaR 估计序列结果是可靠的。

表 9-3　长三角 7 个城市 VaR 失败率检验情况

城市	最大 VaR	最小 VaR	失败天数	失败率	LR
上海	392.54	87.70	44	0.06	1.57
杭州	155.74	69.59	107	0.15	8.13
常州	346.55	70.34	27	0.04	3.02
无锡	356.79	77.39	21	0.03	5.18
南京	382.01	60.79	27	0.04	2.96
宁波	417.72	49.16	33	0.05	0.49
湖州	382.79	382.79	31	0.04	3.02

9.3　重雾霾污染溢出效应实证分析

本节运用 Hong 等[150]提出的基于 CCF 的风险 Granger 方法分析上海市和其余 6 个城市之间的雾霾风险溢出效应。首先将上海市分别对应于其余 6 市进行风险 Granger 因果验证。由已得的长三角 7 个城市雾霾上升侧的 VaR 序列及统计量 Q_1 来研究上海市对应于其他 6 市的风险溢出效应[106-108]。计算步骤采用 MATLAB2010a 编程实现，风险溢出检验结果整理如表 9-4 所示。

表 9-4　上海与周边六市上升侧 VaR 风险溢出（$M=20$）

风险溢出	结果		风险溢出	结果	
	80%	90%		80%	90%
杭州→上海	接受	拒绝	上海→杭州	接受	拒绝
常州→上海	拒绝	接受	上海→常州	拒绝	拒绝
无锡→上海	接受	拒绝	上海→无锡	接受	接受
南京→上海	接受	接受	上海→南京	拒绝	拒绝
宁波→上海	接受	拒绝	上海→宁波	拒绝	拒绝
湖州→上海	拒绝	拒绝	上海→湖州	拒绝	拒绝

由表 9-4 可知，在 80%置信水平下，上海市对周边 4 市（常州、南京、宁波、湖州）产生了重雾霾风险溢出效应，其他 6 个城市只有常州和湖州对上海市产生了重雾霾风险溢出；当置信水平提高到 90%时，上海对周边 5 市（杭州、常州、南京、宁波、湖州）产生了风险溢出效应，且杭州、无锡、宁波及湖州 4 市也对上海具有重雾霾溢出效应。由此可以得出，当雾霾污染比较严峻时，周边 6 市 $PM_{2.5}$ 浓度上升极端事件的发生，具备用来预测上海市 $PM_{2.5}$ 浓度上升的可能性。

由上述实证研究可以得出，在置信水平为 80%及 90%这两种情况下，上海市对周边 6 市大多具有雾霾风险溢出效应；而周边 6 市对上海的重雾霾风险溢出在置信度上升到 90%时才呈现显著效果。长三角城市群由于人口集中、工业集中、基础设施集中和经济活动集中，城市之间的黏着度和互动性越来越强，雾霾污染在长三角区域表现为全局性的特点，相近的自然地理环境使得长三角区域城市 $PM_{2.5}$ 浓度波动具有高度的一致性。同时，雾霾污染是先在局部地区出现的，当发生极端雾霾天气时，伴随着风力、降水等自然地理因素的传输，该环境问题很可能会影响邻近地区。

9.4 本章小结

本章选取 $PM_{2.5}$ 浓度作为雾霾污染代理变量，首先构建长三角 7 个城市 GARCH 模型，由此得出 7 市对应的条件均值与条件方差，从而得到在 80%置信度时 7 个城市 $PM_{2.5}$ 浓度上升时对应的 VaR 序列。然后运用 Hong 等[150]提出的基于 CCF 的风险 GARCH 因果检验法分析上海与其他 6 市雾霾污染的风险溢出效应。得到主要结论如下。

（1）长三角 7 个城市 $PM_{2.5}$ 浓度均存在序列相关性，表明长三角 7 个样本城市雾霾污染具有持续性，同时 $PM_{2.5}$ 浓度波动具有较强的聚类现象。

（2）上海市与其余 6 市的雾霾风险溢出效应因为置信度大小的不同而有差异，当设定 80%置信度时，上海市对周边 4 市产生了雾霾风险溢出，而其他城市中常州和湖州对上海市产生溢出效应；当置信度提高为 90%时，周边 6 市对上海市的重雾霾污染溢出效应增强。

第10章　长三角$PM_{2.5}$污染时空分布及影响因素研究

$PM_{2.5}$污染事件异于一般的环境突发事件，其污染物瞬间排放量较大，多突发迅猛，没有固定的排放渠道，对经济社会和生产生活产生重大的后果。环境污染事件特别是 $PM_{2.5}$ 污染事件是各种诱因组合作用而形成的后果，对污染事故空间尺度的研究，更全面地认识其时间分布规律及区域差异，有助于认识 $PM_{2.5}$ 污染分布的时空规律。

10.1　数 据 来 源

本章以 2015 年长三角区域日 $PM_{2.5}$ 浓度为研究对象，$PM_{2.5}$ 浓度数据取自各城市空气质量实时发布平台提供的数据，样本数据为长三角地区共 197 个空气质量检测站点（表 10-1）$PM_{2.5}$ 浓度日监测数据，由于每个城市的检测站点数量的不同及考虑数据的可得性，取长三角区域主要 25 个城市，且取每个城市内可得站点 $PM_{2.5}$ 浓度 24 小时平均值代表该城市的 $PM_{2.5}$ 污染程度。

表 10-1　长三角省（直辖市）城市监测点位的数量

序号	省（直辖市）	城市数量/座	检测点数量/个
1	上海	1	10
2	江苏	13	72
3	浙江	11	47
4	安徽	16	68
合计		41	197

10.2　研 究 方 法

10.2.1　克里金插值法

插值法是运用区域内已知点的浓度数据推导相同区域内其他未知点的数据，从而推导出整个区域分布情况的研究方法。随着地理信息系统（geographic information system，GIS）技术的不断发展，空间数据插值法受到越来越多学者的关注和运用。晏星等[151]运用样条函数（spline）插值、反距离加权（inverse distance weighted，IDW）插值法和克里金（Kriging）插值法这三种方法研究了北京内部城区 PM_1 的浓度分布情况，通过分析对比得出克里金插值较其他两种方法更为灵活，更能发挥数据探索性分析工具的作用及空间插值的效率，且分析得出的结论具有更好的连续性。

克里金插值法即空间局部插值法，是以变异函数理论和结构分析为基础，在有限区域内对区域化变量进行无偏最优估计的一种方法。

设 A 为所研究的空间区域；区域化变量（即所研究的物理属性变量）为 $Z(x)\in A$；x 为空间位置，$Z(x)$ 在采样点 $x_i(i=1,2,\cdots,n)$ 处的属性值（表示区域化的一次实现）为 $Z(x_i)(i=1,2,\cdots,n)$；由普通克里金插值法原理知，未采样点 x_0 处的属性值 $Z(x_0)$ 估计值是 n 个已知采样点属性值的加权和，即

$$Z(x_0)=\sum_{i=1}^{n}\lambda_i Z(x_i) \tag{10-1}$$

式中，$\lambda_i(i=1,2,\cdots,n)$ 表示待求权系数。

由区域化变量 $Z(x)$ 的假设条件，即其在整个研究区域内是满足二阶平稳的可知，$Z(x)$ 符合如下两个条件。

（1）$Z(x)$ 的数学期望存在且等于常数：$E[Z(x)]=m(\text{常数})$。

（2）$Z(x)$ 的协方差 $\mathrm{Cov}(x_i,x_j)$ 存在且只与两点之间的相对位置有关。

依据无偏性 $E[Z^*(x_0)]=E[Z(x_0)]$ 可推导出：

$$\sum_{i=1}^{n}\lambda_i=1 \tag{10-2}$$

基于无偏性要求使得估计方差达到最小，即

$$\min\left\{\mathrm{Var}[Z^*(x_0)-Z(x_0)]-2\mu\sum_{i=1}^{n}(\lambda_i-1)\right\} \tag{10-3}$$

式中，μ 表示拉格朗日乘子。

可得求解权系数 $\lambda_i(i=1,2,\cdots,n)$ 的方程组：

$$\begin{cases}\sum_{i=1}^{n}\lambda_i\mathrm{Cov}(x_i,x_j)-\mu=\mathrm{Cov}(x_0,x_i)\\ \sum_{i=1}^{n}\lambda_i=1\end{cases}\quad i=1,2,\cdots,n \tag{10-4}$$

由式（10-4）求解出诸权系数 $\lambda_i(i=1,2,\cdots,n)$，然后求解出未采样点 x_0 处的属性值 $Z^*(x_0)$。

式（10-4）方程组中的协方差 $\mathrm{Cov}(x_i,x_j)$ 可用变异函数 $\gamma(x_i,x_j)$ 表示为

$$\begin{cases}\sum_{i=1}^{n}\lambda_i\gamma(x_i,x_j)-\mu=\mathrm{Cov}(x_0,x_i)\\ \sum_{i=1}^{n}\lambda_i=1\end{cases}\quad i=1,2,\cdots,n \tag{10-5}$$

式中，变异函数 $\gamma(x_i,x_j)$ 是继续克里金插值法分析问题的前提，在克里金插值分析相关空间变量时，研究区域对象的变异函数是第一步需要求解的。在所研究的空间维度 A 内，区域化变量 $Z(x)$ 在位置 $x_i \in A(i=1,2,\cdots,N)$ 上的一次采样为 $Z(x_i)(i=1,2,\cdots,N)$，则 $Z(x)$ 的变异函数定义为

$$\gamma(x_i,x_j)=\gamma(x_i-x_j)=\frac{1}{2}E[Z(x_i)-Z(x_j)]^2 \tag{10-6}$$

区域化变量 $Z(x)$ 具有空间变异性，即空间变量属性会随着空间位置的移动而有不同的特性。变异函数 $\gamma(x_i,x_j)$ 有两个途径反映空间变异性，即各项参数与自身结构，通过对变异函数 $\gamma(x_i,x_j)$ 的求解确认，来达到对空间变异性的结构分析。

10.2.2　空间计量经济模型

空间计量经济模型是计量经济学的一个有机构成部分，其体现了经济现象或地理区间因素间的空间依赖性，突破了原始统计原理基于监测值独立性假设，目前已被广泛应用于环境突发事件相关研究中，通过在原有的计量经济学模型中加入经济变量空间效应这一因素，来分析研究因素之间的空间相关性和空间异质性。为揭示 $PM_{2.5}$ 污染发生时的区域空间关联关系，运用空间计量经济模型构建空间面板计量模型探讨长三角区域 $PM_{2.5}$ 污染事件发生的时空演化机制及其外部影响因素。具体方法是建立地理矩阵权重，若地理位置相邻则设为 1，反之则设为 0，并运用 MATLAB R2010a 进行演算。

空间计量经济模型包含两种基本模型，即空间误差模型（SEM-Panel）和空间自回归模型（SAR-Panel）。这两种基本模型包含两类固定效应：一种是时间固定效应，用来衡量区域不变情况下随时间变动的情况；另一种是空间固定效应，用来衡量时间不变情况下随区域变动情况。所以对长三角 $PM_{2.5}$ 浓度数据进行空间计量分析时自然会出现这两种基本输出模式，即 SAR-Panel 与 SEM-Panel，这两个模型的基本模型公式如下。

SAR-Panel：

$$y_{it}=\rho\sum\nolimits_{j=1}^{n}W_{ij}y_{jt}+X_{it}\beta+\varepsilon_{it}+\mu_i+\lambda_t \tag{10-7}$$

式中，ρ 表示 $PM_{2.5}$ 污染反应程度，表明被观测因素对 $PM_{2.5}$ 污染的影响水平；W_{ij} 表示空间矩阵元素；y_{it} 表示因变量，即 2015 年长三角某市日 $PM_{2.5}$ 浓度监测值；$\sum\nolimits_{j=1}^{n}W_{ij}y_{jt}$ 表示空间滞后因变量，即除该市外长三角其他样本城市 $PM_{2.5}$ 浓度加权平均值；X_{it} 表示自变量；β 表示变量系数；ε_{it} 表示残差扰动项。

SEM-Panel：

$$Y_{it} = X_{it}\beta + \mu_i + \lambda_t + \varphi_{it} \tag{10-8}$$

$$\varphi_{it} = \sigma\sum\nolimits_{j=1}^{n} W_{ij}\varphi_{it} + \varepsilon_{it} \tag{10-9}$$

式中，σ 作为误差系数，表示邻近地区因变量误差对研究区域监测值的影响水平；$\sigma\sum\nolimits_{j=1}^{n} W_{ij}\varphi_{it}$ 表示滞后误差向量；μ_i、λ_t 分别表示空间固定和时间固定效应；ε_{it} 表示残差扰动项。

10.3 长三角区域 $PM_{2.5}$ 污染时空分布

10.3.1 长三角 $PM_{2.5}$ 浓度的时间分布

2015 年长三角区域 25 个监测城市 $PM_{2.5}$ 年均浓度为 56.913μg/m^3，可详见中国最新的《环境空气质量标准》（GB 3095—2012）中规定的环境空气功能区界定，部分内容见表 10-2。由表 10-3 可知，一类区和二类区分别对应的 $PM_{2.5}$ 浓度年均限值和日均限值。将长三角区域内城市按二类环境功能区进行统计，上海、南京、杭州、合肥和芜湖等 17 个城市 $PM_{2.5}$ 浓度年均值均高于二类区的年均限值。

表 10-2 环境空气功能区界定

环境空气功能区	具体含义
一类区	自然保护区、风景名胜区和其他需要特殊保护的区域
二类区	居住区、商业交通居民混合区、文化区、工业区和农村地区

表 10-3 $PM_{2.5}$ 浓度限值 （单位：μg/m^3）

	环境空气功能区	一类	二类
颗粒物（粒径≤2.5μm）	年平均	15	35
	24 小时平均	35	75

王振和刘茂[152]研究指出，污染源疏散强度及扩散条件与季节变化存在明显的相关关系。从图 10-1 可以看出，长三角区域 $PM_{2.5}$ 浓度总体上呈现冬高夏低、春秋居中的变化规律。长三角区域样本城市 $PM_{2.5}$ 浓度小于限度浓度的天数比例在 60.5%～85.8%，平均达标天数为 63.1%，从 2013 年与 2014 年的达标天数来看，2015 年长三角城市达标天数比例比 2014 年上升了 2.6 个百分点，比 2013 上升了 7.9 个百分点，平均超标天数比例为 27.9%。且由图 10-2 可以看出，长三角城市 $PM_{2.5}$ 月均浓度呈现出“U”形的变化规律，1～5 月，长三角区域样本城市 $PM_{2.5}$ 浓度值显现出下降的态势，从 6～8 月基本平稳，略有升高，9～12 月呈现出上升趋势。其中，12 月 $PM_{2.5}$ 平均浓度最高，为 97.53μg/m^3，11 月 $PM_{2.5}$ 浓度为 79.36μg/m^3，

均在 75μg/m³ 的标准线以上；6～7 月 $PM_{2.5}$ 浓度最低，分别为 34.84μg/m³ 和 32.28μg/m³，在 35μg/m³ 的标准线下，4～8 月 $PM_{2.5}$ 平均浓度在 41～55μg/m³，此阶段为长三角城市年空气质量优良时段。

环境空气质量指数（AQI）技术规定[153]中将 $PM_{2.5}$ 浓度分为 6 个等级水平，具体为优（0～35μg/m³），良（35～75μg/m³），轻度污染（75～115μg/m³），中度污染（115～150μg/m³），重度污染（150～250μg/m³），严重污染（250～500μg/m³）。计算长三角主要 25 个城市 $PM_{2.5}$ 浓度日均值，得出长三角城市污染等级天数频数分布情况，如图 10-3 所示。由图表可知，2015 年长三角城市空气质量达标程度呈现出冬季最少，春秋较多，夏季最多的季节规律。

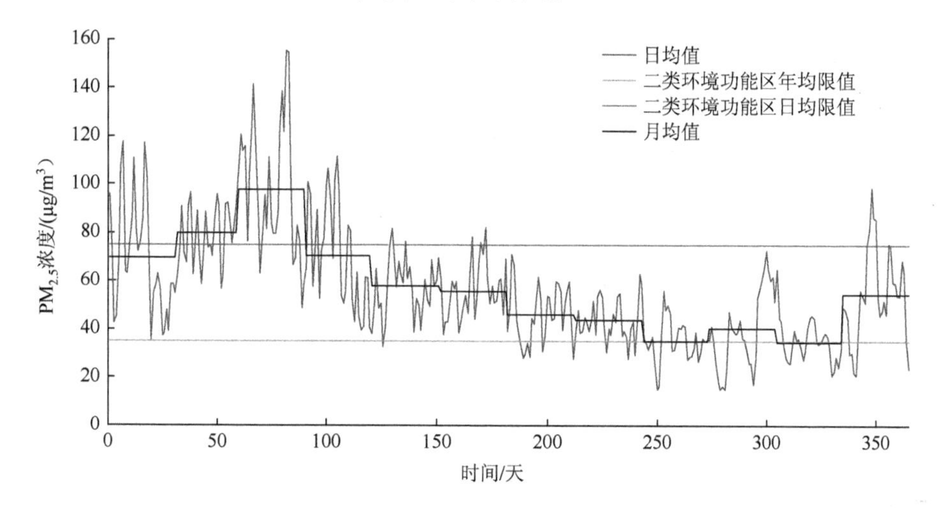

图 10-1　2015 年长三角主要城市 $PM_{2.5}$ 浓度变化规律

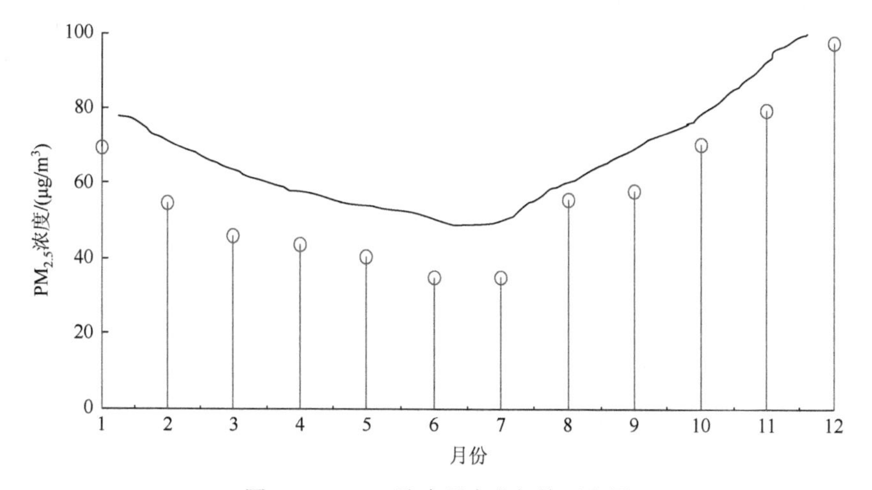

图 10-2　$PM_{2.5}$ 浓度月变化规律示意图

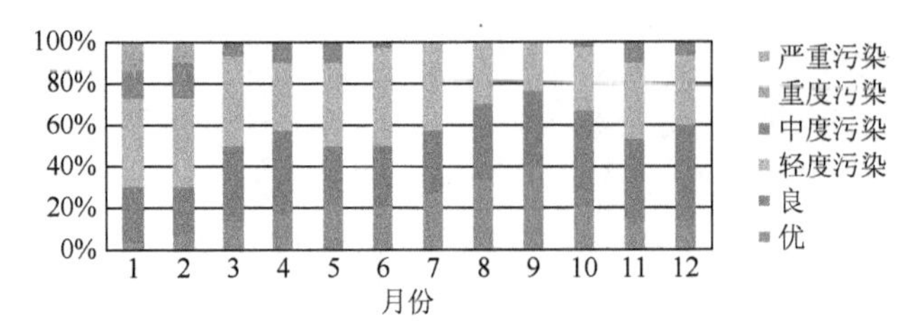

图 10-3　2015 年长三角城市 $PM_{2.5}$ 污染等级比例

10.3.2　长三角区域 $PM_{2.5}$ 浓度的空间分布

从统计数据可得，$PM_{2.5}$ 浓度年均值在整体上呈现出北高南低的趋势，以泰州及湖州为中心的中部局部区域 $PM_{2.5}$ 浓度年均值略有突出，可能与地形地势及人类活动相关。长三角地区，南部多为平原地势，利于 $PM_{2.5}$ 污染物的扩散，而北方区域多丘陵地带，地势多封闭，不利于污染物排散，容易形成污染物积聚；且南方区域相对北方区域而言植被覆盖率较高，较高的绿植覆盖度不仅有利于降低大气中气溶胶含量，同时也有效吸附了空气中的颗粒物，缓解了空气污染状况[151]；且北方区域人为活动较南方区域频繁，这也是 $PM_{2.5}$ 浓度北高南低的原因之一。

2013 年以来，长三角区域大多数城市年均 $PM_{2.5}$ 浓度远大于 35μg/m^3，即超过国家年均大气环境质量二级标准限值。其中，江苏省 $PM_{2.5}$ 浓度年均值最高，为 67.48μg/m^3，其辖下南京、徐州、宿迁、淮安及泰州 $PM_{2.5}$ 浓度年均值都在 67μg/m^3 以上；其次为上海市，其 $PM_{2.5}$ 浓度年均值为 56.78μg/m^3；浙江省年均 $PM_{2.5}$ 浓度值最低，为 49.35μg/m^3，该省大部分地级市 $PM_{2.5}$ 在 46~60μg/m^3，其管辖下的舟山市年均 $PM_{2.5}$ 浓度值处于 38μg/m^3 以下。从相关研究文献可以推导出长三角区域 $PM_{2.5}$ 污染较为严重的可能原因有：工业结构较为落后，燃料化石产业分布较为集中，三高(高耗能、高污染、高排放)企业聚集较多，工业布局整体上略密集；长三角区域农业活动较为频繁，农业污染源尤其是秸秆焚烧等较为明显，对整个区域空气质量产生了严重的影响；长三角区域地势较为平坦，为跨城市的大气污染传输提供了有利条件，更容易形成从单一城市的 $PM_{2.5}$ 污染到整个长三角区域污染转化。

10.4　长三角区域 $PM_{2.5}$ 污染影响因素

10.4.1　$PM_{2.5}$ 污染影响因素相关性分析

$PM_{2.5}$ 污染的发生是由多种复杂的因素引起的，涉及系统与非系统因素，$PM_{2.5}$ 污染事件地发生不仅与社会经济高速发展过程中企业的废弃排放载荷量有关，也

与政府对 $PM_{2.5}$ 污染监管不力、防范意识不强等因素相关，还与空气质量监控不及时等技术因素及其他不确定的外界干扰因素有关。近年来，长三角区域大气总体上来看 $PM_{2.5}$ 污染风险源具有多样化的特点，其中，$PM_{2.5}$ 污染的主要外在社会原因是企业产业结构中工业所占的比重过高及城市综合发展程度较快。与此同时，相关自然地理状态如地形、地势、季风和降水量等使得 $PM_{2.5}$ 污染情况更为严峻，然而目前国内对于 $PM_{2.5}$ 污染影响因素分析多集中于自然地理层面，基于此，本章选取经济发展水平、环境监管水平、环境控制水平和污染物排放水平这 4 个方面下的共 9 个指标，通过运用统计软件 SPSS 对分类变量进行 Sperman's 相关性分析，分析结果整理如表 10-4 所示。

表 10-4　$PM_{2.5}$ 污染与分类变量相关分析结果

一级指标	二级指标	相关系数 r
经济发展水平	人均 GDP	-0.794^{**}
	工业企业个数	-0.216
	第二产业产值	-0.794^{**}
环境监管水平	环保机构总数	-0.680^{**}
	实有环保系统人数	-0.623^{**}
环境控制水平	环境污染治理投入	-0.801^{**}
	环境法规和地方规章总数	0.861
	人大、政协的环境提案数	-0.510^{*}
污染物排放水平	工业废气排放量	0.725^{**}

**表示 $p<0.01$，*表示 $p<0.05$，相关性显著（双尾 τ 分布）。

从表 10-4 可以看出，在时间尺度 2015 年内，$PM_{2.5}$ 污染和人均 GDP、第二产业产值与环境污染治理投入有显著的负相关关系，表明在社会经济快速发展、工业企业现代化水平不断提升及空气污染防治能力显著增强的情况下，$PM_{2.5}$ 污染情况可以得到明显的缓解。其次，工业企业的个数与 $PM_{2.5}$ 污染事件并未通过显著性检验，即企业的环境污染控制能力的提高，企业数量的增多并未强化 $PM_{2.5}$ 污染事件。另外，$PM_{2.5}$ 污染与环保机构总数、实有环保系统人数及人大、政协的环境提案数之间表现为负相关关系，说明随着政府关注度的提升、环保宏观力度的增强及社会群众环保意识的增强，$PM_{2.5}$ 污染事件可以得到有效地控制；而 $PM_{2.5}$ 污染问题与环境法规及地方规章总数表现为正相关关系，表明 $PM_{2.5}$ 污染问题频繁发生促使了长三角城市进行环境法律法规与环保体系建设的不断优化。

10.4.2 $PM_{2.5}$污染影响因素验证

在前述研究的基础上，运用空间面板计量模型对长三角区域$PM_{2.5}$污染产生机制进行检验，基于2015年全年日$PM_{2.5}$浓度数据，选取人均GDP（AG）、第二产业数量（SQ）、环保系统人数（ESQ）、环保机构数量（EPQ）及环境污染治理投入（PCI）这5个指标，运用软件MATLAB2010a进行统计，结果如表10-5所示。

表10-5 $PM_{2.5}$污染影响因素计量分析结果

变量	Sar-Panel-FE		Sar-Panel-RE		Sem-Panel-FE		Sem-Panel-RE	
	系数	t值	系数	t值	系数	t值	系数	t值
Intercept	—		19.364	1.456			23.614	1.965^{**}
AG	0.001	2.127^{**}	0.0003	1.001	0.001	1.419^{**}	0.0001	0.216
SQ	−0.005	-2.930^{***}	−0.003	-2.060^{**}	−0.005	−2.952	−0.003	-2.026^{**}
ESQ	−0.100	-1.918^{*}	−0.006	−0.188	−0.152	-3.359^{***}	−0.022	−0.463
EPQ	0.005	1.011	0.000 3	1.120	0.007	1.158	0.001	1.439
PCI	−0.000 1	−2.085	−0.000 1	-1.338^{*}	−0.000 1	-0.943^{*}	−0.000 1	−1.522
dep.var	0.381	5.651^{***}	0.400	6.346^{***}	—		—	
spat.aut	—		—		0.408	7.924^{***}	0.418	5.957^{***}
R^2	0.426		0.420		0.405		0.615	
Hausman检验	—		−7.894		—		−12.330	
LR检验	207.777^{**}		101.730^{***}		221.878^{***}		98.739^{***}	

注：***表示0.1%显著水平；**表示1%显著水平；*表示5%显著水平。

从表10-5可以看出，人均GDP（AG）在固定效应模型中对应的t值分别为2.127和1.001，系数为正，说明人均GDP对$PM_{2.5}$污染的发生有显著影响，即一区域经济水平不断提高的同时会面临更高的$PM_{2.5}$污染发生风险。第二产业数量（SQ）在4个模型中对应的系数为负，分别为−0.005、−0.003、−0.005和−0.003，即随着工业产业结构逐步合理化，$PM_{2.5}$污染问题会得到一定程度地控制。环保系统人数（ESQ）在固定效应模型中对应的系数分别为−0.100与−0.152，系数为负，说明随着群众环保意识的增强，参与环保人员的数量增多，会减少$PM_{2.5}$污染的发生。环保机构个数（EPQ）在4个模型中的分析结果显示其均未通过显著性检验，说明环保机构数量对 $PM_{2.5}$ 污染问题出现不具有明显的作用，原因可能是人们环保意识的提升，环保人员数量的增多比环保机构本身的建设对 $PM_{2.5}$ 污染的产生更有意义。而分析结果显示，在固定效应模型与空间滞后随机模型中，环境污染治理投入（PCI）对应的 t 值为−2.085、−1.338 和−0.943，与 $PM_{2.5}$ 污染有着显著的相关关系（$p<0.1$），且系数为负数，即对环境治理投资力度的加大有助于减弱 $PM_{2.5}$ 污染事件的发生。空间效应（dep.var）与 $PM_{2.5}$ 污染的产生在 1%的水平上显著，且系数为正，分别为 0.381、0.400，且系数值较大，说明空间效应是长三角区域 $PM_{2.5}$ 污染问题一个不可忽略的重要因素。

10.5　本 章 小 结

时空分布方面，运用克里金插值法与空间面板计量模型，对长三角区域进行较大规模及较长时间维度研究，结果表明：从时间维度来看，长三角区域 $PM_{2.5}$ 浓度呈现出显著的“U”形月均变化规律，年均 $PM_{2.5}$ 浓度为 56.913μg/m^3，春季远程沙尘输送、局地扬尘、城市酸性气体及大气中的较多水分给雾霾形成提供了条件，夏季，高辐射及高温气候会促进颗粒物的转化，且加上早晚温差与高湿；年均 $PM_{2.5}$ 浓度小于二类区空气质量限值的城市个数呈现出冬季最少，春秋较多，夏季最多的季节规律。从空间上看，年均 $PM_{2.5}$ 浓度表现为由西北向东南逐级递减的“阶梯式”空间格局。$PM_{2.5}$ 浓度年均值在整体上呈现出北高南低的趋势，以泰州及湖州为中心的中部局部区域 $PM_{2.5}$ 浓度年均值略有突出。

影响因素方面，研究结论显示：长三角区域 $PM_{2.5}$ 污染与人均 GDP、第二产业产值及环境污染治理投入呈现出明显的负相关关系；而环保机构个数与 $PM_{2.5}$ 污染之间并未呈现出相关关系，环保系统人数与 $PM_{2.5}$ 污染呈现出正相关关系；空间效应因素与 $PM_{2.5}$ 污染在 0.01 的显著水平上表现出明显的正相关关系。

第11章　基于统计学的上海市雾霾预测指标分析

自2013年以来上海市频繁发生重大雾霾事件，街上的行人纷纷购买口罩等防护面具来抵挡雾霾对人们的危害，所以对雾霾的来源进行分析有非常重要的意义。自从雾霾成为2013年度关键词以来，国内外对雾霾的研究层出不穷，大概有三个方面：①健康方面。研究雾霾对人们的健康的影响。②气溶胶的化学成分方面。主要研究雾霾的气溶胶组成成分，从而猜测雾霾的组成成分中最具危害的化学成分。③雾霾影响因子之间的关系。在每日空气质量报告中，环境保护部会统计每天大气中SO_2、NO_x、$PM_{2.5}$、PM_{10}、O_3等的浓度，这些物质的浓度与雾霾息息相关，因此这些物质也被称为雾霾的影响因子，研究这些物质间的相关关系，用这些物质的浓度可以建立相应的雾霾模型。

本章主要从第三方面着手，研究雾霾影响因子的主成分及因子间的相关关系，模拟出最佳预测模型。预测分析是诸多分析方法中的一种，是非常重要的分析方法。纯粹的描述性分析已经过时了，因为它记录的是过去发生的事情，无法真正说明这些事情为什么发生。我们必须谨慎运用预测模型，否则其效用和益处就会大打折扣。预测分析本身并无是非对错之分，由于世界充满偶然性且复杂事物的发展总是具有内在的不可预测性，因此预测行为注定会有失误。人们所处的社会是预测的社会，要想在这样的社会里生存发展，最好的办法就是去理解预测的目标、方法和限制。信息时代其实具有巨大的不确定性，在历史数据的基础上做有效的预测分析，是新时代需要去挖掘的新命题。下面介绍几种预测模型，并进行比较分析，选择出适合雾霾影响因子的预测模型。

11.1　主成分分析模型

11.1.1　基本理论

主成分分析（principal components analysis）也称主分量分析，由霍特林于1933年首先提出。主成分分析是利用降维的思想，在损失很少信息的前提下，把多个指标转化为几个综合指标的多元统计方法。通常把转换生产的指标称为主成分，其中每个主成分都是原来变量的线性组合，且各主成分之间互不相关，使得主成分比原始变量具有某些更优越的性能。这样研究复杂问题时就可以只考虑少数几个主成分而不至于损失太多信息，从而更容易抓住主要矛盾，揭示事物内部变量之间的规律，同时使得问题得到简化，提高分析效率。

主成分分析的基本原理可以描述为：设对某一事物的研究涉及 p 个指标，分别用 $X_1, X_2, \cdots, X_p$ 表示，这 p 个指标构成的 p 维随机向量为 $\boldsymbol{X}=(X_1, X_2, \cdots, X_p)'$。设随机向量 $\boldsymbol{X}$ 的均值为 $\boldsymbol{\mu}$，协方差矩阵为 $\boldsymbol{\Sigma}$。

对 $\boldsymbol{X}$ 进行线性变换，可以形成新的综合变量，用 $\boldsymbol{Y}$ 表示，就是说，新的综合变量可以由原来的变量线性表示，即满足下式：

$$\begin{cases} Y_1 = u_{11}X_1 + u_{21}X_2 + \cdots + u_{p1}X_p \\ Y_2 = u_{12}X_1 + u_{22}X_2 + \cdots + u_{p2}X_p \\ \qquad\vdots \\ Y_p = u_{1p}X_1 + u_{2p}X_2 + \cdots + u_{pp}X_p \end{cases} \tag{11-1}$$

由于可以任意地对原始数据进行上述线性变换，由不同的线性变换得到的综合变量 $\boldsymbol{Y}$ 的统计特征也不尽相同。因此为了取得较好的效果，总是希望 $Y_i = u_i'\boldsymbol{X}$ 的方差尽可能大且各 $\boldsymbol{Y}_i$ 之间互相独立，由于 $\mathrm{var}(\boldsymbol{Y}_i)=\mathrm{var}(u_i'\boldsymbol{X})=u_i'\Sigma u_i$，而对任意的常数 c，有 $\mathrm{var}(cu_i'\boldsymbol{X})=c^2u_i'\Sigma u_i$，因此对 u_i' 不加限制时，可使 $\mathrm{var}(\boldsymbol{Y}_i)$ 任意增大，问题将变得没有意义。将线性变换约束在下面的原则之下。

（1）$u_i'u_i = 1(i=1,2,\cdots,p)$。

（2）Y_i 与 Y_j 相互无关 $(i \neq j; i, j=1,2,\cdots,p)$。

（3）Y_1 是 $X_1, X_2, \cdots, X_p$ 的一切满足原则（1）的线性组合中方差最大者；Y_2 是与 Y_1 不相关的 $X_1, X_2, \cdots, X_p$ 所有线性组合中方差最大者；Y_p 是与 $Y_1, Y_2, \cdots, Y_{p-1}$ 都不相关的 $X_1, X_2, \cdots, X_p$ 的所有线性组合中方差最大者。

基于以上三条原则确定的综合变量 $Y_1, Y_2, \cdots, Y_p$ 分别称为原始变量的第一，第二，…，第 p 个主成分。其中，各综合变量在总方差中所占比重依次递减[154]。

11.1.2　数据来源

上海市空气质量数据来自上海市空气质量实时发布系统的数据，时间选取 2013 年 1 月～2017 年 1 月的数据，共计 1462 条数据，由于上海市环境保护局 2012 年年底才采取了新的污染物统计方法，所以之前的数据没有记录臭氧等污染物的数据，不具有代表性，选取了 2014～2017 年的空气质量实时数据来分析空气质量和影响因子之间的具体关系，如表 11-1 所示。

表 11-1 数据样例

序号	日期	$PM_{2.5}$日均值/(μg/m^3)	PM_{10}日均值/(μg/m^3)	O_3日最大8小时均值/(μg/m^3)	SO_2日均值/(μg/m^3)	NO_2日均值/(μg/m^3)	CO日均值/(mg/m^3)
1	2017-01-01	34	48	65	19	65	0.900
2	2016-12-31	45	66	32	22	88	1.200
3	2016-12-30	50	69	42	17	77	1.000
4	2016-12-29	63	76	77	20	50	1.000
5	2016-12-28	35	50	43	17	52	0.900
6	2016-12-27	28	40	66	13	30	0.800
7	2016-12-26	17	15	55	11	55	1.000
8	2016-12-25	17	21	51	13	52	0.700
9	2016-12-24	22	30	62	14	41	0.700
10	2016-12-23	132	127	62	26	63	1.800

11.1.3 主成分分析的一般步骤

实际应用中，使用较多的是从样本的相关系数矩阵出发进行主成分分析，其具体步骤可以归纳为：①将原始数据标准化；②求样本的相关系数矩阵；③求相关系数矩阵的特征值，相应的特征向量；④按主成分累积贡献率超过80%确定主成分的个数，并写出主成分的表达式；⑤对主成分结果做统计意义和实际意义两方面的解释。

11.1.4 数据分析结果的解读

利用 MATLAB2012a 对选取的数据进行分析，将空气质量数据中 $PM_{2.5}$ 日均值、PM_{10} 日均值、O_3 日最大 8 小时均值、SO_2 日均值、NO_2 日均值和 CO 日均值等 6 个浓度指标分别对应变量 x_1，x_2，x_3，x_4，x_5，x_6。得出的结果如表 11-2 所示。

表 11-2 各主成分贡献率（%）

主成分一	主成分二	主成分三	主成分四	主成分五	主成分六
69.23	17.67	5.15	4.54	2.36	1.06

由表 11-2 可知，各主成分的贡献率分别为 69.23%、17.67%、5.15%、4.54%、2.36%、1.06%。其中，主成分一及主成分二的累积贡献率为 86.90%，大于 80%；

因此选取主成分一作为第一主成分，主成分二作为第二主成分，然后根据其主成分对应变量的载荷系数求主成分的线性组合表达式，如表 11-3 所示。

表 11-3　各主成分变量对应的载荷系数

主成分一	主成分二	主成分三	主成分四	主成分五	主成分六
0.459 6	−0.171 0	0.090 1	−0.430 6	0.183 8	−0.729 6
0.451 9	−0.224 4	−0.273 6	−0.164 6	0.585 6	0.548 2
−0.080 9	−0.947 9	0.085 1	0.214 4	−0.204 3	0.003 7
0.435 2	0.063 2	−0.708 5	0.301 0	−0.447 2	−0.118 4
0.429 2	0.124 2	0.464 1	0.730 5	0.212 48	−0.079 0
0.452 1	0.049 8	0.438 7	−0.342 6	−0.580 0	0.383 3

由表 11-2 和表 11-3 分析可得第一、第二主成分关于变量的线性组合表达式为

$$Z_1^* = 0.459\,6x_1^* + 0.451\,9x_2^* - 0.080\,9x_3^* + 0.435\,2x_4^* + 0.429\,2x_5^* + 0.452\,1x_6^* \tag{11-2}$$

$$Z_2^* = -0.171\,0x_1^* - 0.224\,4x_2^* - 0.947\,9x_3^* + 0.063\,2x_4^* + 0.124\,2x_5^* + 0.049\,8x_6^* \tag{11-3}$$

式中，x_1^* 等变量表示标准化后的数据。第一主成分 Z_1^* 中各变量的载荷系数，除了第三个系数为−0.0809，其他皆为 0.4300 左右，反映了变量 x_3 与其他变量间的差异；由于变量 x_3 表示空气质量中的 O_3 指标，且 O_3 由“前体物”在化学作用下释放，并非直接由人类活动所产生，不同于 $PM_{2.5}$、PM_{10}、SO_2、NO_2、CO 等直接由人类活动产生的污染物。因此，将第一主成分视为衡量直接污染物对空气质量影响的指标。同理，第二主成分可以视为间接污染物对空气质量的影响指标。

利用主成分线性组合方程对原始数据进行分析，分别找出第一主成分及第二主成分值最大和最小的日期，其主成分的值如表 11-4 所示。

表 11-4　样例数据的主成分指标值

日期	第一主成分	第二主成分
2013-12-06	20.04	−3.31
2015-07-11	1.03	−1.28
2013-08-07	4.72	−6.84
2016-01-27	4.72	−0.18

由表 11-4 可知，2013-12-06 为受直接污染影响最严重的日期，2015-07-11 为受直接污染影响最轻微的日期；2013-08-07 为受间接污染影响最严重的日期，2016-01-27 为受间接污染影响最轻微的日期。

此主成分线性组合方程描述了 $PM_{2.5}$、PM_{10}、O_3、SO_2、NO_2、CO 等指标对空气质量影响的不同特点，可用于判别空气质量的受影响类型，进一步为雾霾天气的防治提供依据。

11.2 因 子 分 析

在进行 AQI 与影响因子相关性分析的时候，发现某些因子之间相关性特别显著，某些因子相关性不是很显著，因此考虑用因子分析法将相关性显著的归为一类，将相关性不显著的归为一类，采取降维的方法把六类影响因子归类，在进行因子分析之前，先要对各影响因子的分指数进行 KMO（Kaiser-Meyer-Olkin）和 Bartlett 球形检验（表 11-5）来验证适不适合做因子分析。

表 11-5 KMO 和 Bartlett 的检验

取样足够多的 KMO 度量		0.837
Bartlett 球形检验	近似卡方	10 109.779
	Df	21
	Sig.	0.000

从表 11-5 可以看出，影响因子的分指数之间的 KMO 值为 0.837，Bartlett 球形检验值为 0。一般认为，KMO 值在 0.6 以上，Bartlett 球形检验值在 0.05 以内就可以做因子分析，因此，AQI 和影响因子之间适合做因子分析。进行了因子分析检验之后，下面将六项影响因子进行降维归类，如表 11-6 所示。

表 11-6 指标信息提取率公因子方差

指标	初始	提取率
$PM_{2.5}$ 分指数	1	0.906
PM_{10} 分指数	1	0.879
O_3 分指数	1	0.978
SO_2 分指数	1	0.802
NO_2 分指数	1	0.764
CO 分指数	1	0.857

由表 11-6 可知，O_3、$PM_{2.5}$、PM_{10} 的因子提取率分别为 0.978、0.906、0.879，它们高于其他指标的提取率，说明这三个指标与 AQI 明显相关，如表 11-7 所示。

表 11-7　解释的总方差

成分	初始特征值			提取平方和载入			旋转平方和载入		
	合计	方差百分比	累积方差百分比	合计	方差百分比	累积方差百分比	合计	方差百分比	累积方差百分比
1	4.121	68.685	68.685	4.121	68.685	68.685	4.106	68.433	68.433
2	1.066	17.759	86.444	1.066	17.759	86.444	1.081	18.011	86.444
3	0.310	5.166	91.610						
4	0.280	4.671	96.281						
5	0.156	2.601	98.881						
6	0.067	1.119	100						

注：数据因四舍五入，合计非 100。

从表 11-7 可以看出，雾霾相关的 6 个影响因子可以分为两类，即将 6 个影响因子抽取出 2 个主成分因子，这两个主成分因子占据了整个因子的 86.44%，表 11-8 表明的是主因子下面各个因子成分得分系数。

$$F_1 = 0.237x_1 + 0.235x_2 + 0.038x_3 + 0.211x_4 + 0.201x_5 + 0.219x_6 \quad (11\text{-}4)$$

$$F_2 = 0.123x_1 + 0.199x_2 + 0.922x_3 - 0.089x_4 - 0.130x_5 - 0.077x_6 \quad (11\text{-}5)$$

其中，x_1～x_6表示各影响因子的分指数。

表 11-8　成分得分系数矩阵

因子	成分	
	1	2
$PM_{2.5}$ 分指数	0.237	0.123
PM_{10} 分指数	0.235	0.199
O_3 分指数	0.038	0.922
SO_2 分指数	0.211	−0.089
NO_2 分指数	0.201	−0.130
CO 分指数	0.219	−0.077

表 11-9 是利用主成分分析法对两个主因子进行成分划分，把相关性比较显著的因子放在一起，相对不显著的因子放在另一个主因子里面，因此，第一个主因子主要包括 $PM_{2.5}$ 分指数、PM_{10} 分指数、CO 分指数、SO_2 分指数、NO_2 分指数。第二个主因子包括 O_3 分指数。分析出雾霾影响因子的主成分之后，可以结合上海市各个环境监测点专家的打分，得到每个检测站的综合得分，从而对雾霾引起的自然灾害事件进行风险评估，为进一步的研究做出贡献。

表 11-9　旋转成分矩阵

因子	成分	
	1	2
$PM_{2.5}$ 分指数	0.948	
PM_{10} 分指数	0.923	
CO 分指数	0.917	
SO_2 分指数	0.884	
NO_2 分指数	0.855	
O_3 分指数		0.988

11.3　修正灰色马尔可夫模型

灰色系统理论是一种研究少数数据、信息量极少且不确定性问题的方法，其建立的灰色理论模型 GM（1，1）广泛应用于电力、交通、生物、环境和计算机等领域的预测[155]。将灰色系统理论与预测模型相结合，就可以实现对雾霾影响因子的浓度进行预测，灰色理论模型的基本思想是：用原始数据组成原始数列，然后对该数列进行累加，从而得到相应的累加数列，它可以弱化原始数列的随机性，使其具有一定的特征规律，最后根据生成的累加数列建立微积分方程。用灰色理论模型对原始数据进行预测的优点是在原点数据之后的 1～2 个数据是非常精确的，而预测太远的数据容易产生偏差，因此灰色理论模型比较适用于短期的预测，对于长期的预测，灰色理论模型可能精确性要降低。目前对雾霾影响因子的预测方法主要有线性回归模型、传统的指数平滑模型、ARIMA 模型、空气动力学模型和灰色马尔可夫模型等。

11.3.1　灰色理论模型建立过程

给定一个初始数据 $X_0=\{x_0(1),x_0(2),x_0(3),\cdots,x_0(n)\}$，然后对初始矩阵进行累加得到新数列 $X_1(t)$，对 $X_1(t)$建立白化方程：

$$\frac{\mathrm{d}x_1(t)}{\mathrm{d}t}+ax_1(t)=u \tag{11-6}$$

并且建立灰色微分方程模型：

$$z_1(t)=\frac{1}{2}(x_1(t)+x_1(t-1))-t \tag{11-7}$$

令累加矩阵：

$$B = \begin{bmatrix} -z_1(2) & 1 \\ -z_1(3) & 1 \\ -z_1(4) & 1 \\ \vdots & \vdots \\ -z_1(n) & 1 \end{bmatrix} \tag{11-8}$$

常数向量：

$$Y = \begin{bmatrix} x_0(2) \\ x_0(3) \\ x_0(4) \\ \vdots \\ x_0(n) \end{bmatrix} \tag{11-9}$$

白化方程中的系数 a，u 用最小二乘法可以得到

$$\begin{bmatrix} a \\ u \end{bmatrix} = (\boldsymbol{B}^{\mathrm{T}}\boldsymbol{B})^{-1}\boldsymbol{B}^{\mathrm{T}}\boldsymbol{Y} \tag{11-10}$$

于是得到白化方程的解[155]为

$$\hat{x}_1(t+1) = \left(x_0(1) - \frac{u}{a}\right)\mathrm{e}^{-at} + \frac{u}{a} \tag{11-11}$$

其中，

$$\hat{x}_0(t+1) = \hat{x}_1(t+1) - \hat{x}_1(t) \tag{11-12}$$

11.3.2 灰色马尔可夫链及误差的修正

如果 $X_n + 1$ 对于过去状态的条件概率分布仅是 X_n 的一个函数，则 $\boldsymbol{P}(X_{n+1} = x / X_1 = x, X_2 = x, \cdots, X_n = x) = \boldsymbol{P}(X_{n+1} = x / X_n = x)$ 称为马尔可夫链。由此可得马尔可夫链的 k 步转移概率。

$$\boldsymbol{P}(k) = \begin{bmatrix} P_{11}(k) & P_{12}(k) & P_{13}(k) & \cdots & P_{1n}(k) \\ P_{21}(k) & P_{22}(k) & P_{23}(k) & \cdots & P_{2n}(k) \\ P_{31}(k) & P_{32}(k) & P_{33}(k) & \cdots & P_{3n}(k) \\ \vdots & \vdots & \vdots & & \vdots \\ P_{n1}(k) & P_{n2}(k) & P_{n3}(k) & \cdots & P_{nn}(k) \end{bmatrix} \tag{11-13}$$

其中，

$$P_{ij} = \frac{M_{ij}}{M_i} \tag{11-14}$$

式中，M_{ij} 表示原状态的样本数；M_i 表示经过 k 步以后的状态样本数；马尔可夫链的基本模型为

$$\boldsymbol{x}(k+1)=\boldsymbol{x}(k)\boldsymbol{P}(1) \tag{11-15}$$

式中，$\boldsymbol{x}(k)$表示在 k 时刻的状态向量；$\boldsymbol{x}(k+1)$表示在 $k+1$ 时刻的状态向量；$\boldsymbol{P}(1)$表示进行一步转移概率矩阵。

由于灰色理论模型对于长期预测的不确定性，以及马尔可夫链的预测精度不高的缺点，因此选择将灰色理论模型和马尔可夫链结合起来使用的方法，既避免了传统的 GM（1，1）模型的预测结果相对过大的问题，也解决了马尔可夫链预测精度不够精准的缺点，采用这两种方法的组合模型能更加精确地预测下一个时间段雾霾影响因子的浓度值，使得误差尽可能小。建立灰色马尔可夫链，首先需要根据时间序列建立灰色理论模型，得到相应时间段里面的预测值，然后对于随机序列，根据 GM（1，1）模型拟合得到的实际值与预测值的比重，将原始的随机数列划分为若干状态，一般划分的状态越多，结果越精确。再建立状态转移矩阵：

$$\boldsymbol{P}(k)=\begin{bmatrix} P_{11}(k) & \cdots & P_{1n}(k) \\ \vdots & & \vdots \\ P_{n1}(k) & \cdots & P_{nn}(k) \end{bmatrix} \tag{11-16}$$

其中，

$$P_{ij}(k)=\frac{n_{ij}(k)}{n_i(k)} \tag{11-17}$$

式中，$n_{ij}(k)$表示 k 时刻状态由 i 转换到状态 j 的样本次数；$n_i(k)$表示在 k 时刻状态 i 的总样本数量。用两者的比值可以近似地表示一个状态转移到另一个状态的概率。根据得到的转移方程及原始数列的向量 $\boldsymbol{X}(0)$，计算出未来 n 个时间周期的向量 $\boldsymbol{X}(1)\sim\boldsymbol{X}(n)$，根据每个周期里面的时间向量，选取向量中的最大值，作为模型预测的概率值[156]，并求出相应的灰色马尔可夫模型下的预测值。

建立了灰色马尔可夫链之后，可以计算残差，取每个状态区间的平均残差对得到的灰色马尔可夫模型预测值进行修正，残差的计算公式是

$$\varepsilon_i=x_i-\hat{x}_i,\bar{\varepsilon}=\frac{1}{n}\sum_{i=1}^{n}\varepsilon_i \tag{11-18}$$

小误差概率为

$$P=\left\{\left|\varepsilon(i)-\bar{\varepsilon}x_0\right|<0.67S_0\right\} \tag{11-19}$$

后验差为

$$C=\frac{S_1}{S_0} \tag{11-20}$$

其中，

$$S_0=\sqrt{\frac{\sum_{i=1}^{n}[x_0(i)-\overline{x}_0]^2}{n}},\quad S_1=\sqrt{\frac{\sum_{i=1}^{n}[\varepsilon(i)-\overline{\varepsilon}]^2}{n}} \tag{11-21}$$

11.3.3 模型验证与实例分析

利用实体模型之前，首先必须检验模型的适用性和可行性，由于灰色马尔可夫模型是针对随机过程的一个模型，所以在利用灰色马尔可夫模型进行预测之前，时间序列必须满足指数分布的随机变量过程。根据实际测量得到的数据，通过 Easy Fit 软件拟合出这些数值符合的数值规律，然后判断时间序列和指数分布的随机过程的相似程度。图 11-1 是根据实际测得的数据拟合得出的曲线图，分析得出，实际测得的 $PM_{2.5}$ 浓度值数据大致服从随机变量的正态分布（逆高斯分布），逆高斯分布是统计学中一种常用的分布，当 λ 值趋向于无穷大时，逆高斯分布逐渐趋近于高斯分布（即正态分布），其含义就是描述在布朗运动中某一固定时刻的距离分布，而逆高斯分布描述的是到达固定距离所需时间的分布。逆高斯分布的概率分布公式为

$$f(x)=\sqrt{\frac{\lambda}{2\pi(x-y)^3}}\exp\left(-\frac{\lambda(x-y-u)^2}{2u^2(x-y)}\right) \tag{11-22}$$

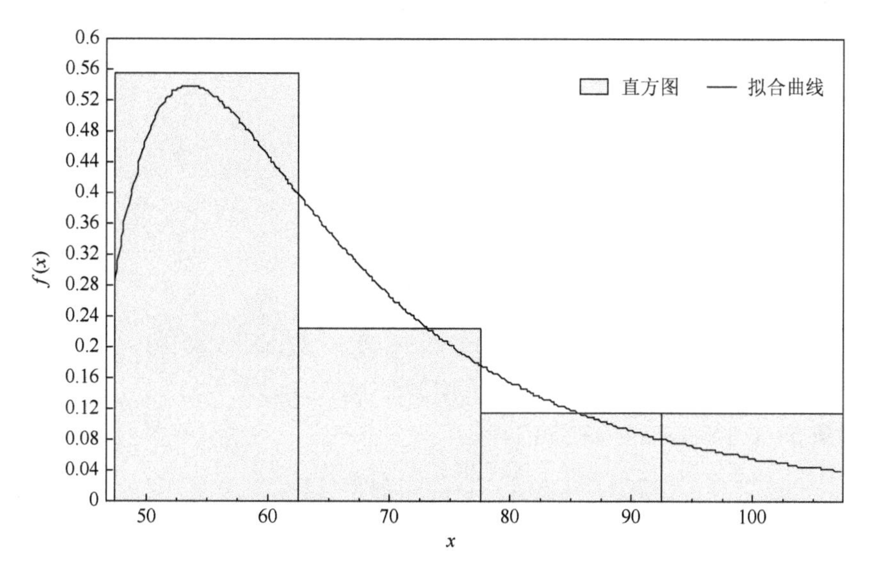

图 11-1　逆高斯分布拟合曲线图

根据输入的数据得到这个模型的参数 $\lambda=48.093, u=27.132, \gamma=40.992$ 。其中，λ 值为 48.093，远大于 1，从图 11-1 也可以近似地观测出需要模拟的模型趋向于正态分布，因此选择的数据符合随机变量的特征，可以利用灰色马尔可夫链来进行预测。

在对每日上海市空气质量实时分布得到的数据进行拟合之后，发现需要观测的模型近似服从逆高斯分布特征，符合灰色马尔可夫链的使用前提之后，下面根据上海市空气质量报告数据建立灰色马尔可夫模型并进行预测。

根据上海市环境监测中心得到的空气质量报告数据，对其进行取平均值处理，得到每个月的月平均浓度值，以 2015 年 1～9 月的月平均 $PM_{2.5}$ 的浓度值为例来说明修正灰色马尔可夫模型在雾霾影响因子之间的应用。表 11-10 是上海市 2015 年 1～9 月平均 $PM_{2.5}$ 浓度值。

表 11-10　上海市 2015 年 1～9 月平均 $PM_{2.5}$ 浓度值

月份	1	2	3	4	5	6	7	8	9
$PM_{2.5}$ 的平均浓度值	107.71	84.82	72.74	75.17	55.65	59.40	54.87	55.35	47.40

从表 11-10 可得每个月的平均浓度，把它记为数列 $X(0)$，将它们进行累加得到数列 $X(1)$，即

$X(0)$= {107.71, 84.82, 72.74, 75.17, 55.65, 59.40, 54.87, 55.35, 47.40}, $X(1)$= {107.71, 192.53, 157.56, 147.91, 130.82, 115.05, 114.27, 110.22, 102.75}, 从而得到矩阵：

$$\boldsymbol{B}=\begin{bmatrix} -150.12 & 1 \\ -228.90 & 1 \\ -302.86 & 1 \\ -368.27 & 1 \\ -425.79 & 1 \\ -482.93 & 1 \\ -538.04 & 1 \\ -589.41 & 1 \end{bmatrix} \tag{11-23}$$

常数向量 $\boldsymbol{Y}=[84.82, 72.74, 75.17, 55.65, 59.40, 54.87, 55.35, 47.40]$

用最小二乘法得出的 GM（1，1）模型如下：

参数 $a=0.078\ 7$，$u=93.528\ 2$，

$$\frac{u}{a}=\frac{93.528\ 2}{0.078\ 7}=1\ 188.414 \tag{11-24}$$

$$\hat{x}_1(t+1)=\left(x_0(1)-\frac{u}{a}\right)\mathrm{e}^{-at}+\frac{u}{a}=-1\ 080.704\exp(-0.078\ 7t)+1\ 188.414 \tag{11-25}$$

得出灰色理论模型以后，代入具体的时间系数，算出相应的预测值，并与实际测量值进行比较，结果如表 11-11 所示。

表 11-11　GM（1，1）模型实际测量值与预测值

月份	实际测量值	预测值	残差	幅度
1	107.71	107.71	0	0
2	84.82	81.79	3.03	0.04
3	72.74	75.61	−2.87	−0.04
4	75.17	69.88	5.29	0.07
5	55.65	64.60	−8.95	−0.16
6	59.40	59.71	−0.31	−0.01
7	54.87	55.19	−0.32	−0.01
8	55.35	51.02	4.33	0.08
9	47.40	47.16	0.24	0.01

从表 11-11 得知，实际测量值与灰色理论模型得到的初步预测值的变化趋势一致，并且变化的幅度很小，利用得到的残差对求出的 GM（1，1）模型进行检验，此模型中得出的后验差：

$$C = \frac{S_1}{S_0} = 0.2225 \tag{11-26}$$

由表 11-12 的后验差精度标准得知：$C = 0.2225 < 0.35$，此模型的拟合精确度比较高，可以用于 $PM_{2.5}$ 的预测。

表 11-12　后验差精度标准

等级	后验差比 C	小误差频率 P
好	$C<0.35$	$P>0.95$
合格	$C<0.45$	$P>0.80$
勉强	$C<0.50$	$P>0.70$
不合格	$C>0.65$	$P<0.70$

根据实际测得的数据，残差变动的幅度范围为(−0.2，0.1)，平均残差为 0.048 9，因此可以把整个序列分为三个状态：E1——低估状态（预测值比实际测量值低），残差浮动范围在（0，0.1）；E2——正常状态（预测值处于正常范围之内），残差浮动范围在（−0.1，0）；E3——高估状态（预测值比实际测量值高），残差浮动范围在（−0.2，−0.1），下面对时间序列所对应的状态统计，如表 11-13 所示。

表 11-13 灰色马尔可夫模型状态表

月份	实际测量值	预测值	残差	幅度	状态
1	107.71	107.71	0	0	E1
2	84.82	81.79	3.03	0.04	E1
3	72.74	75.61	−2.87	−0.04	E2
4	75.17	69.88	5.29	0.07	E1
5	55.65	64.60	−8.95	−0.16	E3
6	59.40	59.71	−0.31	−0.01	E2
7	54.87	55.19	−0.32	−0.01	E2
8	55.35	51.02	4.33	0.08	E1
9	47.40	47.16	0.24	0.01	E1

根据表 11-13，可以得出转移概率矩阵：

$$\boldsymbol{P}=\begin{bmatrix}\frac{1}{2} & \frac{1}{4} & \frac{1}{4}\\ \frac{2}{3} & \frac{1}{3} & 0\\ 0 & 1 & 0\end{bmatrix} \tag{11-27}$$

选择 2015 年 9 月作为初始状态，处于状态 E1，根据初始状态可以预测下一个月及以后的状态 $X(n)$，其中，

$$X(n)=X(0)P^n \tag{11-28}$$

向量 $X(1)$～$X(3)$即为 2015 年 10～12 月根据马尔可夫链的性质得出的状态向量。根据得到的状态向量，可以利用灰色马尔可夫模型对上海市未来一段时间的雾霾指标 $PM_{2.5}$的浓度进行预测，预测结果如表 11-14 所示。

表 11-14 灰色马尔可夫模型 10～12 月的预测值

月份	GM（1，1）模型预测值	灰色马尔可夫模型预测值	
		状态概率	预测值
10	43.5876	0.7067	41.4082
11	40.2897	0.7076	38.2752
12	37.2412	0.7139	35.3792

在得到灰色马尔可夫模型预测值以后，对其产生的误差进行修正，修正灰色马尔可夫模型是在马尔可夫模型的基础上对残差取平均值进行的改进，在此基础上提出的修正模型不仅可以弥补马尔可夫模型预测的局限，还可以弥补灰色理论

模型的不足，具有较高的预测精度。列出 GM（1，1）模型和灰色马尔可夫模型的数据，将实际测量值、预测值和残差分别列入表中，如表 11-15 所示。

表 11-15　灰色理论模型与灰色马尔可夫模型的对比

月份	实际测量值	GM（1，1）模型预测值	残差	灰色马尔可夫模型预测值	残差
1	107.71	107.71	0	107.71	0
2	84.82	81.79	3.03	85.88	−1.06
3	72.74	75.61	−2.87	71.83	0.91
4	75.17	69.88	5.29	73.37	1.80
5	55.65	64.60	−8.95	54.91	0.74
6	59.40	59.71	−0.31	56.72	2.68
7	54.87	55.19	−0.32	52.43	2.44
8	55.35	51.02	4.33	49.74	5.61
9	47.40	47.16	0.24	44.80	2.60

进行修正的方法是取残差平均值，首先计算每个状态区间下的残差平均值：

$$
\begin{aligned}
&\mathrm{avg}(\varepsilon_{E_1}) = \frac{1}{2}\times(-1.06+1.8) = 0.37 \\
&\mathrm{avg}(\varepsilon_{E_2}) = \frac{1}{5}\times(0.91+2.68+2.44+5.61+2.6) = 2.848 \\
&\mathrm{avg}(\varepsilon_{E_3}) = 0.74
\end{aligned}
\tag{11-29}
$$

修正结果如表 11-16 所示。

表 11-16　三种模型的对比

月份	实际值	GM（1，1）模型预测值	残差	灰色马尔可夫模型预测值	残差	状态	修正灰色马尔可夫模型	残差
1	107.71	107.71	0	107.71	0	1	107.71	0
2	84.82	81.79	3.03	85.88	−1.06	1	86.25	−1.43
3	72.74	75.61	−2.87	71.83	0.91	2	74.68	−1.94
4	75.17	69.88	5.29	73.37	1.8	1	73.74	1.43
5	55.65	64.6	−8.95	54.91	0.74	3	55.65	0.00
6	59.4	59.71	−0.31	56.72	2.68	2	59.57	−0.17
7	54.87	55.19	−0.32	52.43	2.44	2	55.28	−0.41
8	55.35	51.02	4.33	49.74	5.61	2	52.59	2.76
9	47.4	47.16	0.24	44.8	2.6	2	47.65	−0.25

从表 11-16 可以看出，在三种模型的对比中，修正马尔可夫模型和原数据的吻合程度明显高于其他两个模型。从模型的检验度来比较三种模型的精度可以知道：

$$C(\text{GM}(1,1)\text{模型}) = \frac{S_1}{S_0} = 0.227$$

$$C(\text{灰色马尔可夫模型}) = \frac{S_1}{S_0} = 0.094\,4 \tag{11-30}$$

$$C(\text{修正灰色马尔可夫模型}) = \frac{S_1}{S_0} = 0.072\,1$$

从数据拟合精度来说，三种预测模型的拟合精度都是比较适合的，相较而言，修正灰色马尔可夫模型是三种模型中精度最高的。将模拟数据和实际数据用折线图表示，如图 11-2 所示，从折线图中也能看出修正马尔可夫模型预测值与实际值是最符合的。

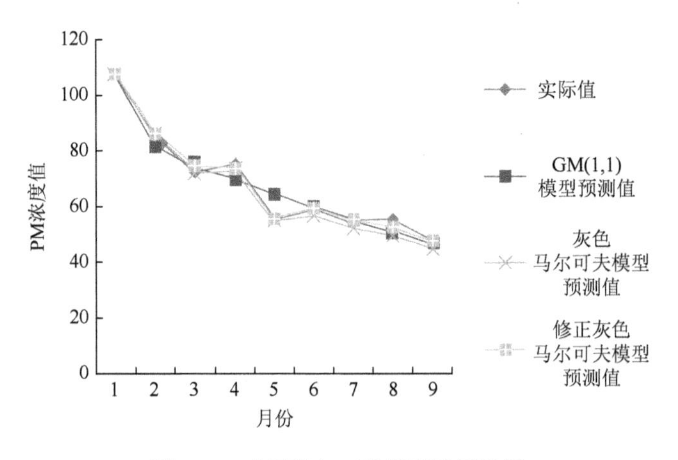

图 11-2　实际值与三种模型的折线图

11.4　灰色马尔可夫模型分析

对于 $PM_{2.5}$ 的浓度值预测，以 GM（1，1）模型为基础进行了两次改进，首先把马尔可夫链模型加入灰色理论模型中去，既保留了灰色理论模型短期预测精度高的特点，又吸取了马尔可夫模型对于长期预测精度高的优点，实现了预测的整体完善。其次，在对误差的分析基础上，提出取平均误差对灰色马尔可夫模型修正的方法进一步提高了预测模型的精度，发现修正后的模型更适合实际的预测，几乎与实测值符合。应用模型依据历史数据来推测未来一段时间内的 $PM_{2.5}$ 变化趋势和特点，历史数据越详细，预测的结果也会越精确，模型的实用度也会越高。

本节着重研究模型对雾霾影响因子 $PM_{2.5}$ 的拟合程度，此模型也可以考虑应用到雾霾的其他影响因子预测中，如 SO_2、氮氧化物等的浓度值预测。

11.5 本章小结

本章主要从统计学角度分析雾霾的 6 种影响因子 $PM_{2.5}$、PM_{10}、SO_2、NO_2、O_3、CO 对空气质量的影响，利用主成分分析建立了影响空气质量主成分的线性组合方程，并对各个影响因子做了因子分析，然后抽选出 $PM_{2.5}$ 的浓度值为指标，运用灰色马尔可夫模型预测的方法根据历史原始数据，对未来某一段时间内的浓度值进行预测，此方法可以用来粗略地分析未来雾霾指标值的走向趋势。在分析的过程中，以上海市空气检测站的数据为原始数据，利用 SPSS 软件工具、MATLAB、Easy Fit 等数据拟合软件对原始数据进行分析，定量地分析出影响因子之间具体的数量关系。由于篇幅的限制，本章主要选取了 $PM_{2.5}$ 浓度值作为预测模型的原始数据，也可以将模型运用于其他影响因子之间的浓度预测。

第 12 章　雾霾灾害风险情景仿真

2013 年以来雾霾天气对居民生活和城市发展危害巨大，相关学者和部门已将其纳入自然灾害范畴[157]，同时专家学者和政府部门做了大量研究和治理工作。然而 2016 年开始供暖后北方许多城市全天 $PM_{2.5}$ 浓度超限爆表，揭示了雾霾灾害的突发性和复杂性，同时，雾霾灾害集中于城市的现象反映了我国工业化、城市化过程中经济、社会和环境不同子系统之间的复杂矛盾。

雾霾灾害形成途径多种多样，其形成发展与人类活动、城市化进程都密切相关，目前同时考虑人类活动和城市发展的雾霾系统研究十分缺乏，为此本章在城市整体发展的框架内以人类基本活动为节点，分析上海市未来经济社会环境相互作用下雾霾灾害的未来发展趋势，向决策者展现未来城市出现的几种情景状态，为环境与经济和谐发展提供决策依据。

12.1　研究区域概况

上海市作为全国经济金融中心，2013 年全市 GDP 达到 2.16 万亿元，人均 GDP 居全国前列，2009～2013 年 GDP 平均增长率超过 8%，第三产业比重连续两年超过 60%。2013 年全市常住人口超过 2400 万人，人口密度居全国首位，外地人口超过 40%。伴随经济高度发达和人口聚集，2014 年全年 $PM_{2.5}$ 平均浓度达到 $52\mu g/m^3$，高于国家空气质量二级标准，空气质量达标率只有 77%，与其他沿海城市相比严重偏高。快速的经济发展伴随着日益严重的空气污染问题。

12.2　研究模型及验证

12.2.1　模型解释

系统动力学由麻省理工学院的 Forrester 教授提出[158]，主要用于研究复杂系统中多因素之间的非线性动态反馈关系和整体耦合趋势，目前在可持续发展研究中应用广泛。宋学锋和刘耀彬[159]采用网络分析方法基础上的系统动力学模型预测了江苏省城市化与生态环境相互作用的五种发展模式，艾华等[160]分析了山东半岛经济发展和资源矛盾，动态模拟了人口、资源、环境与经济一体化的不同方案；张建慧等[161]仿真预测了郑州市低碳交通系统的发展趋势；李春发等[162]综合能值和系统动力学分析了天津生态城的可持续发展模式；王耕和魏辽生[163]分析了大连市人口、经济、环境和水资源系统的未来情景；靳瑞霞等[164]建立动力学模型预测了格尔木市的生态经济损失。张年和张诚[165]从工业固体废物处理角度分析了上海雾霾的多变量单向因果模型，但没有考虑城市经济人口等子系统的耦合作用。依据前述雾霾相关研究成果及人地系统中人类基本需求活动[166]，假设气象和跨越转移等因素没有影响，构建了上海市经济环境发展雾霾演化模型，包含人口、经济和环境三个大的子系统。初始模型如图 12-1 所示。

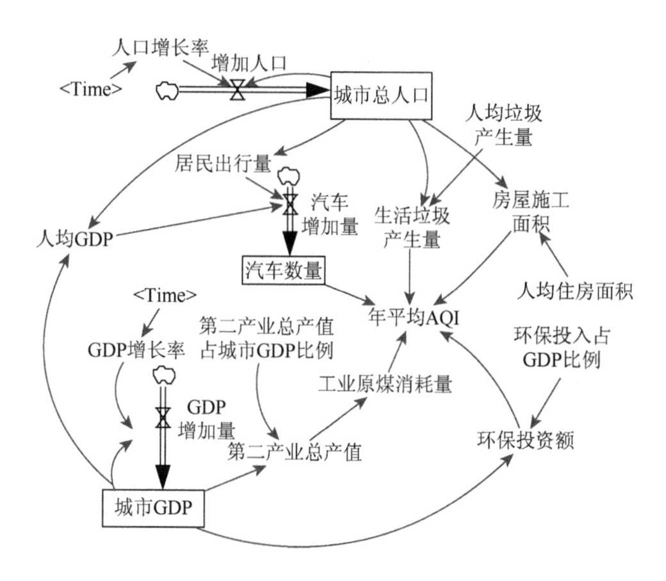

图 12-1　城市雾霾演化模型

人口子系统中包含城市总人口、人口增长率、居民出行量、生活垃圾产生量、人均垃圾产生量、人均 GDP、人均住房面积和房屋施工面积。以城市总人口作为水平变量，其存量一般由出生率和死亡率共同决定，同时还要考虑外来人口的迁入问题。但上海市的统计资料只包含本地户籍的生存率和死亡率，占总人口 40%以上的外籍人口出生和死亡情况不确定，为保证数据的一致性，采用总体的人口增长率来估计人口增加量。子系统中辅助变量基本反映了影响空气质量的人类基本活动，其中，居民出行量代表了人们交通出行活动对空气的作用，生活垃圾产生量代表了人们餐饮和服装相关活动的环境影响，房屋施工面积代表了人们住房需求所导致的施工污染效果。而居民出行量和人均 GDP 共同影响汽车数量的增加，人均垃圾产生量和城市总人口一起决定了生活垃圾产生量，而人均住房面积和城市总人口共同决定房屋施工面积。

经济子系统包含城市 GDP、GDP 增加量、GDP 增长率、第二产业总产值和第二产业总产值占城市 GDP 比例，以城市 GDP 为主要控制变量，第二产业总产值由城市 GDP 和第二产业总产值占城市 GDP 比例共同决定，煤炭消耗量与工业总产值密切相关，而工业煤炭的消耗很大程度上决定了空气质量。

环境子系统包含生活垃圾产生量、房屋施工面积、工业原煤消耗量、环保投资额和汽车数量。汽车数量是水平变量，由汽车增加量决定，环保投资额来自 GDP 的固定比例，其对空气质量有改善调整作用。其中，代表雾霾天气的年平均 AQI 基本因果关系如图 12-2 所示。

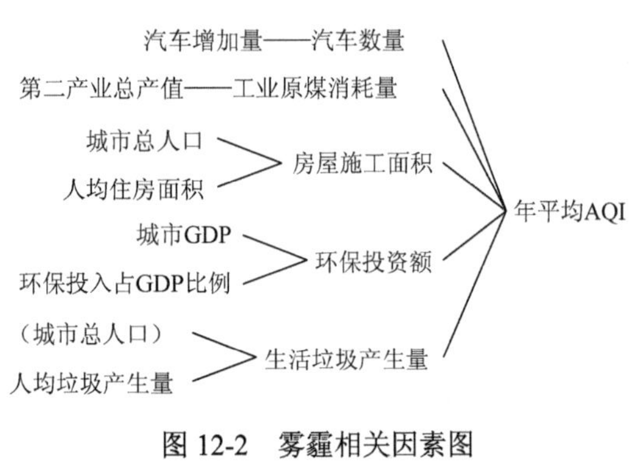

图 12-2　雾霾相关因素图

12.2.2　数据参数及模型验证

研究范围是上海市行政区域，时间为 2003～2020 年，原始数据来自上海统计年鉴，包含了人口子系统中的城市总人口、人口增长率、居民出行量、生活垃圾产生量、房屋施工面积，经济子系统中的城市 GDP、GDP 增长率、第二产业总产值、第二产业总产值占城市 GDP 比例，环境子系统中的工业原煤消耗量和环保投资额。2003～2012 年平均 AQI 来自张年[165]和张城的研究资料。城市总人口、城市 GDP 和汽车数量等都是水平变量，初始值均采用 2003 年上海市实际水平；人口增长率、GDP 增长率利用 Time 函数来确定。人均垃圾产生量和人均住房面积通过 2003～2013 年历史数据的线性拟合得到，分别取 0.21 和 6.913。AQI 与各影响因素的函数关系也通过拟合得到。环保投入占 GDP 比例和第二产业总产值占城市 GDP 比例均采用 2003～2013 年历史数据平均值，分别取 2.92%和 3.969%。人均 GDP 由每年城市 GDP 除以每年的总人口计算得到。

为了验证模型的准确性，运行建立的系统动力学模型，测试结果显示，2013 年上海市总人口达到 2341.13 万人，与 2013 年真实人口 2415.15 万人相差 3.06%；

城市 GDP 2013 年达到 21 625.2 亿元，与 2013 年实际 GDP 21 602.12 亿元相比多 0.1%；汽车数量达到 250.59 万辆，与 2013 年实际数量 235.1 万辆多 6.6%；2013 年 AQI 达到 98.03，与 2013 年真实值 96 相差 2.1%。系统动力学模型中主要变量的数值误差在 5%内则模型拟合十分准确，数值误差在 15%之内就是合理的即通过有效性检验[167]。上述主要变量的误差均在 10%以内，因此上海城市雾霾演化模型整体通过检验。

12.3　情景模拟预测

12.3.1　情景一：基准模式

基于历史数据的发展趋势，按照 2013 年既定的模式发展，对上海市 2020 年的城市经济环境状态进行预测，其中，上海市人口快速增加，从 2003 年的 1713 万人增加到 2020 年的 2544.8 万人，变化趋势分为两个阶段：2003～2010 年人口增加速度很快，2010～2020 年总人口增加速度放缓。

由图 12-3 可知，城市 GDP 保持快速增长态势，从 2013 年的 21 625.2 亿元增加到 2020 年的 33 826.8 亿元，增加了 56.4%；汽车数量从 2013 年的 250.6 万辆增加到 2020 年的 346.4 万辆，增加了 38.2%（图 12-4）；生活垃圾产生量由 2013 年的 724.5 万 t 增加到 2020 年的 774.8 万 t，增加了 6.9%，房屋施工面积由 2013 年的 16 135.8 万 m^2 增加到 2020 年的 17 790.1 万 m^2，增加了 10.3%；年平均 AQI 从 2003 年开始快速降低，从 2013 年的 118 降到 2020 年的 68.7，降低了 42.6%（图 12-5）。与此同时，环保投资额从 2013 年的 631.4 亿元增加到 2020 年的 987.7 亿元，增加了 56.4%。可以看出，城市化快速发展的结果就是人口的大量聚集，地方财富的快速增加，吃穿住行基本需求产生的生活垃圾和汽车需求等快速增加，同时空气质量的改善需要依靠大量的财政资源来维持。

12.3.2　情景二：人口暴增模式

考虑大量外来常住人口可能出现暴涨，将 2013 年以后的年人口增长率提高到 2%，城市总人口到 2020 年将增加到 2689 万人，比模式 1 的 2544.8 万人提高 5.7%（图 12-6），居民出行量由 2003 年的 370.9 万人增加到 1684 万人，比模式 1 的 1557 万人提高了 8.2%，人口变化弹性为 1.95；汽车数量由 2003 年的 139 万辆增加到 2020 年的 361.1 万辆（图 12-7），比模式 1 的 346 万辆增加了 4.4%，人口变化弹

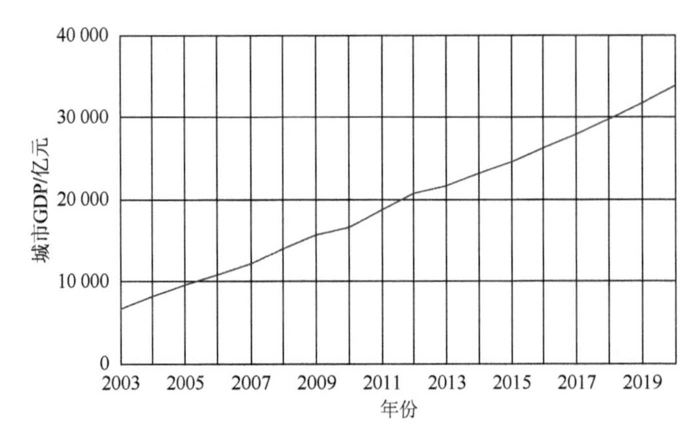

图 12-3　城市 GDP 仿真

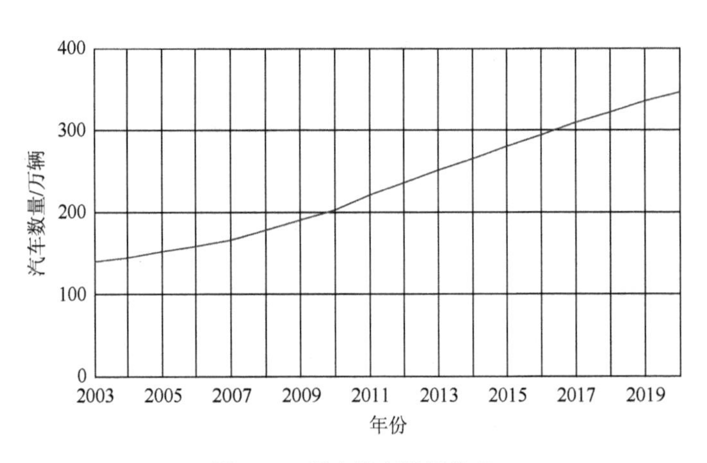

图 12-4　城市汽车数量仿真

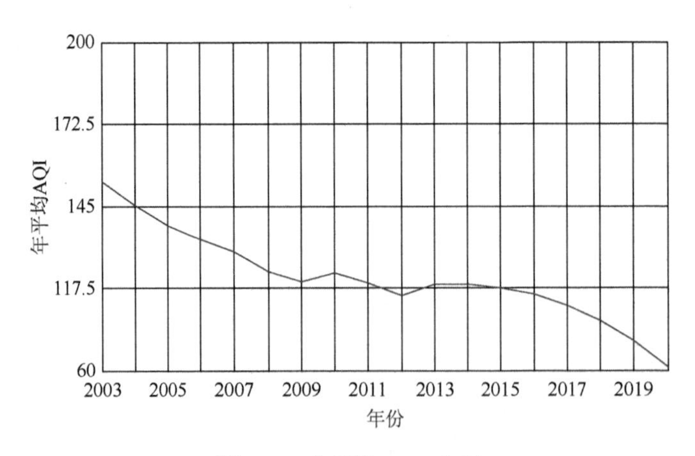

图 12-5　年平均 AQI 仿真

性为 1.04；生活垃圾产生量由 2003 年的 592 万 t 增加到 783.3 万 t，比模式 1 同期的 767.2 万 t 提高了 2%，人口变化弹性为 0.48；房屋施工面积由 2003 年的 11 793.6 万 m^2 增加到 2020 年的 18 070.4 万 m^2，比模式 1 的 17 543.8 万人提高 3%，人口变化弹性为 0.71。年平均 AQI 由 2013 年的 100.65 降低到 2020 年的 88.9，相对模式 1 预测的 80.2 提高 10.8%，人口变化弹性为 2.57（图 12-8）。可以看出，人口的快速增加引起居民出行量增加，进而汽车数量增加，同时生活垃圾产生量增加，房屋施工面积也快速增加，这些雾霾的影响因素都阻碍了年平均 AQI 的改善，但环保投资额的大量投入效果显著，导致空气质量未出现明显恶化趋势。

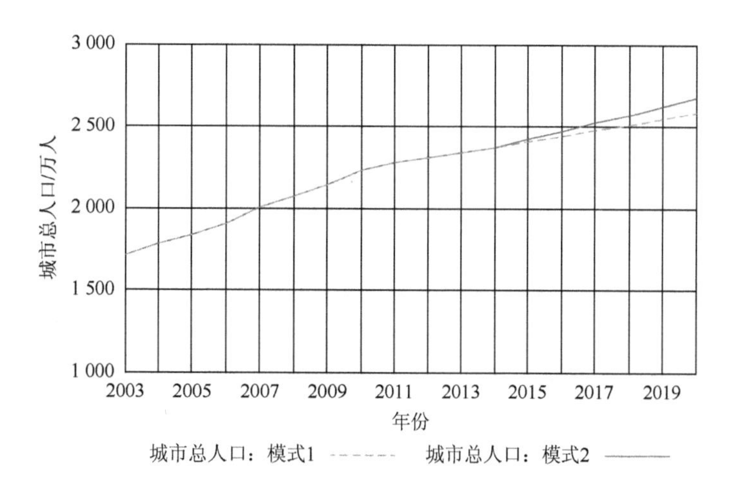

图 12-6　情景二城市总人口仿真

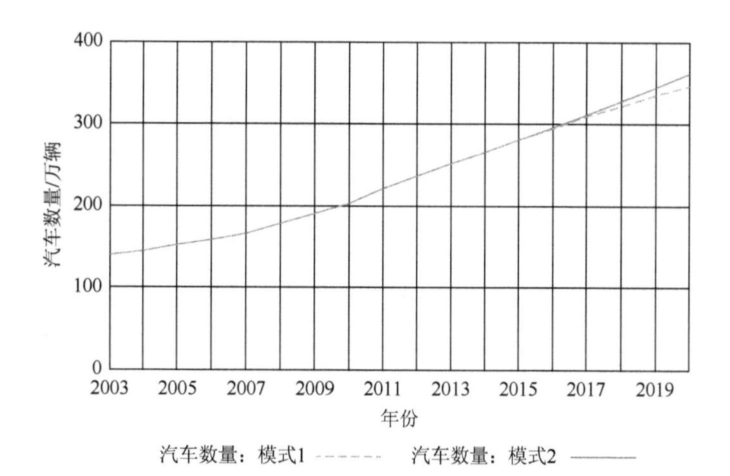

图 12-7　情景二汽车数量仿真

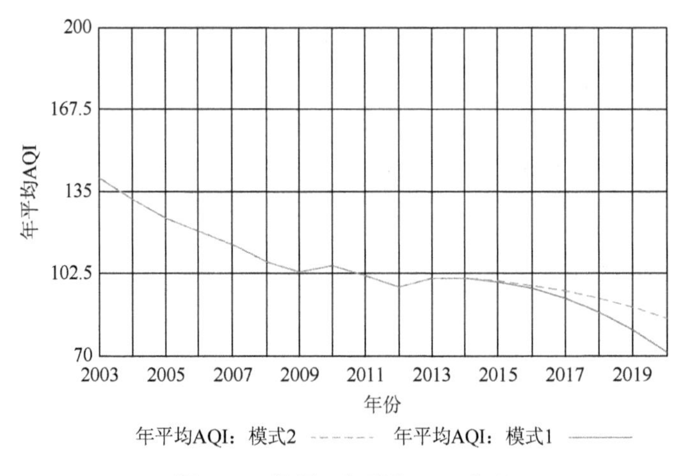

图 12-8　情景二年平均 AQI 仿真

12.3.3　情景三：GDP 低速增长模式

经济发展是城市发展的根本动力，由于空气质量恶化的负面影响，城市 GDP 的增速可能会降低，设置 2013 年后上海市 GDP 年增长率由 6.6%变为 5%，则 GDP 由 2013 年的 21 625.2 亿元增加到 2020 年的 30 892.6 亿元（图 12-9），相对情景一中 2020 年的 33 826.8 亿元降低了 8.7%；第二产业产值由 2013 年的 858.32 亿元增加到 2020 年的 1226.15 亿元，相对情景一中同期的 1342 亿元降低了 8.6%，GDP 变化弹性为 0.905；工业原煤消耗量由 2003 年的 730.26 万 t 增加到 2020 年的 740.83 万 t（图 12-10），提高了 1.4%，GDP 变化弹性为 0.15。年平均 AQI 由 2013 年的

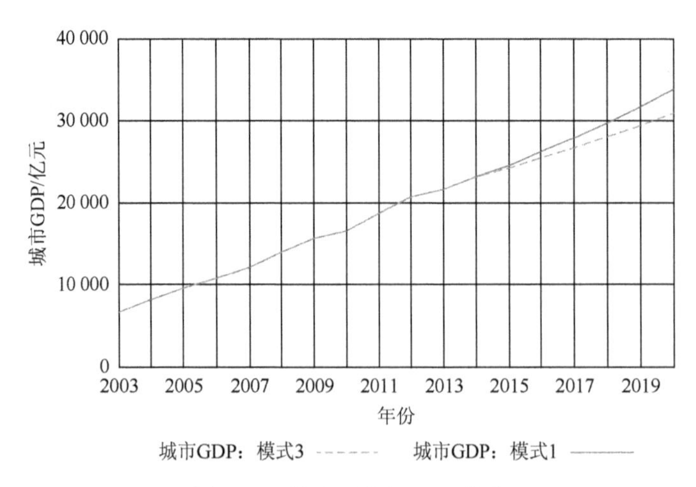

图 12-9　情景三城市 GDP 仿真

98 增加到 2020 年的 104.7（图 12-11），增加了 6.8%，GDP 变化弹性为−0.72。在经济发展降速的情况下，能看出工业煤炭消耗出现降低趋势，但 AQI 不降反升，这意味着空气会恶化。情景三反映了城市空气质量与经济发展正相关，即经济发展降速则 AQI 上升，空气质量下降，反之则 AQI 下降空气质量提升，造成这种情况的主要原因是环保投资额低于有效范围，所以雾霾失去了有效控制。

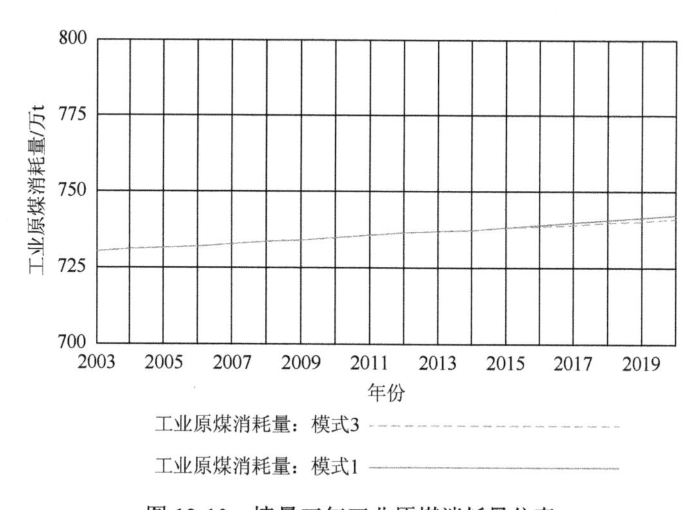

图 12-10　情景三年工业原煤消耗量仿真

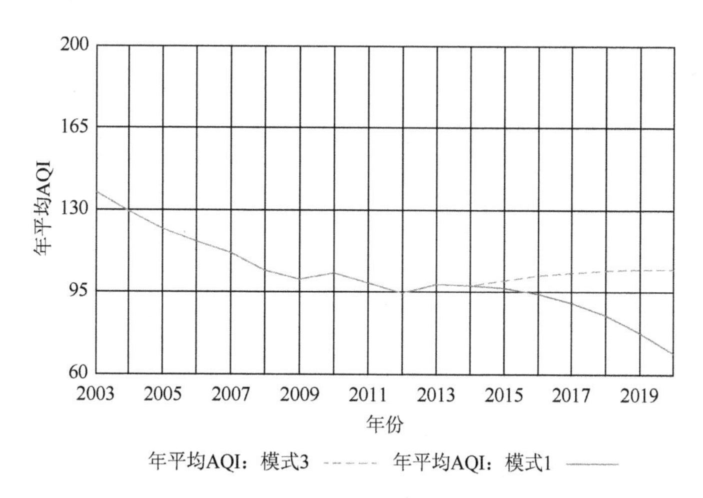

图 12-11　情景三年平均 AQI 仿真

12.3.4　情景四：环保资金停滞模式

上海市环保资金投入按全市 GDP 3%左右的比例划拨，那么随着 GDP 不断增长，环保资金需求将不断高涨，会明显增加政府的财政负担。短期内环境的日益恶化就需要投入更多的资源来控制，长期内这种模式将不能持续，所以考虑将环保投资额固定为常数，观察空气质量的恶化程度。将环保投资额设定为2013年的水平608亿元（常数），则从图12-12能看出，年平均AQI在2003～2012年始终低于模式一的同期水平，说明了这期间情景四的空气质量相对情景一空气较好，即环保投资的环境净化效果显著，但主要因为环保投资额数量超过情景二的同期水平。随着城市GDP、城市总人口等增加，工业原煤消耗量、汽车数量、生活垃圾产生量、房屋施工面积等因素增加，在2012年后，年平均AQI的水平逐渐超过模式1的同期水平，从2012年的92.7快速增加到2020年的189，比情景一中2020年的68.7提高了175%。常数水平下的环保投资额不能及时增加，年平均AQI在快速上升，空气质量逐渐恶化，这说明空气质量恶化趋势不能及时控制，严重威胁了城市安全。

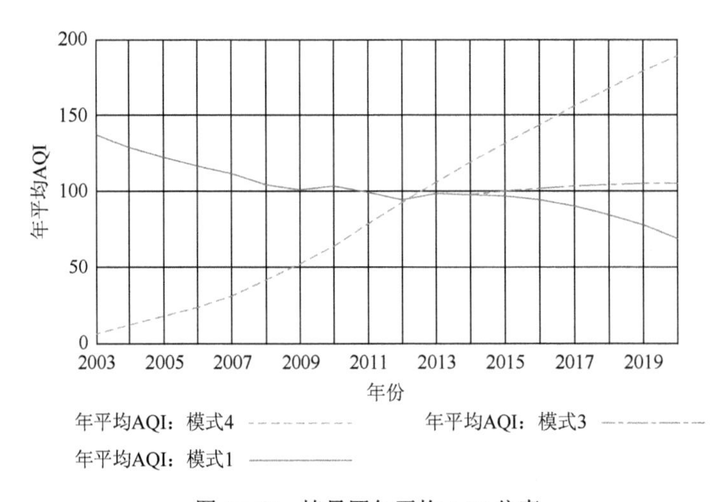

图12-12 情景四年平均AQI仿真

12.4 结 论

从情景一可以看出，工业原煤消耗量、汽车数量、生活垃圾产生量、房屋施工面积等雾霾影响因素都随着经济发展和人口快速聚集而出现不同程度增加，其中，汽车数量增加较快，说明汽车在雾霾形成中的敏感性很强。环保投资额按上海市GDP固定比例拨划，环保投资额随上海市GDP的快速增加而同比例增加，上海的空气质量得到改善并表现出缓慢下降的趋势。

情景二预测了人口快速增加情况下，汽车数量、生活垃圾产生量、房屋施工面积等雾霾影响因素的变化弹性差异较大，其中，汽车数量和房屋施工面积的变化弹性较大，说明在衣食住行四项基本需求中，出行和住房需求对雾霾的催化作用较大。情景三展现了经济发展出现降速情况下，第二产业总产值会降低进而使工业原煤消耗量降低，与此同时，环保投资额会逐渐降低，但AQI不降反升，反映了雾霾污染一旦形成很难消除的特点，同时雾霾治理偏向于表面控制，缺乏能源和产业的深入治理。情景四说明了在固定环保投资额的条件下，城市经济社会发展处于较低水平时，雾霾问题能保持较低水平，但城市经济发展会造成雾霾各类影响因素的持续扩张，AQI逐渐超过临界点，雾霾污染就会恶化到失控状态。

长期来看，按GDP固定比例的环境投资额会随着经济发展越滚越大，一旦经济增速放缓，财政资金不能满足维持空气净化的环保投资需要，环境问题将得不到改善。因此，对于直接环境投资的改革势在必行。可以考虑用补贴形式，干预雾霾影响因素的经济活动。

本章根据城市雾霾的主要影响因素和城市人口经济发展之间的相互作用，建立了上海市雾霾污染的演化模型。首先按照当前趋势预测了2020年的未来状态，同时分别模拟了人口暴增、GDP低速增长、环保资金停滞等三种情况下人口增长率、GDP增长率、汽车数量、AQI等核心变量的预测值。情景分析时，汽车尾气等因素缺乏数据直接用汽车数量替代，并且忽略了气象因素、跨境转移等外部因素的影响，这些问题都需要有针对性地研究探析。

第 13 章　上海市雾霾健康经济损失风险评估

2000 年后经过将近 5 轮环保三年行动计划，上海市环境空气质量优良率总体呈上升趋势，然而新型大气污染问题凸显，其中主要由细颗粒物（$PM_{2.5}$）造成的雾霾近几年成为上海市最严重的环境问题[168]。细颗粒物（$PM_{2.5}$）的物理性质特殊且化学成分复杂，不仅会引起可见度下降还能引发各种急慢性健康问题，已成为治理城市雾霾污染的重点和关键[169, 170]。

我国空气质量标准滞后于国际相关标准，雾霾颗粒物 $PM_{2.5}$ 的监测数据缺乏共同导致雾霾健康经济损失这一方面缺乏系统的风险评估。作为全国经济发展改革中心城市，上海市人口对土地、能源和交通需求巨大导致资源生态压力指数居高不下[171]，雾霾对居民的健康影响急需预先的风险评估。依据最新空气质量标准和计算方法，定量分析 2006～2015 年上海市 $PM_{2.5}$ 的健康经济影响，并以此为基础计算不同损失规模的概率分布，就出现周期和未来发展趋势做出详细分析，旨在为上海市雾霾污染治理和能源产业改革提供决策参考。

13.1　研 究 方 法

在洪涝、气象和地震等灾害风险评估主流方法中，概率统计方法和信息扩散模型方法都需要参考历史数据进行分析[172, 173]。目前对于雾霾健康经济损失缺乏可信的官方资料，尤其是各省区市的健康经济损失资料较少。本章通过流行病学的暴露反应函数计算上海市历年的健康经济损失，在既得历年损失值的基础上，根据信息扩散模型深入研究健康经济损失的概率分布。

13.1.1　暴露反应函数

当前大气污染健康经济损失计算中，首先通过流行病学的暴露反应关系模型来得到健康效应，然后采用量化方法得到具体损失价值，常用方法有医疗费用法、修改的人力资本法、支付意愿调查法、统计生命价值和影响途径分析法[174-176]。暴露反应函数确定了人群在不同污染物浓度下某种健康问题的实际发病率 E[式(13-1)]，流行病学依据既定的 E 值和暴露反应函数逆向求取污染因子的基期发病率 E_0，通过基期发病率 E_0 与实际发病率 E 的差值得到污染因子导致的某种健康问题的发病率，再结合暴露人口数 P_{ed} 及各类健康效应的经济价值 HC_{mu} 可得到暴露人群的总体健康经济损失 EC_{al}［式（13-2）］。历年的健康经济损失将作为进一步统计分析风险状况的基础。

$$E = e^{(\beta \cdot (C - C_0))} \cdot E_0 \tag{13-1}$$

式中，β 表示不同健康问题频率与污染因子浓度的相关系数；C 表示污染因子实际浓度；C_0 表示污染因子流行病学浓度阈值；E 表示污染因子在浓度 C 下人群健康效应；E_0 表示污染因子在浓度 C_0 下人群健康效应。

$$EC_{al} = P_{ed} \cdot (E - E_0) \cdot HC_{mu} \tag{13-2}$$

式中，P_{ed} 表示暴露人口数；EC_{al} 表示污染因子造成的居民健康经济损失；HC_{mu} 表示暴露人群的各类健康问题的经济价值。

13.1.2 Bootstrap 信息扩散模型

在灾害风险评估方法中，信息扩散模型具有所需数据量小、意义明确等优点，常用于水灾和旱灾损失的风险评估[177-179]。欧阳蔚等研究表明传统信息扩散估计缺少精确度，而基于 Bootstrap 重抽样技术的复合信息扩散估计得到的区间估计结果更精确可信[180]。其基本步骤如下。

（1）构造重抽样本。设原始样本 $X = (x_1, x_2, \cdots, x_m)$，采用随机抽样法从样本 X 中抽取整数 N 组容量为 m 的样本 $X' = (x_1', x_2', \cdots, x_m')$，$t = 1, 2, \cdots, N$, N 是整数，则称 X' 为 X 的 Bootstrap 样本。

（2）重抽样信息扩散。设样本信息扩散域为 $U = (u_1, u_2, \cdots, u_n)$，$n$ 表示扩散控制点数量，一般小于样本容量 m。将样本 $X'(t)$ 中各样本点代入式（13-3）中，可将所带信息扩散到 U 中：

$$f_i(u_j) = \frac{1}{h\sqrt{2\pi}} \exp\left(-\frac{(x_i - u_j)^2}{2h^2}\right) \tag{13-3}$$

式（13-3）中，$i = 1, 2, \cdots, m$；$j = 1, 2, \cdots, n$；h 表示扩散系数：

$$h = \begin{cases} 0.8146 \times (b - a), & m = 5 \\ 0.5690 \times (b - a), & m = 6 \\ 0.4560 \times (b - a), & m = 7 \\ 0.3860 \times (b - a), & m = 8 \\ 0.3362 \times (b - a), & m = 9 \\ 0.2986 \times (b - a), & m = 10 \\ 2.6851 \times (b - a) / (m - 1), & m \geqslant 11 \end{cases} \tag{13-4}$$

式中，m 表示样本个数；$a=\max\{X'(t)\}$，$b=\min\{X'(t)\}$。

令

$$C_i=\sum_{j=1}^{n}f_i(u_j) \tag{13-5}$$

则有

$$\lambda_{x_i}(u_j)=\frac{f_i(u_j)}{C_i} \tag{13-6}$$

式中，$\lambda_{x_i}(u_j)$ 表示样本点 x_i' 的归一化信息。

由式（13-6）可得

$$q(u_j)=\sum_{i=1}^{m}\lambda_{x_i}(u_j) \tag{13-7}$$

式中，$q(u_j)$ 表示样本 $X'(t)$ 扩散后的落在 j 处样本点数。

由式（13-7）可得

$$p(u_j)=\frac{q(u_j)}{\sum_{j=1}^{n}q(u_j)} \tag{13-8}$$

式中，$p(u_j)$ 表示所有样本落在 u_j 处的概率密度值；可得到超越概率值

$$P(u\geqslant u_j)=\sum_{k=j}^{n}q(u_k) \tag{13-9}$$

（3）将 N 组 Bootstrap 样本代入步骤（2）可得 N 组超越概率 P_t'。将 u_j 处对应的超越概率值 $P_t'(u\geqslant u_j)$ 共 N 组，按大小重新排列，则该点置信区间为 $\{P_{t_1}'(u\geqslant u_j), P_{t_2}'(u\geqslant u_j)\}$，$t_1=\mathrm{round}(N\cdot(\alpha/2))$，$t_2=\mathrm{round}(N\cdot(1-\alpha/2)),\alpha$ 表示显著性水平。

13.2 健康经济损失风险评估

13.2.1 数据来源

表 13-1 整理了 2006～2015 年上海市 $PM_{2.5}$ 年平均浓度、常住人口、GDP 和居民消费水平。其中，2006～2012 年 $PM_{2.5}$ 年平均浓度，由每年的《上海市环境状况公告》中 PM_{10} 浓度，按世界标准 0.6 进行转换得到[77]，2013～2015 年上海市 $PM_{2.5}$ 年平均浓度数据来源于上海市环境保护局，包含了 2013 年 1 月 1 日～2015 年 7 月 1 日的 $PM_{2.5}$ 日均浓度值。$PM_{2.5}$ 浓度阈值同时选用国家环境空气质量二级标准[77]（35μg/m^3）和 WHO 空气质量准则值[181]（10μg/m^3），避免单一标准误差

过大。暴露人口即上海市常住人口，居民消费水平和 GDP 来自 2007～2014 年上海市统计年鉴，并根据平均增长率推算了 2014 年、2015 年常住人口。

表 13-1　2006～2015 年上海市经济环境情况

年份	$PM_{2.5}$ 年平均浓度/(μg/m^3)	常住人口/万人	GDP/万元	居民消费水平/元
2006	51.6	1 815.08	10 366.37	20 944.00
2007	50.4	1 858.08	12 188.85	24 260.00
2008	50.4	2 140.65	14 069.87	25 167.00
2009	48.6	2 210.28	15 046.45	26 582.00
2010	47.4	2 302.66	17 165.98	32 271.00
2011	48.0	2 347.46	19 195.69	35 439.00
2012	42.6	2 380.43	20 181.72	36 893.00
2013	62.0	2 415.15	21 602.12	39 562.72
2014	51.9	2 464.21	23 202.28	42 425.64
2015	55.7	2 514.26	24 920.98	45 495.72

从表 13-1 可以看出，2006～2015 年上海市 $PM_{2.5}$ 年平均浓度最高出现在 2013 年，达到 62.0μg/m^3，高出国家环境空气质量二级标准 77.14%，最低点为 2012 年，达到 42.6μg/m^3，高出了国家二级标准 21.71%，说明上海市 $PM_{2.5}$ 污染状况很严重。2006～2015 年上海市经济社会快速发展，2013 年上海常住人口比 5 年前增长了 12.82%，2013 年上海 GDP 比 5 年前增长了 53.53%，居民消费水平比 5 年前增长了 57.20%。

13.2.2　健康经济损失及超越概率

本章选择雾霾污染的主要因素 $PM_{2.5}$ 作为健康经济损失值核算的污染因子。鉴于我国南方和北方的地理气候、能源结构和收入水平差别很大[182, 183]，不同省区市的人口对雾霾污染的敏感反应程度不同且不同收入水平下相同健康问题的费用差异较大，为了准确计算上海市行政区域内的雾霾健康经济损失，综合考虑研究对象和参数的完整统一性，本章选用上海交通大学赵文昌博士关于上海市 $PM_{2.5}$ 的健康效应终点及对应的暴露关系系数、健康终点发病率基数，以及相应的经济损失值[184]，其中，健康效应终点包括呼吸系统发病率、呼吸系统住院率、哮喘患病率、心血管疾病死亡率及活动受限日，以上效应均属于慢性效应。雾霾对人体健康的危害可分为急性效应和慢性效应，已有流行病学研究表明雾霾颗粒物的慢性效应远大于其急性效应[75, 79]，即上述慢性效应能全面反映雾霾健康经济损失实际值。利用式（13-1）和式（13-2）可计算得到 2006～2015 年上海市 $PM_{2.5}$ 引起健康经济损失，其中，单位经济损失 2009 年为基期，按居民消费价格指数变化做相应调整，两种计算结果如表 13-2 所示。

表 13-2　2006～2015 年上海市 $PM_{2.5}$ 健康经济损失

年份	国家标准健康经济损失/亿元	占 GDP 比例/‰	WHO 标准健康经济损失/亿元	占 GDP 比例/‰
2006	31.532 9	3.041 8	67.909 3	6.550 9
2007	34.949 8	2.867 4	78.755 1	6.461 2
2008	41.770 2	2.968 8	94.124 1	6.689 8
2009	40.687 7	2.704 1	99.123 3	6.587 8
2010	45.379 9	3.016 0	117.427 9	7.804 4
2011	52.048 3	3.459 2	130.559 3	8.677 1
2012	23.621 3	1.569 9	86.763 2	5.766 4
2013	120.890 6	5.596 2	200.900 7	9.300 0
2014	87.841 1	3.782 6	187.277 0	8.064 5
2015	114.929 2	4.603 7	218.235 7	8.741 9

由表 13-2 可知，2006～2015 年，国家标准下上海市 $PM_{2.5}$ 最大健康经济损失在 2013 年，为 120.89 亿元，最小损失值在 2012 年，为 23.62 亿元；2013 年占 GDP 比例最大，为 5.60‰，2012 年占 GDP 比例最小，为 1.57‰。2006～2015 年，WHO 标准下，上海市 $PM_{2.5}$ 健康经济损失值最大为 218.24 亿元，最小值为 67.91 亿元；占 GDP 比例最大为 9.30‰，最小为 5.77‰。一方面，健康经济损失及占 GDP 比例都表现出波动上升规律，这与 $PM_{2.5}$ 年平均浓度增加密不可分；另一方面，上海市常住人口、居民消费水平和 GDP 的快速增长起到了放大作用。

采用复合信息扩散模型对上述经济损失计算超越概率及可信区间。其中，经济损失扩散域设定为[20, 240]，风险控制点数量 $m = 23$，原始样本为两种标准下的 20 个经济损失值，抽样次数 $N = 10\,000$，显著水平 α 取 0.25 和 0.1。由表 13-2 可知，两种标准得到的经济损失差额达到 1 倍以上，这种极端的结果不能完全反映健康经济损失的实际分布，为此，将同年的两种结果平均值也纳入原始数据中，用来计算上海市 $PM_{2.5}$ 健康经济损失的信息扩散超越概率及 Bootstrap 抽样的区间估计，结果见表 13-3 和表 13-4 及图 13-1 和图 13-2。

表 13-3　上海市 $PM_{2.5}$ 健康经济损失超越概率

风险水平	健康经济损失/亿元	超越概率/%	置信区间	风险水平	健康经济损失/亿元	超越概率/%	置信区间
1	20	100.00	[100%, 100%]	2	30	95.92	[94.21%, 7.51%]

续表

风险水平	健康经济损失/亿元	超越概率/%	置信区间	风险水平	健康经济损失/亿元	超越概率/%	置信区间
3	40	89.78	[86.09%, 3.27%]	14	150	18.14	[11.08%, 5.76%]
4	50	82.04	[76.39%, 7.41%]	15	160	15.46	[8.85%, 22.60%]
5	60	73.52	[66.34%, 80.48%]	16	170	13.05	[6.85%, 19.70%]
6	70	64.93	[56.79%, 73.02%]	17	180	10.77	[5.18%, 16.82%]
7	80	56.62	[47.96%, 65.34%]	18	190	8.58	[3.70%, 13.80%]
8	90	48.76	[39.99%, 7.75%]	19	200	6.47	[2.46%, 10.68%]
9	100	41.58	[32.94%, 50.51%]	20	210	4.47	[1.40%, 7.78%]
10	110	35.29	[26.73%, 4.20%]	21	220	2.71	[0.70%, 4.93%]
11	120	29.88	[21.57%, 8.46%]	22	230	1.35	[0.27%, 2.48%]
12	130	25.24	[17.37%, 33.41%]	23	240	0.46	[0.07%, 0.86%]
13	140	21.34	[13.83%, 29.25%]	—	—	—	—

表 13-4　上海市 $PM_{2.5}$ 健康经济损失占 GDP 比例超越概率

风险水平	经济 GDP 比例/‰	超越概率/%	置信区间	风险水平	经济 GDP 比例/‰	超越概率/%	置信区间
1	1	100.00	[100%, 100%]	12	6.5	35.66	[27.15%, 44.17%]
2	1.5	99.09	[98.28%, 9.88%]	13	7	27.50	[19.67%, 5.30%]
3	2	97.32	[95.32%, 9.27%]	14	7.5	20.74	[13.49%, 7.93%]
4	2.5	94.16	[90.81%, 7.31%]	15	8	15.41	[9.03%, 21.78%]
5	3	88.98	[84.28%, 93.43%]	16	8.5	10.84	[5.70%, 16.12%]
6	3.5	82.12	[75.66%, 8.24%]	17	9	6.76	[3.07%, 10.55%]
7	4	74.89	[66.89%, 82.43%]	18	9.5	3.46	[1.19%, 5.78%]
8	4.5	67.80	[59.02%, 76.11%]	19	10	1.36	[0.31%, 2.42%]
9	5	60.41	[51.23%, 69.23%]	20	10.5	0.38	[0.06%, 0.70%]
10	5.5	52.53	[43.21%, 1.61%]	21	11	0.07	[0.01%, 0.13%]
11	6	44.24	[35.22%, 3.11%]	—	—	—	—

以信息扩散模型计算的超越概率为基础，利用 Bootstrap 重抽样技术来确定超越概率的置信区间能提高分析的精确度，避免单一概率值的误差过大。由步骤（2）“重抽样信息扩散”计算得到信息扩散超越概率，通过步骤（3）可以得到不同置信水平下的置信区间，结果如图 13-1 所示。图 13-1 中，“区间估计上下限”指各控制点处超越概率均值的置信区间$[\mu-\sigma,\mu+\sigma]$，“超越概率上下限 1、2”表示两种置信水平时超越概率的区间估计值。一般情况下，置信水平越高则结果越可信。但研究结果表明，在区间估计时，置信水平过高会导致区间估计过于宽泛，为此

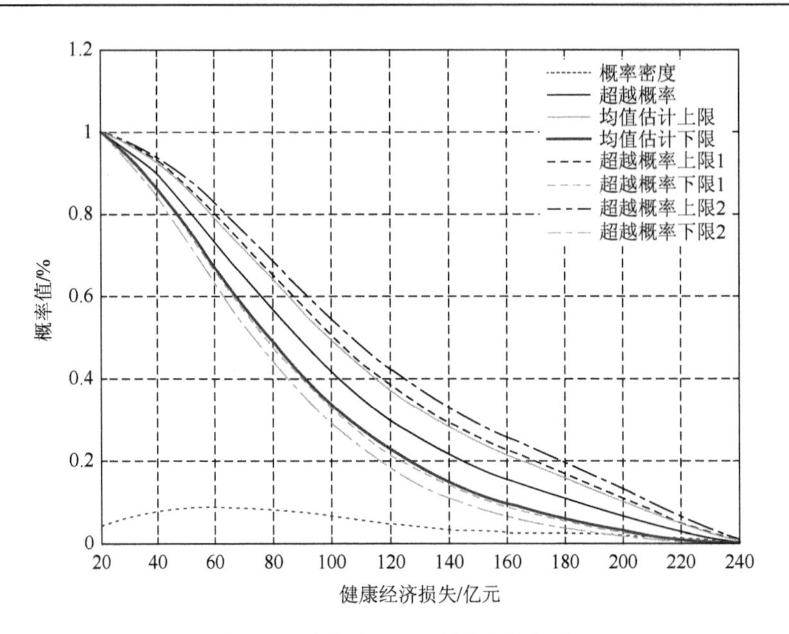

图 13-1　上海市 $PM_{2.5}$ 健康经济损失

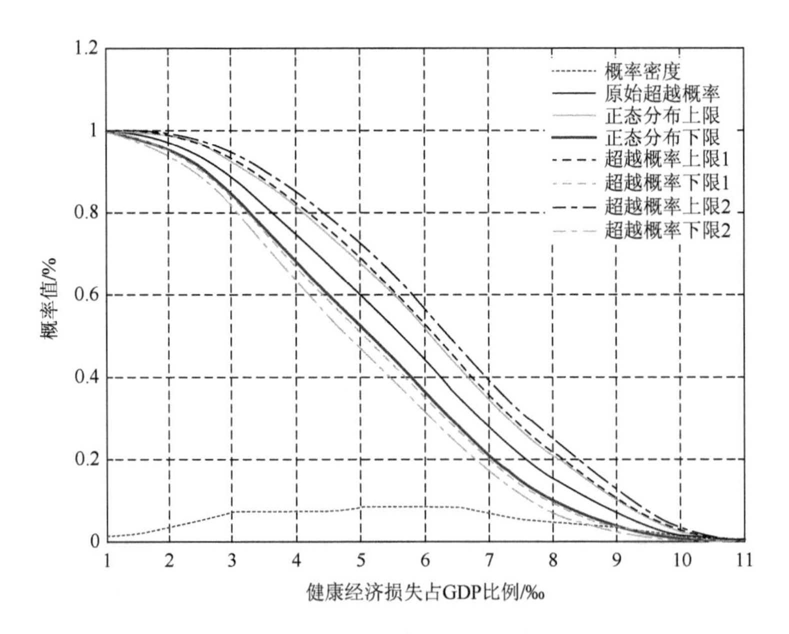

图 13-2　上海市 $PM_{2.5}$ 健康经济损失占 GDP 比例

借鉴欧阳蔚等[180]学者对置信水平的研究结论，设定置信水平分别为 0.75、0.9。以经济损失 100 亿元为例做进一步说明，0.9 置信水平时的区间估计值为[29.11%, 54.57%]，置信水平为 0.75 时的区间估计值为[32.54%, 50.51%]，而信息扩散模型计算的超越概率为 41.58%时，对应的均值区间估计为[33.96%, 49.34%]。由此可知，置信水平为 0.9 时的估计区间包含了置信水平为 0.75 时的估计区间，置信概率为 0.75 的区间估计比置信概率为 0.9 的区间估计更接近信息扩散超越概率及其正态区间估计值，可见置信概率 0.75 的区间估计更精确。

图 13-1 显示了随着上海市 2006～2015 年 $PM_{2.5}$ 健康经济损失的逐渐增加，对应的超越概率逐次降低，超越概率的置信区间先逐渐变大后逐渐变小，起点和终点都收敛于同一处。表 13-3 显示了不同风险水平下的健康经济损失、对应的超越概率及对应的置信区间。经济损失超过 60 亿元时，超越概率为 73.52%，置信区间为[66.32%, 80.48%]；当经济损失超过 100 亿元时，超越概率为 41.58%，置信区间为[32.94%, 50.51%]；而经济损失超过 160 亿元时，超越概率为 15.46%，置信区间为[8.85%, 22.60%]；最后经济损失超过 200 亿元时，超越概率为 6.47%，置信区间为[2.46%, 10.68%]。

如图 13-2 所示，置信概率 0.75 时的区间估计比置信概率 0.9 时更精确。同时，健康经济损失占 GDP 比例逐渐降低，对应的超越概率也逐渐降低，对应的超越概率估计区间先逐渐变大然后变小，起点和终点都收敛于同一点。健康经济损失占 GDP 比例的风险水平、具体数值、超越概率及置信区间，如表 13-4 所示。健康经济损失占 GDP 比例超过 3‰时的超越概率为 88.98%，置信区间为[84.28%, 93.43%]。健康经济损失占 GDP 比例超过 5‰的概率为 60.41%，置信区间为[51.23%, 69.23%]；健康经济损失占 GDP 比例超过 8‰的概率为 15.41%，置信区间为[9.03%, 21.78%]；健康经济损失占 GDP 比例超过 10‰的概率为 1.36%，置信区间为[0.31%, 2.42%]。

13.2.3 数学期望和重现周期

依据灾害损失的数学期望计算方法[185]，可得 2006～2015 年上海市雾霾颗粒物 $PM_{2.5}$ 的健康经济损失值数学期望为 94.64 亿元，按照 2013 年上海常住人口计算，人均健康经济损失约 392 元。而 2006～2015 年上海 $PM_{2.5}$ 的健康经济损失占 GDP 比例的数学期望为 5.42‰。

为进一步分析上海市 $PM_{2.5}$ 健康经济损失的风险状况，使用超越概率的倒数表示不同风险水平的重现周期，即不同规模损失多少年一遇[177, 185]。由上述超越概率求倒数可得重现周期的不同健康经济损失规模分布，结果如表 13-5 所示。

表 13-5 重现周期

风险水平	健康经济损失/亿元	重现周期	风险水平	健康经济损失/亿元	重现周期
1	20	1.00	3	40	1.11
2	30	1.04	4	50	1.22

续表

风险水平	健康经济损失/亿元	重现周期	风险水平	健康经济损失/亿元	重现周期
5	60	1.36	15	160	6.47
6	70	1.54	16	170	7.66
7	80	1.77	17	180	9.28
8	90	2.05	18	190	11.66
9	100	2.40	19	200	15.46
10	110	2.83	20	210	22.36
11	120	3.35	21	220	36.85
12	130	3.96	22	230	74.14
13	140	4.69	23	240	216.42
14	150	5.51	—	—	—

从表 13-5 和图 13-3 可以看出，随着重现周期增加，损失规模不断上升，但增加速度不断减慢，逐渐趋向稳定。具体来讲，当遇到 5 年一遇的雾霾污染时，健康经济损失规模达到 144 亿元左右，按照 2013 年上海常住人口计算，人均健康经济损失约 596 元；当遇到 10 年一遇的雾霾污染时，健康经济损失规模达到 183 亿元左右，按 2013 年上海常住人口计算，人均健康经济损失约 758 元；当遇

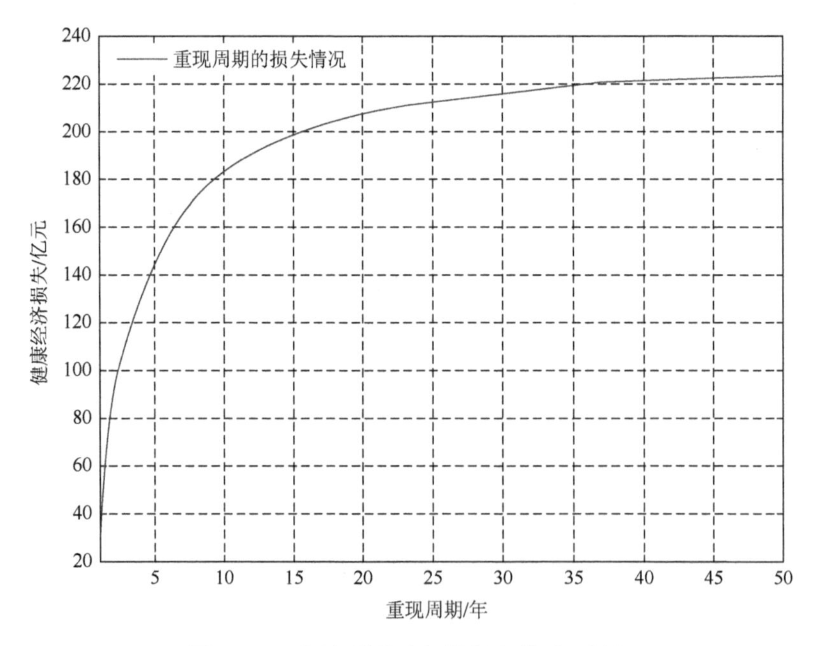

图 13-3 不同规模健康经济损失的重现周期

到 15 年一遇的雾霾污染时，健康经济损失规模达到 199 亿元规模，按照 2013 年上海常住人口计算，人均健康经济损失达 824 元。依据自然灾害损失的风险期望计算方法，可得 2006～2015 年上海市雾霾颗粒物 $PM_{2.5}$ 的健康经济损失值数学期望为 94.64 亿元，按照 2013 年人口计算，人均健康经济损失约 392 元。而 2006～2015 年上海 $PM_{2.5}$ 的健康经济损失占 GDP 比例的数学期望为 5.42‰。

13.2.4　健康经济损失预测

健康经济损失的变化总体上呈现出快速增加的趋势。为了准确预测未来的损失情况，采用数据拟合对未来几年的情况进行预测，历史数据使用表 13-2 中的损失值。考虑数据量大小，分别使用线性、二次多项式和三次多项式拟合健康经济损失序列[186]。在拟合前，需要对数据进行预处理。常用的 0-1 标准化处理能解决量纲不统一的问题，但严重压缩了数据中的有用信息，为此将 2006 年设定为横坐标基期，依次处理年份。拟合参数如表 13-6 和表 13-7 所示。

表 13-6　国家标准雾霾损失拟合结果

项目	SSE	R^2	Adjusted-R^2	RMSE
线性回归	4 675	0.584 1	0.532 1	24.17
二次多项式	3 586	0.680 9	0.589 8	22.63
三次多项式	3 563	0.683 0	0.524 4	24.37

表 13-7　WHO 标准雾霾损失拟合结果

项目	SSE	R^2	Adjusted-R^2	RMSE
线性回归	5 966	0.777 5	0.749 6	27.31
二次多项式	4 727	0.823 7	0.773 3	25.99
三次多项式	4 535	0.830 8	0.746 2	27.49

拟合参数中，R^2（确定系数）和 Adjusted-R^2 越接近 1，SSE（和方差）和 RMSE（均方根）越接近 0，拟合效果越好。从表 13-5 和表 13-6 中可以看出，二次多项式回归的拟合效果最理想。图 13-4 和图 13-5 显示了二次多项式拟合及预测的具体情况。设定预测区间为[2016, 2020]，根据图 13-4 可知，国家标准下，2016～2020 年的健康经济损失分别为 140.02 亿元、166.17 亿元、195.19 亿元、227.08 亿元、261.85 亿元；WHO 标准下，2016～2020 年的健康经济损失分别为 249.22 亿元、283.49 亿元、320.82 亿元、361.22 亿元、404.68 亿元，2020 年的损失额度将是 2015

年的 1.8 倍。结果表明，如果没有过多干预，雾霾产生的健康经济损失将会迅速增加。目前，对雾霾的治理进度亟须加快，对于未来可能出现的大规模公共卫生问题，也需要相关部门做好预防准备工作。

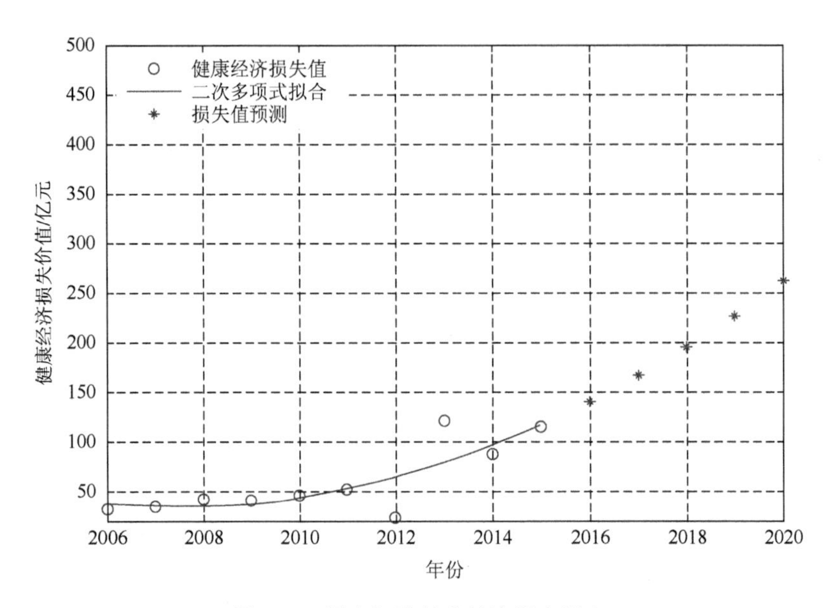

图 13-4　国家标准健康经济损失拟合

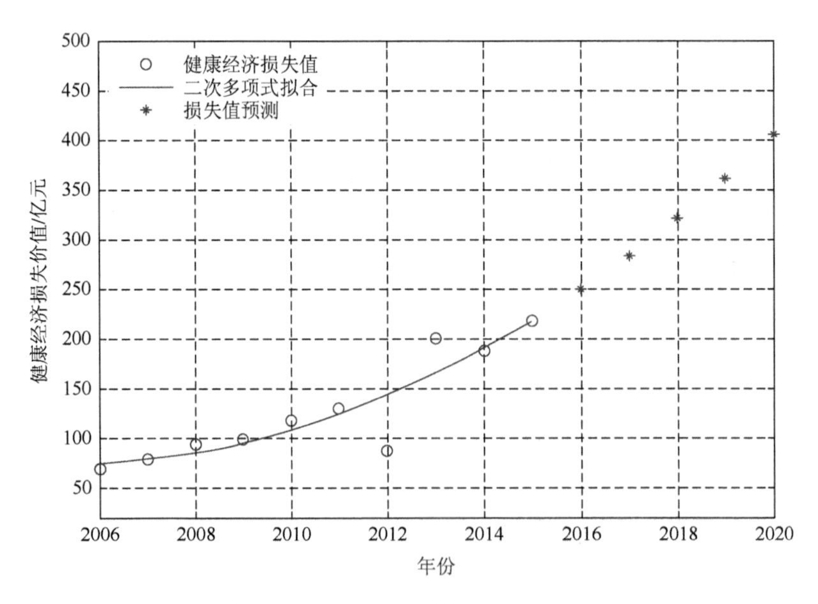

图 13-5　WHO 标准健康经济损失拟合

13.3 结论与讨论

13.3.1 结论

本章通过暴露反应关系计算了国家标准和 WHO 标准下上海市 2006～2015 年 $PM_{2.5}$ 的健康经济损失及占同年 GDP 的比例。两种标准条件下健康经济损失值都表现出波动增长趋势，健康经济损失占 GDP 比例也表现出波动上涨趋势，但健康经济损失增长速度明显高于占 GDP 比例的增长速度。健康经济损失值的波动幅度越来越大，而健康经济损失占 GDP 比例变化幅度逐渐减小，说明健康经济损失与经济发展有一定的协同性。

在健康经济损失数据基础上，联合 Bootstrap 重抽样技术和信息扩散模型对健康经济损失进行仿真实验，得到雾霾健康经济损失值、超越概率和置信区间，并且根据超越概率计算得到不同损失额度的数学期望和重现周期。其中，上海市 $PM_{2.5}$ 的健康经济损失超过 80 亿元的概率为 56.62%，置信区间为[47.96%, 65.34%]；超过 100 亿元的发生概率为 41.58%，置信区间为[32.94%, 50.51%]；2006～2015 年，$PM_{2.5}$ 健康经济损失平均值为 94.64 亿元，占 GDP 比例平均水平为 5.42‰；上海市 $PM_{2.5}$ 健康经济损失 5 年内会出现 144 亿元的规模，10 年内会出现 183 亿元的水平。以现在的趋势发展，2020 年上海雾霾健康经济损失总额将达到 404.68 亿元。

13.3.2 讨论

在计算健康经济损失时，污染物时间空间分布差异、人口年龄结构和暴露人口空间分布差异都会使经济损失值结果不同。计算模型中污染物的暴露反应系数、阈值有多种标准，不同标准下的计算结果也不同。考虑上述问题，运用信息扩散模型计算了不同风险水平的超越概率值并通过重抽样技术确定了置信区间，同时完成情景分析和模拟预测，实现了雾霾健康经济损失的风险评估。政府卫生和财政部门需要关注雾霾的健康经济损失，针对大都市居民的雾霾健康保险需要提上议程。最后，雾霾的健康经济损失会通过人的基本活动对经济社会产生各类间接损失，这些都需要做进一步的研究。

第 14 章　基于集对分析法的长三角雾霾风险评估

近几年雾霾在中国各个地区频繁出现，严重影响了人们的生活和健康，且带来了一系列空气污染问题。长三角地区也深受雾霾天气的影响，特别是在 2015 年 12 月，上海市、杭州市和南京市等出现了严重雾霾天气，其中，上海市 $PM_{2.5}$ 浓度更是达到 256μg/m^3 的水平，且发布了雾霾黄色预警。频繁的雾霾天气加剧了环境污染对社会经济及人民生活的风险，造成了大量的经济损失及危害了人体健康。

集对分析（set pair analysis）法对不同问题不确定关系的处理有很大的优势，通过联系数对研究对象信息等要素缺少而导致的不确定性理论[187]，可应用于雾霾风险评估。近年来集对分析法被广泛运用于生态绩效评估[188]、城市经济系统的脆弱性评估[189, 190]、土壤重金属污染及土壤质量评价[191, 192]、洪水灾害风险评价[193]及工业安全评价[194, 195]。雾霾污染具有很大的不确定性及复杂性，集对分析法可以有效地处理这些问题，因此，本章引入集对分析法，以长三角上海市、南京市、杭州市和合肥市为研究对象，对研究区域风险雾霾形成的风险指标进行风险评估。

14.1　基于集对分析法的雾霾风险评价模型

14.1.1　基于层次分析法的评价指标的建立

层次分析法（analytic hierarchy process，AHP）是美国运筹学家匹茨堡大学教授 Saaty[195]于 20 世纪 70 年代初提出的一种层次权重决策分析方法，通过将复杂系统分成目标层、准则层和方案层等层次，并在此基础上进行定性和定量分析。

层次分析法对各评价指标权重的确定步骤如下。

（1）构造判断矩阵。应用九分位的比例标度，评判标准为指标的相对重要性。计算权向量，通过判断矩阵 $\boldsymbol{A}$ 可以得出判断矩阵最大特征根 $\lambda_{\max}$ 所对应的特征向量 $\boldsymbol{W}$：

$$\boldsymbol{AW} = \lambda_{\max}\boldsymbol{W} \tag{14-1}$$

（2）一致性检验。通过对特征向量进行归一化的计算可以得出各指标体系的权重，以及对判断矩阵进行一致性检验。公式为

$$\mathrm{CI}=\frac{\lambda_{\max}-n}{n-1} \tag{14-2}$$

式中，CI 表示一致性检验指标；n 表示判断矩阵阶数。当 CR = CI/RI＜0.1（CR 为检验系数，RI 为随机一致性指标）时，表示权重设置合理，当 CR = CI/RI＞0.1 时表示需要对判断矩阵进行修正。RI 表示平均随机一致性指标，RI 值[196]见表 14-1。

表 14-1　平均随机一致性指标 RI 数值

n	1	2	3	4	5	6	7	8	9	10	11
RI	0	0	0.58	0.9	1.12	1.24	1.32	1.41	1.45	1.49	1.51

14.1.2　雾霾风险评估的集对分析模型

1. 集对分析法原理

集对分析是由赵克勤[197]提出的一种解决关于确定不确定问题的系统理论方法。集对分析法有两个基本概念：一个是集对；另一个是联系度。集对就是两个集合组成的具有关联的对子，而联系度是两个集合之间的对立度、同一度、差异度的综合表现形式，用公式表示如下：

$$\mu=\frac{S}{N}+\frac{F}{N}i+\frac{P}{N}j \tag{14-3}$$

简化为

$$\mu=a+bi+cj \tag{14-4}$$

式中，μ 表示联系度；N 表示集对所共有的特性总数；S 表示集对中两个集合的共有度；P 表示集对中两个集合的对立度；$F=N-S-P$，表示既不是共有也不是对立的特性数；i 表示差异度系数；j 表示对立度系数，且 j 恒等于-1，i 在区间$[-1, 1]$取值，$\frac{S}{N}(a)$、$\frac{F}{N}(b)$、$\frac{P}{N}(c)$分别对应共有度、差异度、对立度。

式（14-3）和式（14-4）均表示常见的三元联系度，其中，$a+b+c=1$，为了能多维度、更深层次地进行状态空间分析，可以将 b 做更深层次的划分，则可以将式（14-4）拓展成为式（14-5）

$$\mu=a+b_1i_1+b_2i_2+b_3i_3+cj \tag{14-5}$$

式中，b_1i_1、b_2i_2、b_3i_3 表示差异度分量，$1=a+b_1+b_2+b_3+c$，由此产生的 5 元联系度，反映了两个集合关系之间的整体结构。

2. 建立雾霾风险评价模型

通过集对分析法对雾霾风险进行分析，将雾霾风险的实际指标与标准既定的指标组成一个集对，来比较二者之间的联系度。$x_r(r=1,2,3,\cdots,n,n$表示指标个数)表示实际指标值，设为集合 A_i，而相应的标准指标设为集合 $B_l(l=1,2,3,\cdots,n,$ n表示标准指标个数)。

采用模糊评价分析法可以求得联系度 μ_{mr}，且可以将联系度 μ_{mr} 指标分为两类：越大风险越高型和越大越安全型。越大风险越高型有

$$\mu_{mr}=\begin{cases}1+0i_1+0i_2+0i_3+0j; & x_r<V_1\\ \dfrac{2x_r-V_1-S_2}{V_1-V_2}+\dfrac{2V_1-2x_1}{V_1-V_2}i_1+0i_2+0i_3+0j; & V_1\leqslant x_r<\dfrac{V_1+V_2}{2}\\ 0+\dfrac{2x_r-V_2-V_3}{S_1-S_3}i_1+\dfrac{V_1+V_2-2x_r}{S_1-S_3}i_2+0i_3+0j; & \dfrac{V_1+V_2}{2}\leqslant x_r<\dfrac{V_2+V_3}{2}\\ 0+0i_1+\dfrac{2x_r-V_3-V_4}{V_2-V_4}i_2+\dfrac{V_2+V_3-2x_r}{V_2-V_4}i_3+0j; & \dfrac{V_2+V_3}{2}\leqslant x_r<\dfrac{V_3+V_4}{2}\\ \vdots & \\ 0+0i_1+\cdots+\dfrac{2x_r-2V_4}{V_3-V_4}i_3+\dfrac{V_3+V_4-2x_r}{V_3-V_4}j; & \dfrac{V_3+V_4}{2}\leqslant x_r<V_4\\ 0+0i+0i_2+\cdots+0i_{l-2}+1j; & x_r\geqslant V_4\end{cases}\tag{14-6}$$

越大越安全型有

$$\mu_{mr}=\begin{cases}-1+0i_1+0i_2+0i_3+0j; & x_r<V_1\\ \dfrac{2x_r-V_1-S_2}{V_2-V_1}+\dfrac{2V_1-2x_1}{V_2-V_1}i_1+0i_2+0i_3+0j; & V_1\leqslant x_r<\dfrac{V_1+V_2}{2}\\ 0+\dfrac{2x_r-V_2-V_3}{V_3-V_1}i_1+\dfrac{V_1+V_2-2x_r}{V_3-V_1}i_2+0i_3+0j; & \dfrac{V_1+V_2}{2}\leqslant x_r<\dfrac{V_2+V_3}{2}\\ 0+0i_1+\dfrac{2x_r-V_3-V_4}{V_4-V_2}i_2+\dfrac{V_2+V_3-2x_r}{V_4-V_2}i_3+0j; & \dfrac{V_2+V_3}{2}\leqslant x_r<\dfrac{V_3+V_4}{2}\\ \vdots & \\ 0+0i_1+\cdots+\dfrac{2x_r-2V_4}{V_4-V_3}i_3+\dfrac{V_3+V_4-2x_r}{V_4-V_3}j; & \dfrac{V_3+V_4}{2}\leqslant x_r<V_4\\ 0+0i+0i_2+\cdots+0i_{l-2}-1j; & x_r\geqslant V_4\end{cases}\tag{14-7}$$

式中，V_1,V_2,V_3,V_4 分别表示雾霾评价指标的门限值；x_r 表示雾霾评价指标的实际值；m 表示第 m 个评价区域；r 表示第 r 个评价指标。

因此，可建立基于联系度 μ 的 l 元联系度的 SPA 雾霾风险评价模型。

$$\mu=\sum_{r=1}^{10}\omega_r\mu_{mr}=\sum_{r=1}^{10}\omega_r a_r+\sum_{1}^{10}\omega_r b_{r,1}i_1+\sum_{1}^{10}\omega_r b_{r,2}i_2+\sum_{1}^{10}\omega_r b_{r,3}i_3+\sum_{1}^{10}\omega_r c_r j \quad (14\text{-}8)$$

式中，ω_r 表示指标权重矩阵。

差异度分量系数 i_1,i_2,i_3 具有不确定性和随机性，同时避免差异度分量系数的讨论和简化问题，应用置信度准则判定：

$$d_k=e_1+e_2+e_3+e_4+e_5=\tau \quad (14\text{-}9)$$

式中，$e_1=\sum_{r=1}^{10}w_r a_r$，$e_2=\sum_{1}^{10}w_r b_{r,1}$，$e_3=\sum_{1}^{10}w_r b_{r,2}$，$e_4=\sum_{1}^{10}w_r b_{r,3}$，$e_5=\sum_{1}^{10}w_r c_r$；$\tau$ 表示置信度，取值为[0.5, 0.7]。

3. 雾霾风险等级划分

灾害等级分级是根据灾害的运动强度和受灾体所承受的破坏程度的大小来反映灾害的强度、灾害的规模和灾害的损失状况。我国自然灾害的分类原则和方法并没有统一，我国自然灾害的研究部门分类（2016 年），如表 14-2 所示。

表 14-2　我国自然灾害的研究部门分类（2016 年）

灾害类型	管理部门
雪、雨、风	中国气象局
干旱、洪水、雨涝	水利部、农业部
农业病虫害	农业部
林业病虫害、森林火灾	国家林业局
风暴潮、台风、赤潮、海冰	国家海洋局
滑坡、泥石流、地面沉降	国土资源部
地震、火山	中国地震局

根据灾害的波及范围可以分为全球性灾害、区域性灾害、微区域性灾害，区分特点如表 14-3 所示。

表 14-3　自然灾害按范围分类

灾害分类	特点
全球性灾害	灾害分布呈全球性，出现地区特定
区域性灾害	灾害分布在一定区域，有一定的分布范围
微区域性灾害	灾害呈点状、线状排列

灾害等级的划分需要根据不同的研究对象具体划分，对于雾霾而言，属于区

域性的，对社会、居民具有严重危害的气象灾害，根据置信准则来进行等级划分。雾霾风险等级评判原则如表 14-4 所示。

表 14-4 雾霾风险等级划分原则

等级	Ⅰ	Ⅱ	Ⅲ	Ⅳ	Ⅴ
风险状态	安全	低风险	中等风险	较高风险	高风险
e 取值范围	$e_1 > \tau$	$e_1 + e_2 > \tau$	$e_1 + e_2 + e_3 > \tau$	$e_1 + \cdots + e_4 > \tau$	$e_1 + \cdots + e_5 > \tau$

表 14-4 中，e_1 表示处于Ⅰ等级以下的置信分量值，表示该指标在Ⅰ等级的安全系数；e_2 表示处于Ⅰ～Ⅱ等级之间的置信分量值，表示该指标在Ⅰ～Ⅱ等级的安全系数；e_3 表示处于Ⅱ～Ⅲ等级之间的置信分量值，表示该指标在Ⅱ～Ⅲ等级的安全系数；e_4 表示处于Ⅲ～Ⅳ等级之间的置信分量值，表示该指标在Ⅲ～Ⅳ等级的安全系数；e_5 表示处于Ⅳ等级之上的置信分量值，表示该指标在Ⅳ等级之上的安全系数。

14.2 风险管理实例分析

14.2.1 长三角地区概况及数据来源

长三角地区包括上海市，江苏省的南京、无锡、常州、苏州、南通、盐城、扬州、镇江和泰州，浙江省的杭州、宁波、嘉兴、湖州、绍兴、金华、舟山和台州，安徽省的合肥、芜湖、马鞍山、铜陵、安庆、滁州、池州和宣城等 26 市。交通便利，经济发达，但城市的发展也带来了环境的恶化，雾霾天气频发，特别是上海、南京和杭州等城市出现重度雾霾天气，因此本章选取长三角地区的上海市、南京市、杭州市和合肥市四个经济发达、雾霾风险恶劣的城市作为研究对象。

数据来源于上海市、南京市、杭州市和合肥市 2015 年统计年鉴和环境统计公报，为官方发布，准确可靠。

14.2.2 研究区的雾霾风险评价

1. 雾霾风险指标选取及权重确立

遵循评价指标选取的系统性、典型性、客观性和可获得性原则，选取四个城市 2014 年 10 个雾霾风险评价指标（图 14-1）。

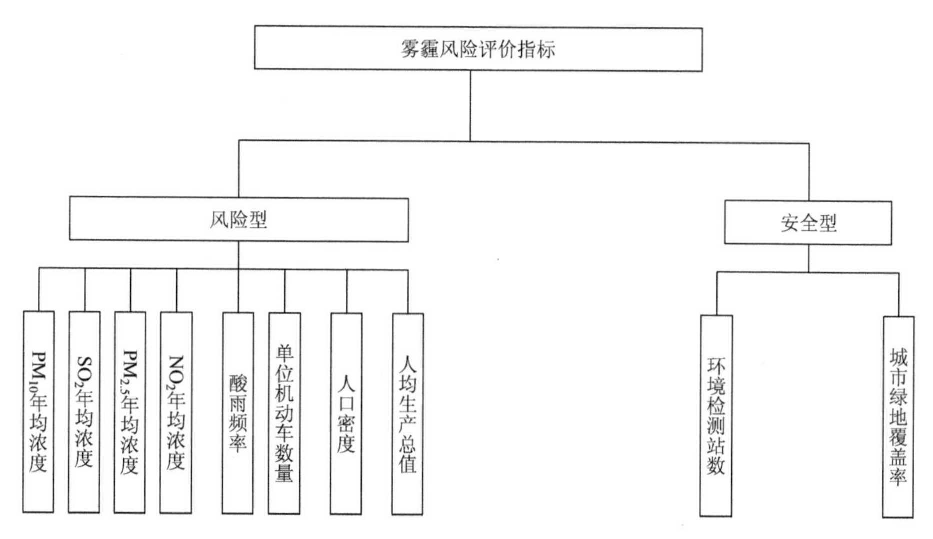

图 14-1　雾霾风险评估指标体系

将雾霾风险指标作为雾霾风险生成和变化的因素，分成两种类型：一种为风险型风险源，对雾霾的形成和变化有促进、加剧作用；另一种为安全型风险源，有利于减少、遏制雾霾的产生和变化。

风险型指标是指对于雾霾的风险程度来说，指标值越大，雾霾风险就越大，包括 PM_{10} 年均浓度（x_1）、SO_2 年均浓度（x_2）、$PM_{2.5}$ 年均浓度（x_3）、NO_2 年均浓度（x_4）、酸雨频率（x_5）、单位机动车数量（x_6）、人口密度（x_7）和人均生产总值（x_8）等 8 个指标。其中，x_1、x_4 是雾霾的组成污染物，体现雾霾组成风险状况；x_5 是酸雨频率，对城市雾霾的影响很大；x_6 是道路交通中机动车污染的排放，对城市雾霾的风险很大；x_7、x_8 体现了人口压力、经济发展对于雾霾风险的影响。

安全型指标是指对于雾霾风险程度来说，指标值越大，对雾霾的形成作用越小，雾霾的风险也就越小，包括环境检测站数 x_9、城市绿地覆盖率 x_{10} 等两个指标，环境检测站数体现了对于环境监测的手段，是及时反映雾霾状况和雾霾频发地区的严重程度及有效采取措施的必要方式；城市绿地覆盖率则更能体现城市的绿化状况，对净化空气、减少雾霾的污染程度有着极大的帮助作用。

依据层次分析法，计算得 $CR = 0.057 < 0.1$，因此，对雾霾 10 个指标的判断矩阵设置合理，计算所得的权重符合标准，权重 w_r 如表 14-5 所示。

表 14-5　评价指标权重

指标	x_1	x_2	x_3	x_4	x_5	x_6	x_7	x_8	x_9	x_{10}
权重	0.073 2	0.073 2	0.212 1	0.052 4	0.073 2	0.076 3	0.029 7	0.060 2	0.084 1	0.265 6

2. 雾霾风险等级计算

依据雾霾风险等级划分原则，需对每个指标设定 4 个门限值，根据《环境空气质量标准》（GB3095—2012）和自然断裂法，每个指标的 4 个门限值如表 14-6 所示。

表 14-6　评价指标分类门限值

V	x_1 /(μg/m³)	x_2 /(μg/m³)	x_3 /(μg/m³)	x_4 /(μg/m³)	x_5 /%	x_6 /(辆/km²)	x_7 /(人/km²)	x_8 /万元	x_9 /个	x_{10} /%
V_1	40	20	15	40	20	50	500	1	0	10
V_2	70	60	35	80	35	100	1 000	5	5	30
V_3	100	100	60	80	55	300	2 000	10	10	50
V_4	150	150	100	120	70	500	5 000	15	20	70

通过式（14-6）～式（14-8）计算，可得四个城市各分量置信值（表 14-7）。

表 14-7　分量置信值

研究区	e_1	e_2	e_3	e_4	e_5
上海市	0.102 6	0.214 8	0.218 3	0.243 7	0.044 5
南京市	0.099 4	0.115 5	0.543 8	0.241 3	0
杭州市	0.058 5	0.171 3	0.477 7	0.146 1	0
合肥市	0.191 5	0.234 8	0.440 2	0.133 5	0

从表 14-7 可以看出，在各个市的置信值分量中，上海市 e_1、e_2、e_3、e_4 的数值较大，说明上海市各水平状况下的雾霾指标的差异度较大；南京市 e_3 的数值最大，贡献最多，说明南京市在第三门限值的雾霾指标贡献最大；杭州市 e_3 的数值也较大，贡献较多，说明杭州市在第三门限值的雾霾指标贡献较大；合肥市 e_1、e_2 的数值最大，贡献最多，说明合肥市在第一和第二门限值的雾霾指标贡献最大。

取置信度值 τ=0.7，则四个城市的雾霾风险等级如表 14-8 所示。

表 14-8　城市雾霾风险等级

研究区	d_k	τ值	等级
上海市	$e_1+e_2+e_3+e_4=0.7794$	0.7	Ⅳ
南京市	$e_1+e_2+e_3=0.7587$	0.7	Ⅲ

续表

研究区	d_k	τ值	等级
杭州市	$e_1+e_2+e_3=0.7075$	0.7	III
合肥市	$e_1+e_2+e_3=0.8665$	0.7	III

由表 14-8 可得，上海市的雾霾风险等级为 IV 级，处于较高风险状态，南京市、杭州市、合肥市的雾霾风险等级为 III 级，处于中等风险状态。

14.3　结果分析及风险控制研究

14.3.1　雾霾风险分析

表 14-8 中南京市、杭州市和合肥市 3 个城市的雾霾风险等级为 III 级，表明 3 个城市雾霾的风险程度较高，其中，从表 14-6 可以看出，3 个城市的指标差异度比较明显，南京市、杭州市和合肥市普遍受 PM_{10} 年均浓度、$PM_{2.5}$ 年均浓度、单位机动车数量、人口密度和人均生产总值风险较大，南京市的 $PM_{2.5}$ 年均浓度对城市雾霾风险的贡献最大，杭州市的 $PM_{2.5}$ 年均浓度、酸雨频率和 PM_{10} 年均浓度对杭州市雾霾风险的贡献比较突出，合肥市 $PM_{2.5}$ 年均浓度和单位机动车数量等因素加大了城市雾霾风险程度。

表 14-8 中上海市的雾霾风险等级为Ⅳ级，处于较高风险状态，表明上海市雾霾风险非常严重，从表 14-6 可以看出，上海市受雾霾风险的风险指标中有对立因素，单位机动车数量和人口密度，是造成严重雾霾的重要因素。同时，上海市的 $PM_{2.5}$ 年均浓度、酸雨频率和 PM_{10} 年均浓度对上海市的雾霾风险的加大有很大的贡献。

上海市比南京市、杭州市和合肥市 3 个城市的雾霾风险度高，主要有两个原因：①单位机动车数量和人口密度相比其他 3 个城市过高，城市环境负荷大。②南京市、杭州市和合肥市 3 个城市的环境检测站数、城市绿地覆盖率对降低雾霾风险的贡献度要高于上海市，也说明了环境检测站数、城市绿地覆盖率对雾霾风险降低有着较大的作用。

14.3.2　城市雾霾控制研究

表 14-7 显示，上海市、南京市、杭州市和合肥市四个城市都受到雾霾不

同程度的风险影响，且风险程度偏高，对城市发展、经济、人们生活健康有很大的危害，基于对雾霾风险因素的分析，讨论关于长三角雾霾风险对策的相关研究。

1. 加大环境监测力度

从 4 个城市的雾霾风险分析可以看出，长三角 4 个经济发达的城市雾霾风险突出，是由于城市的 $PM_{2.5}$ 年均浓度、PM_{10} 年均浓度均过高，对城市雾霾的风险很大，因此对 $PM_{2.5}$ 浓度、PM_{10} 浓度等污染颗粒物的监测非常重要，这对于及时反馈城市雾霾的情况，实时了解城市雾霾的风险动态有很大的帮助，也能使相关部门及时做出政策来应对雾霾的突发情况。

2. 加强城市生态建设

上海市的雾霾风险程度要高于南京市、杭州市和合肥市 3 个城市，很重要的因素是南京市、杭州市和合肥市这 3 个城市的绿化程度要高于上海市，城市的绿化率能够有效、直接地降低城市雾霾的风险程度。因此，应该加大城市生态建设，同时也应该对城市的绿化有合理的规划，促进城市雾霾的改善。

3. 合理规划城市机动车数量和人口数量

上海市雾霾风险较高的重要原因是城市单位机动车数量过大，人口密度过高，对于城市的发展有很大的风险，特别是生态环境的风险。政府应设立合理的城市机动车购买政策，加强公共交通的投资与建设，让人们更愿意使用公共交通，同时也应该严格控制城市人口数量，建立完善的人口政策，缓解城市雾霾风险。

4. 加强长三角雾霾协作联防机制

长三角地区经济发达，人口众多，但同时环境状况也会影响城市的发展。因此，长三角城市雾霾风险的预防和控制，需要各个区域城市的共同参与。4 个城市可以建立雾霾监测共享，建立以上海市为中心的雾霾风险应对机制，分散上海市的人口、环境压力，南京市、杭州市和合肥市这 3 个城市也可以互相借鉴各自的环保对策，加强联动机制。图 14-2 是根据对上海市、南京市、杭州市和合肥市这 4 个城市雾霾风险分析所做的长三角雾霾协作联防机制图。

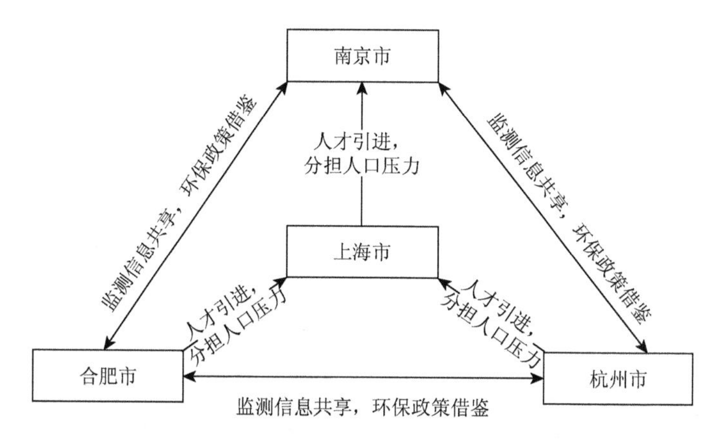

图 14-2　长三角雾霾协作联防机制图

14.4　风险管理体系构建

经过对长三角雾霾风险等级评估，构建基于风险源识别、风险评估、风险控制的雾霾风险管理体系。

针对雾霾的突发性、复杂性等特点，运用指标选取原则，对雾霾的风险源进行选取研究，并将风险源分为风险型风险源与安全型风险源。

本章选取集对分析法对长三角 4 个城市的雾霾风险等级进行评估，评估内容为雾霾风险源综合性风险评估。

针对评估结果和评估内容，提出相应的风险控制方法与建议。图 14-3 为雾霾风险管理体系流程图。

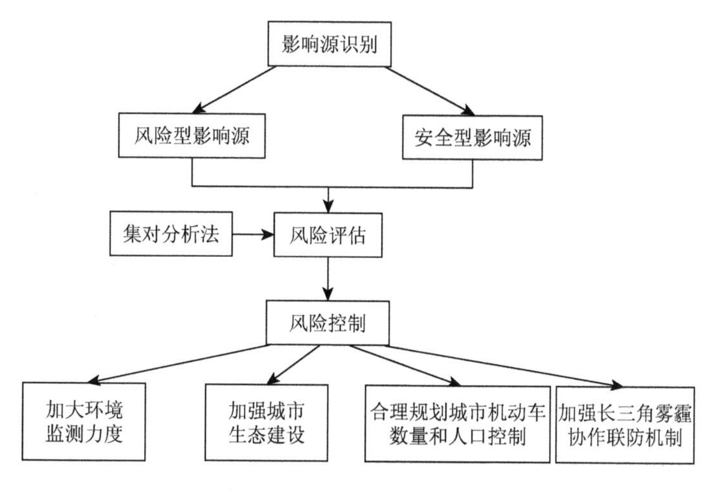

图 14-3　雾霾风险管理体系流程图

14.5 本章小结

通过层次分析法进行指标权重确立，根据指标选取原则，采用风险型和安全型两种类型的 10 个指标，将置信准则引入雾霾风险等级划分，运用集对分析法构建雾霾风险评价模型，确立了长三角上海市、南京市、杭州市和合肥市这 4 个城市的风险等级，分别为Ⅳ级、Ⅲ级、Ⅲ级、Ⅲ级，分析了城市雾霾风险形成原因及城市雾霾对策研究，评价结果较符合实际，并提出了雾霾风险管理体系，为长三角地区进一步改善雾霾状况，进行雾霾风险评估提供参考。

由于风险雾霾形成的因素较复杂，指标选取困难，集对分析法对指标的选取、等级划分等步骤并没有统一标准，因此仍然存在不足，建立统一的雾霾风险指标能进一步规范雾霾风险评价标准，使得评价结果更具真实性，因此可以进一步探索研究雾霾风险指标建立，形成评价标准。

集对分析法主要是对不确定性、复杂性对象的处理，但无法做到完全量化。雾霾风险评估的量化处理很困难，其中，量化处理包括两个方面：一方面是风险指标的量化处理，由于风险指标涉及面广，指标较多，需对指标量化有更严格的要求；另一方面是通过风险评价模型的量化来对雾霾风险等级进行量化评估，需要积极探索适合的数量模型。

第 15 章　长三角雾霾灾害影响因素综合风险评价

近年来我国京津冀、长三角等地区持续性雾霾天气频发，对居民生活和经济发展造成了许多不良影响，PM_{10}、$PM_{2.5}$ 等专业词汇引起了广泛关注。目前人们对雾霾的形成机理和演化规律的认识不断提升，雾霾的影响方面的知识同时在逐渐积累，其潜在的经济社会风险因素成为重要的研究课题。

当前雾霾灾害研究集中于探索雾霾现象的污染来源和演变过程，而对雾霾污染引发的经济风险、社会风险和生态风险的研究十分缺少。本章将建立雾霾危害的影响因素评价体系，采用物元可拓模型分析长三角雾霾的经济、社会、生态等各方面风险因素，对长三角地区雾霾灾害预防工作提供科学依据。

15.1　物元可拓模型基本原理

物元可拓模型源自蔡文研究员建立的可拓理论[198]。模型的基本思想是：参考过去的资料数据和经验，先划定待评估对象的类别，并根据相关研究成果划定不同类别的边界领域，然后代入研究对象的各属性参数计算研究对象相对各分类的关联系数，依据关联系数大小来判断研究对象属性的所属类别，应用前景广阔。具体过程计算如下。

15.1.1　雾霾危害综合风险物元

雾霾污染综合风险 N（以下简称综合风险）、综合风险特征 A 和特征值 V 共同组成综合风险物元，记为 $R=(N, A, V)$，若 N 有 n 个特征 A_1，A_2，A_3，…，A_n，则表示为

$$\boldsymbol{R}=\begin{vmatrix} N & A_1 & V_1 \\ & A_2 & V_2 \\ & \vdots & \vdots \\ & A_n & V_n \end{vmatrix}$$

15.1.2　确定风险等级领域边界

综合风险的经典域集合 $\boldsymbol{R}_N$ 定义如下：

$$\boldsymbol{R}_N=(N_j,A_n,V_n)=\begin{vmatrix} N_j & A_1 & (a_{j1},b_{j1}) \\ & A_2 & (a_{j2},b_{j2}) \\ & \vdots & \vdots \\ & A_n & (a_{jn},b_{jn}) \end{vmatrix} \tag{15-1}$$

式中，N_j 表示划分的 j 个风险等级；A_1，A_2，A_3，…，A_n 表示评估指标；（a_{jn}，b_{jn}）表示评价属性 A_n 处于第 j 个风险等级区间范围。

雾霾风险节域集合 $\boldsymbol{R}_p$ 定义如下：

$$\boldsymbol{R}_p=(N_p,A_n,V_p)=\begin{vmatrix} N_p & A_1 & (a_{p1},b_{p1}) \\ & A_2 & (a_{p2},b_{p2}) \\ & \vdots & \vdots \\ & A_n & (a_{pn},b_{pn}) \end{vmatrix} \tag{15-2}$$

式中，N_p 表示由雾霾不同类别风险组成的总体；A_1，A_2，A_3，…，A_n 表示各子风险属性；（a_{pn},b_{pn}）表示节域物元与属性 A_n 匹配的值域集合。

15.1.3 计算风险等级关联系数

综合风险关联函数为

$$K_j(V_{it})=\begin{cases} \dfrac{-\rho(v_{it},V_{ij})}{|V_{ij}|}, & v_{it}\in V_{ij} \\ \dfrac{\rho(v_{it},V_{ij})}{\rho(V_{it},V_{pn})-\rho(V_{it},V_{ij})}, & v_{it}\notin V_{ij} \end{cases} \tag{15-3}$$

式中，$K_j(V_{it})$表示评估对象 t 的属性 i 对应于综合风险类别 j 的关联系数。

$$V_{ij}=|b_{jn}-a_{jn}| \tag{15-4}$$

$$\rho(v_{ijt},V_{ij})=\left|v_{ijt}-\frac{1}{2}(a_{in}+b_{in})\right|-\frac{1}{2}(b_{in}-a_{in}) \tag{15-5}$$

$$\rho(v_{ijt},V_{pn})=\left|v_{ijt}-\frac{1}{2}(a_{pn}+b_{pn})\right|-\frac{1}{2}(b_{pn}-a_{pn}) \tag{15-6}$$

$$(i=1,2,3,\cdots,n;j=1,2,3,\cdots,s;t=1,2,\cdots,m)$$

式中，V_{ij}，V_{pn} 分别表示综合风险物元的经典域和节域区间范围；$\rho(v_{ijt},V_{ij})$ 表示评价属性值 v_{it} 与相应等级集合 V_{ij} 的间距；$\rho(V_{ijt},V_{pn})$ 表示评价属性值 V_{it} 与相应等级区间 V_{pn} 的间距。

15.1.4　计算综合风险等级

综合关联系数表示研究对象总体属性值与风险类别 i 的隶属度，定义如下：

$$F_j(p_t)=\sum_{i=1}^{n}\omega_i f_j(v_{it}) \tag{15-7}$$

式中，$F_j(p_t)$ 表示研究对象 t 对应风险等级 j 的总关联系数；ω_i 表示评估指标的权重；$f_j(v_{it})$ 表示研究对象 t 评估属性 i 对应等级 j 的关联系数。若 $F(p_t)=\max\{F_j(p_t)\}$，则研究对象 t 属性 i 属于综合风险评估 j 等级。关联系数 $F_j(p_t)$ 的数值代表了研究对象属于某风险等级类别的符合程度，当 $F_j(p_t)\geqslant 0$ 时，则研究对象属性符合第 i 等级区间要求，数值大小表明了从属该区间范围的程度；当 $-1<F_j(p_t)<0$ 时，则评估指标不匹配风险等级 j，而具有符合该等级区间的潜力，数值大小代表可能性的大小；当 $F_j(p_t)\leqslant -1$ 时，则评估属性不匹配第 j 等级区间的范围，而且没有可能符合该风险等级。

15.1.5　评估指标的权重

在风险评估体系中，各类指标的数据信息量大且分散存在，在计算处理时需要通过各自权重组成综合评估结果，因此，权重的多少对结果的影响很大。主流权重计算方法包括专家打分法、AHP 模型和熵权法等。AHP 模型主要是通过两两属性比较构造本征向量来计算特征值及特征向量，一致性检验后就得到各属性的权重；熵权法的基本思想是利用不同对象的同一属性的数值差异信息构造一种信息量，不同指标的信息贡献率就是各自的权重，其计算公式如下。

$$\omega_i=\frac{1-H_i}{n-\sum_{i=1}^{n}H_i} \tag{15-8}$$

式中，$H_i=-\frac{1}{\ln(m)}\sum_{t=1}^{m}f_{it}/\ln f_{it}$，$f_{it}=v_{it}/\sum_{t=1}^{m}v_{it}$，$v_{it}$ 表示第 $t(t=1,2,3,\cdots,m)$ 个对象的 $i(i=1,2,3,\cdots,n)$ 个指标的数值。

定量与定性相结合的 AHP 模型包含了专家的专业判断和经验，而熵权法对指标的具体数值依赖很大，数据本身的误差无法剔除，结果可能会过度偏离事实。本章通过两种方法的结果取加权平均，使结果更客观，公式如下。

$$\omega=\alpha\omega_i+(1-\alpha)\omega_i' \tag{15-9}$$

式中，ω_i表示 AHP 模型权重的比例；α表示权重比例系数，此处选 0.5；ω_i'表示熵权法权重。

15.2 综合风险评价模型

15.2.1 影响因素风险评价体系

依据灾害理论中的致灾因子、承灾体暴露性和脆弱性的指标框架[199]，借鉴气象灾害、环境污染突发事故的评价分析方法[200, 201]，结合专家学者提出的雾霾在经济、生态健康、社会和发展等方面表现的潜在风险[202-206]，本章选取雾霾灾害风险因素作为指标体系的目标层，选择致灾因子风险、暴露性风险、脆弱性风险等三类对象作为评价指标体系的准则层。考虑数据的可行性，致灾因子风险包括平方千米烟粉尘年排放量、平方千米氮氧化物年排放量、平方千米二氧化硫年排放量、平方千米民用汽车数量和平方千米能源年消费量；暴露性风险包括年旅客周转量、年社会消费品零售额、年国内外旅游人数、年第二产业产值、年农作物播种面积、年城镇登记失业率、年城镇居民人均消费医疗支出比例、年能源消耗结构、年第二产业占 GDP 比例、年门急诊数量和年住院人数；脆弱性风险包括 PM_{10}年平均浓度、年空气质量不良率、年酸雨频率、年循环类疾病死亡率和年呼吸类疾病死亡率。

指标体系中，平方千米烟粉尘年排放量、平方千米氮氧化物年排放量、平方千米二氧化硫年排放量、平方千米民用汽车数量、平方千米能源年消费量、PM_{10}年平均浓度和年空气质量不良率来自《中国统计年鉴 2013》中 2012 年数据；空气质量不良率可由空气质量优良率转化；江苏省的年循环类疾病死亡率、年呼吸类疾病死亡率来自江苏省卫生和计划生育委员会网站，其中，循环类疾病包含心血管疾病和脑血管疾病，江苏、浙江两省的 2012 年酸雨频率来自两省的地质环境监测总站网站；其他数据都来自江苏省、浙江省和上海市 2013 年统计年鉴。风险识别的鱼骨图和综合风险评估指标如图 15-1 和表 15-1 所示。

15.2.2 经典域和节域

根据综合风险的预警需要，将雾霾综合风险分为 4 个等级——微度、轻度、中度、严重，用Ⅰ级、Ⅱ级、Ⅲ级、Ⅳ级表示。依据全国平均水平、各省区市数据和环境保护部的《环境空气质量标准》（GB 3095—2012）确定了综合评估经典域集合 B_{Ni} 和节域集合 B_p，具体区间如下。

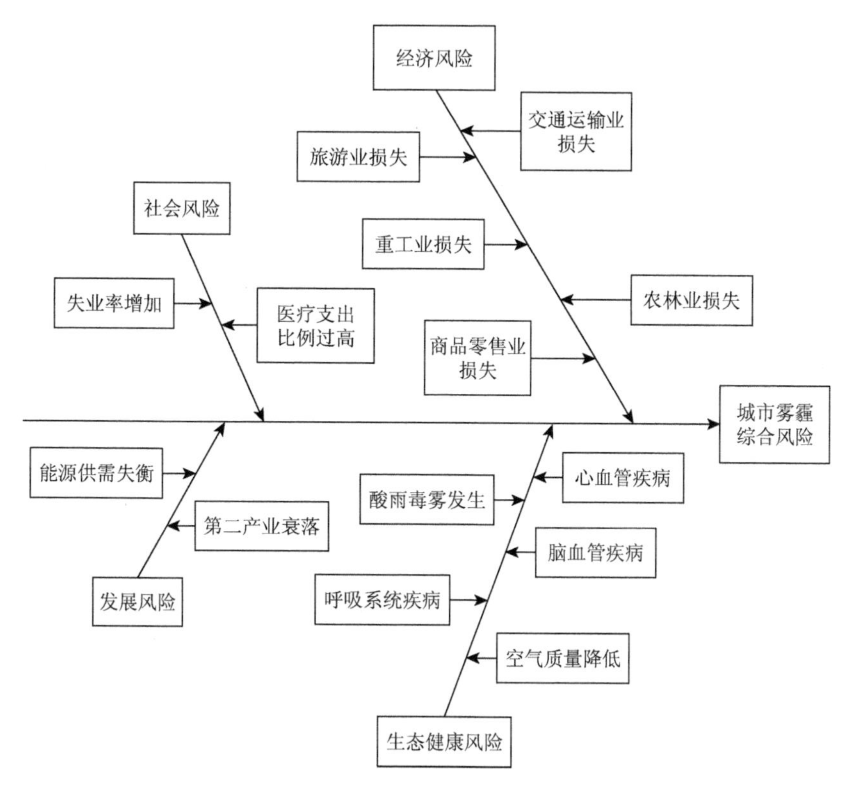

图 15-1　风险识别的鱼骨图

表 15-1　综合风险评估指标

目标层	准则层	子准则层	指标解释	权值
雾霾灾害风险因素	致灾因子风险	A_1 平方千米烟粉尘年排放量/(万 m^3/km^2)	单位土地面积烟粉尘年排放量	0.093
		A_2 平方千米氮氧化物年排放量/ (t/km^2)	单位土地面积氮氧化物年排放量	0.042
		A_3 平方千米二氧化硫年排放量/ (t/km^2)	单位土地面积二氧化硫年排放量	0.044
		A_4 平方千米民用汽车数量/(辆/km^2)	单位土地面积民用汽车数量	0.092
		A_5 平方千米能源年消费量/(标准煤 t/km^2)	单位土地面积能源年消费量	0.040
	暴露性风险	A_6 年旅客周转量/(亿人 · km)	年乘坐各类交通工具的人员流通数量	0.036
		A_7 年社会消费品零售额/亿元	年各类零售商品的销售收入总和	0.035
		A_8 年国内外旅游人数/万人次	年国内外来旅游的人员数量总和	0.028
		A_9 年第二产业产值/亿元	年第二产业所有产品的价值总和	0.034
		A_{10} 年农作物播种面积/10^{3}hm^2	年各类农作物的种植面积总和	0.020
		A_{11} 年城镇登记失业率/%	年城镇居民中登记失业的人数比例	0.030
		A_{12} 年城镇居民人均消费医疗支出比例/%	年城镇居民人均支出中医疗保健的比例	0.030

续表

目标层	准则层	子准则层	指标解释	权值
雾霾灾害风险因素	暴露性风险	A_{13} 年能源消耗结构/[标准煤 t/(kW·h)]	年能源消耗量与电力消耗量的比值	0.030
		A_{14} 年第二产业占 GDP 比例/%	年第二产业产值占 GDP 的比例	0.030
		A_{15} 年门急诊数量/万人次	年医疗机构接待的急门诊人员数量总和	0.035
		A_{16} 年住院人数/万人	年医疗机构接待的住院人员数量的总和	0.034
	脆弱性风险	A_{17} PM_{10} 年平均浓度/(μg/m^3)	全年直径小于 10μm 颗粒物平均浓度	0.061
		A_{18} 年空气质量不良率/%	全年空气质量低于二级标准的天数比例	0.078
		A_{19} 年酸雨频率/%	全年所有降雨中酸雨出现的比例	0.078
		A_{20} 年循环类疾病死亡率/%	因循环类疾病死亡人数占所有疾病死亡人数比例	0.065
		A_{21} 年呼吸类疾病死亡率/%	因呼吸类疾病死亡人数占所有疾病死亡人数比例	0.064

B_{Nj}=

		(微度)	(轻度)	(中度)	(严重)
N_j	A_1	(0.4, 3.9)	(3.9, 7.4)	(7.4, 10.9)	(10.9, 14.4)
	A_2	(1, 18.25)	(18.25, 35.5)	(35.5, 42.75)	(42.75, 70)
	A_3	(1, 10)	(10, 19)	(19, 28)	(28, 37)
	A_4	(0, 85)	(85, 1 700)	(170, 255)	(255, 340)
	A_5	(1 000, 5 750)	(5 750, 10 500)	(10 500, 15 250)	(15 250, 20 000)
	A_6	(100, 600)	(600, 1 100)	(1 100, 1 600)	(1 600, 2 100)
	A_7	(450, 5 000)	(5 000, 10 000)	(10 000, 15 000)	(15 000, 20 000)
	A_8	(500, 12 875)	(12 875, 25 250)	(25 250, 37 625)	(37 625, 50 000)
	A_9	(1 000, 7 750)	(7 750, 14 500)	(14 500, 21 250)	(21 250, 28 000)
	A_{10}	(250, 3 350)	(3 350, 6 450)	(6 450, 9 550)	(9 550, 12 500)
	A_{11}	(1, 2.25)	(2.25, 3.5)	(3.5, 4.75)	(4.75, 6)
	A_{12}	(3, 4.5)	(4.5, 6)	(6, 7.5)	(7.5, 9)
	A_{13}	(4, 7)	(7, 10)	(10, 13)	(13, 16)
	A_{14}	(28, 35)	(35, 42)	(42, 49)	(49, 56)
	A_{15}	(3 000, 17 250)	(17 250, 31 500)	(31 500, 45 750)	(45 750, 60 000)
	A_{16}	(100, 425)	(425, 750)	(750, 1 075)	(1 075, 1 400)
	A_{17}	(40, 60)	((60, 80)	(80, 100)	(100, 120)
	A_{18}	(3, 8.5)	(8.5, 14)	(14, 19.5)	(19.5, 25)
	A_{19}	(0, 20)	(20, 40)	(40, 60)	(60, 85)
	A_{20}	(1, 13.5)	(13.5, 26)	(26, 38.5)	(38.5, 51)
	A_{21}	(1, 13.5)	(13.5, 26)	(26, 38.5)	(38.5, 51)

B_p=

		节域
N_p	A_1	(0, 15)
	A_2	(0, 80)
	A_3	(0, 40)
	A_4	(0, 350)
	A_5	(0, 21 000)
	A_6	(33, 3 000)
	A_7	(250, 23 000)
	A_8	(0, 51 000)
	A_9	(240, 30 000)
	A_{10}	(240, 15 000)
	A_{11}	(0, 7)
	A_{12}	(1, 10)
	A_{13}	(4, 18)
	A_{14}	(22, 58)
	A_{15}	(0, 70 000)
	A_{16}	(0, 1 500)
	A_{17}	(0, 150)
	A_{18}	(0, 30)
	A_{19}	(0, 90)
	A_{20}	(0, 90)
	A_{21}	(0, 90)

15.3　结果分析

15.3.1　评估指标关联系数

由式（15-3）～式（15-6）依次计算综合风险评估关联系数，结果见表 15-2。关联系数大小与评估等级的符合程度成正比。以上海市为例，平方千米烟粉尘年排放量的 4 个风险等级的关联系数分别为−1.350 0、−1.668 9、−0.182 4、0.164 2，由此可以判断平方千米烟粉尘年排放量风险属于Ⅳ级，与此类似，可得到其他指标的关联系数等级。常见的评价方法在计算过程中不同指标关联系数所符合的评价等级不同，而且之间表现出互斥性，物元可拓模型能很好地解决这些问题。不同的评估对象中，不同的评估指标的关联系数等级表现出一定差异，这有助于各个地区定位综合风险的关键风险控制点，并且提供有价值的可行方案。例如，上海市的评价指标关联系数分析中，A_1 平方千米烟粉尘年排放量，A_2 平方千米氮氧化物年排放量，A_4 平方千米民用汽车数量，A_5 平方千米能源年消费量，A_{19} 年酸雨频率的风险级别为严重，因此，预防雾霾风险时优先考虑减少每年烟粉尘排放量、氮氧化物排放量，控制民用汽车增长数量，提高能源使用效益，控制酸雨频率等途径。

表 15-2　综合风险指标关联系数

关联系数	江苏				上海	江苏	浙江
	Ⅰ级	Ⅱ级	Ⅲ级	Ⅳ级			
$F(V_{1t})_j$	−0.005	**0.011**	−0.028	−0.045	Ⅳ级	Ⅱ级	Ⅰ级
$F(V_{2t})_j$	**0.009**	−0.009	−0.022	−0.029	Ⅳ级	Ⅰ级	Ⅰ级
$F(V_{3t})_j$	**0.002**	−0.001	−0.022	−0.029	Ⅲ级	Ⅰ级	Ⅰ级
$F(V_{4t})_j$	**0.007**	−0.007	−0.050	−0.064	Ⅳ级	Ⅰ级	Ⅰ级
$F(V_{5t})_j$	**0.018**	−0.018	−0.028	−0.032	Ⅳ级	Ⅰ级	Ⅰ级
$F(V_{6t})_j$	−0.020	−0.016	−0.009	**0.001**	Ⅲ级	Ⅳ级	Ⅲ级
$F(V_{7t})_j$	−0.022	−0.017	−0.006	**0.010**	Ⅱ级	Ⅳ级	Ⅲ级
$F(V_{8t})_j$	−0.025	−0.024	−0.020	**0.006**	Ⅰ级	Ⅳ级	Ⅳ级
$F(V_{9t})_j$	−0.029	−0.028	−0.023	**0.004**	Ⅱ级	Ⅳ级	Ⅲ级
$F(V_{10t})_j$	−0.007	−0.003	**0.008**	−0.004	Ⅰ级	Ⅲ级	Ⅰ级
$F(V_{11t})_j$	−0.007	**0.009**	−0.003	−0.010	Ⅲ级	Ⅱ级	Ⅱ级
$F(V_{12t})_j$	**0.009**	−0.004	−0.012	−0.016	Ⅰ级	Ⅰ级	Ⅱ级
$F(V_{13t})_j$	**0.007**	−0.007	−0.018	−0.022	Ⅱ级	Ⅰ级	Ⅰ级
$F(V_{14t})_j$	−0.014	−0.010	−0.002	**0.005**	Ⅱ级	Ⅳ级	Ⅳ级

续表

关联系数	江苏				上海	江苏	浙江
	Ⅰ级	Ⅱ级	Ⅲ级	Ⅳ级			
$F(V_{15t})_j$	−0.017	−0.011	**0.005**	−0.003	Ⅱ级	Ⅲ级	Ⅱ级
$F(V_{16t})_j$	−0.017	−0.009	**0.013**	−0.006	Ⅰ级	Ⅲ级	Ⅱ级
$F(V_{17t})_j$	−0.029	−0.019	−0.002	**0.006**	Ⅱ级	Ⅳ级	Ⅲ级
$F(V_{18t})_j$	−0.021	**0.009**	−0.003	−0.025	Ⅰ级	Ⅱ级	Ⅰ级
$F(V_{19t})_j$	−0.025	**0.011**	−0.005	−0.030	Ⅳ级	Ⅱ级	Ⅳ级
$F(V_{20t})_j$	−0.021	**0.004**	−0.002	−0.022	Ⅱ级	Ⅱ级	Ⅱ级
$F(V_{21t})_j$	**0.011**	−0.011	−0.036	−0.045	Ⅰ级	Ⅰ级	Ⅱ级

15.3.2 综合风险等级评估

根据式（15-7）计算的长三角各省市的雾霾危害致灾因子风险、暴露性风险和脆弱性风险，如表 15-3 所示，以上海市为例，致灾因子风险的综合指标关联系数为−0.306，−0.325，−0.167，0.034，说明上海市致灾因子风险符合第Ⅳ级风险的标准，还说明上海市的致灾因子风险严重，亟须改善；暴露性风险和脆弱性风险的最大关联系数分别为−0.016，−0.049，说明暴露性风险有向Ⅱ级转化的潜力，脆弱性风险有向Ⅰ级转化的潜力，暴露性风险转化可能高于脆弱性风险转化。长三角区域的四个省市中，致灾因子风险灾Ⅱ级以下的占 2/3，暴露性风险在Ⅱ级以下的占 2/3，脆弱性风险全部在Ⅱ级以下，说明长三角地区雾霾综合风险主要体现在致灾因子、暴露性两方面。

表 15-3 各类风险评估结果

类别	上海				等级		
	Ⅰ级	Ⅱ级	Ⅲ级	Ⅳ级	上海	江苏	浙江
致灾因子风险	−0.306	−0.325	−0.167	**0.034**	Ⅳ级	Ⅰ级	Ⅰ级
暴露性风险	−0.025	**−0.016**	−0.126	−0.187	Ⅱ级	Ⅳ级	Ⅱ级
脆弱性风险	**−0.049**	−0.057	−0.127	−0.105	Ⅰ级	Ⅱ级	Ⅱ级

各省市综合风险关联系数计算结果和相应评估等级见表 15-4，上海市综合风险关联系数最大为−0.258，处于Ⅲ级和Ⅳ级之间，向Ⅳ级转化的潜力很大，等级

判定为Ⅳ级。江苏省综合风险关联系数最大为–0.151，等级处于Ⅰ级和Ⅱ级之间，向Ⅱ级转化的潜力很大，等级判定为Ⅱ级。浙江省综合风险值最大为–0.053，向Ⅰ级转化的潜力很大，等级判定为Ⅰ级。江苏省和浙江省的综合风险等级均在Ⅱ级及以下，而上海市的综合风险等级为Ⅳ级，说明长三角地区的综合风险地区差别很大，差别主要来自不同类型风险因子的权重、风险大小及关联系数差距（改变难易程度）。

表 15-4　长三角雾霾危害综合风险评估结果

综合关联系数	Ⅰ级	Ⅱ级	Ⅲ级	Ⅳ级	风险等级
上海市	–0.380	–0.397	–0.421	–0.258	Ⅳ级
江苏省	–0.196	–0.151	–0.266	–0.350	Ⅱ级
浙江省	–0.053	–0.166	–0.340	–0.447	Ⅰ级

从表 15-1 的风险因素权重可看出，平方千米烟粉尘年排放量（A_1）、平方千米民用汽车数量（A_4）、PM_{10}年平均浓度（A_{17}）、年空气质量不良率（A_{18}）、年酸雨频率（A_{19}）、年循环类疾病死亡率（A_{20}）和年呼吸类疾病死亡率（A_{21}）等是雾霾危害综合风险的首要影响因素。结合表 15-2 中的关联系数评估等级和关联系数差距，上海市致灾因子风险中的平方千米烟粉尘年排放量（A_1）、平方千米民用汽车数量（A_4）是权重大、风险大而且改变难度大的风险因素；脆弱性风险中的年酸雨频率（A_{19}）权重大、风险大但改变难度小，改善效果明显；而平方千米二氧化硫年排放量（A_3）、平方千米能源年消费量（A_5）属于权重较低但风险较大且改变难度较大的风险因素；平方千米氮氧化物年排放量（A_2）、年旅客周转量（A_6）和年城镇登记失业率（A_{11}）属于权重较低、风险大但改变难度小的风险因素。

江苏省暴露性风险中的年社会消费品零售额（A_7）、年国内外旅游人数（A_8）、年第二产业产值（A_9）、年门急诊数量（A_{15}）和年住院人数（A_{16}）属于权重低、风险大且改变难度大的因素，风险改善效果小；年旅客周转量（A_6）、年农作物播种面积（A_{10}）和年第二产业占 GDP 比例（A_{14}）都表现出权重小、风险大且改变难度小，风险改善效果一般；脆弱性风险中的 PM_{10}年平均浓度（A_{17}），其权重较大、风险大且改变难度小，改善效果明显。

浙江省暴露性风险中的年旅客周转量（A_6）、年社会消费品零售额（A_7）、年国内外旅游人数（A_8）、年第二产业产值（A_9）和年第二产业占 GDP 比例（A_{14}）属于权重小、风险大且改变难度小的因素，改善效果一般；脆弱性风险中的 PM_{10}年平均浓度（A_{17}）、年酸雨频率（A_{19}）属于权重大、风险大且改变难度大的因素，改善明显。

15.3.3 评估模型检验

为了验证物元可拓模型评估结果的客观性，使用综合指数法[201]评估了长三角地区的综合风险。上海市、江苏省、浙江省综合风险指数分别为 0.079、0.117、–0.196。综合指数法对各省市的风险判断与物元可拓模型类似，两者区别在于上海市综合风险等级高于江苏省，而江苏省的综合风险指数高于上海市，浙江省的风险情况相同，其原因主要是物元可拓模型的结果来源于经典域、节域和样本数据的综合拟合信息，而综合指数法的计算全部依赖样本数据本身的信息。

15.4 结　　论

在调查分析各类研究成果基础上，运用风险识别鱼骨图识别了雾霾灾害在城市经济、社会、生态和发展方面表现的风险影响因素，并根据雾霾的影响路径确定了雾霾灾害危害的经济产业、人体健康特征、社会和谐风险、城市发展风险等。具体包含了农林业损失、旅游业损失、交通运输业损失、商品零售业损失和重工业损失等经济因素，酸雨毒雾发生、心血管疾病和呼吸系统疾病等生态健康因素，失业率增加和医疗支出比例过高等社会因素，能源供需失衡和第二产业衰落等发展因素。

依据灾害系统理论中的致灾因子、暴露性和脆弱性的理论框架，综合雾霾危害的风险因素，构建了雾霾灾害影响因素综合风险评价指标体系，包括致灾因子风险等 3 个准则层指标和平方千米烟粉尘年排放量等 21 个子准则层指标。同时，根据 AHP 方法和信息熵权法确定了各项风险因素的指标权重。

运用物元可拓模型定量评估上海市、江苏省、浙江省的雾霾灾害风险因素。上海市综合风险主要归因于本地各种化石能源污染物排放过多，近期内需要对年酸雨频率、烟粉尘排放量、民用汽车数量进行干预控制，以期降低综合风险等级；江苏省需要重点降低 PM_{10} 年平均浓度来降低综合风险，同时考虑减少年旅客周转量，调整农作物播种区域分布，降低重污染化工行业产值比重；浙江省需要采取措施防范 PM_{10} 年平均浓度、年酸雨频率的进一步增加。

第 16 章　基于信息扩散理论的雾霾天气关注度研究

近些年来，中国经济飞速发展，上海市作为中国金融中心，城市发展尤为迅速，工业发展更为迅猛。但城市的发展同样会带来诸多环境问题，而上海市近几年雾霾比较严重，对生产生活产生重大影响，因此对雾霾的公众关注度的研究就显得非常重要。

16.1　数 据 来 源

百度指数体现的是公众行为数据，是基础的数据分析平台。本章运用百度指数工具统计了上海市 2014～2015 年 $PM_{2.5}$ 浓度关键词日搜索指数，百度指数易于获取且真实连续，一定程度上能反映雾霾污染问题在过去特定时间段内的用户关注度，并将日 $PM_{2.5}$ 浓度大于国家规定 24 小时平均浓度，即 $75\,\mu g/m^3$，作为一个观测日。2014～2015 年具体日均 $PM_{2.5}$ 浓度来源于中国空气质量在线监测平台。

16.2　信息扩散理论

信息扩散理论是基于信息不足的情况下，将一个分明值样本点转换成模糊集进行处理的一种模糊数学处理法，其所需数据量小且意义明确，多应用于自然灾害突发灾害风险评估。

$Y=\{y_1,y_2,\cdots,y_m\}$ 为上海市雾霾天气实际观测值集合，式中，y_j 表示实际观测值；m 表示观测的总天数。设论域 $U=\{u_1,u_2,\cdots,u_n\}$ 表示对观测集合 Y 内各个具体实际样本值进行信息扩散后形成的另一信息集合，式中，u_i 表示区间 $[u_1,u_n]$ 内以固定间隔离散得到的任意离散实数值，n 表示离散点总数。

在实际观测值集合 Y 内，任意独立的实际观测点 y_j 在将其所携带的信息扩散给论域集合 U 中的样本点时，满足下式：

$$f_j(u_i)=\frac{1}{h\sqrt{2\pi}}\exp\left(-\frac{(y_j-u_i)^2}{2h^2}\right) \tag{16-1}$$

式中，h 表示信息扩散系数，由论域 U 中的最大值 b、最小值 a 和样本个数 m 计算得出，具体如下式所示。

$$h=\begin{cases}1.698\,7(b-a)/(m-1),1<m\leqslant 5\\1.445\,6(b-a)/(m-1),6\leqslant m\leqslant 7\\1.420\,3(b-a)/(m-1),8\leqslant m\leqslant 9\\1.420\,8(b-a)/(m-1),m\geqslant 10\end{cases}\tag{16-2}$$

令

$$c_j=\sum_{i=1}^{n}f_i(u_i)\tag{16-3}$$

则单个样本 y_j 归一化信息分布可记为

$$u_{yj}(u_i)=\frac{f_j(u_i)}{c_j}=f_j(u_i)/\sum_{i=1}^{n}f_i(u_i)\tag{16-4}$$

式（16-4）将单个观测值 y_j 转化成以 $u_{yj}(u_i)$ 为隶属函数的模糊子集 y^*，通过式（16-4）对单值样本进行计算处理以达到更好的风险评估预期。

令

$$q(u_i)=f_j(u_i)/\sum_{i=1}^{n}f_j(u_i)\tag{16-5}$$

$$Q=\sum_{i=1}^{n}q(u_i)\tag{16-6}$$

其中，式（16-5）表示的含义是：实际观测样本 $Y=\{y_1,y_2,\cdots,y_m\}$ 经由式（16-1）信息扩散后，若 y_j 有且只取论域 $U=\{u_1,u_2,\cdots,u_n\}$ 集合中的值，则当 $y_j(j=1,2,\cdots,m)$ 被作为样本点代表时，$q(u_i)$ 表示观测值样本个数。式（16-6）表示各 u_i 点上样本数的总和，则由式（16-5）和式（16-6）的比值得到式（16-7）：

$$P(u_i)=\frac{q(u_i)}{Q}=q(u_i)/\sum_{i=1}^{n}q(u_i)\tag{16-7}$$

式中，$P(u_i)$ 表示所有样本落在 $U=\{u_1,u_2,\cdots,u_n\}$ 处的概率值，将这些概率值作为概率估计，则其超越概率的表达式如下：

$$P(u\geqslant u_i)=\sum_{i=1}^{n}q(u_i)\tag{16-8}$$

式中，P 表示 $PM_{2.5}$ 浓度污染不同等级下的风险值。

16.3　实证研究

16.3.1　数据收集

利用百度指数工具，得到 2014～2015 年上海市公众对 $PM_{2.5}$ 浓度关键词逐日搜索指数数据，单位为次。图 16-1 为 2014～2015 年 $PM_{2.5}$ 浓度关键词百度搜索指数数据变化情况。从图 16-1 可知，2014～2015 年 $PM_{2.5}$ 浓度关键词的搜索量整体上呈增长趋势，日搜索量最大峰值不超过 9000 次；且从逐月百度指数分布来看，秋冬季（9～11 月、12 月～次年 2 月）百度指数值较高；春夏季（3～5 月、6～8 月）百度指数值较低。秋冬季节，冷空气容易带来北方雾霾污染，且城区内风速较小，空气湿度较大，这样的气象条件不利于本地污染物的扩散，严重影响人们的生活和健康，引发普遍关注。

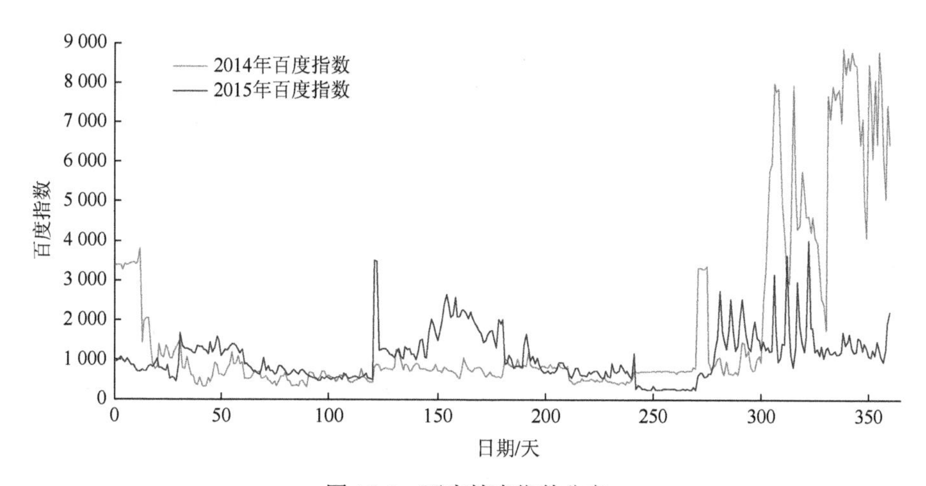

图 16-1　百度搜索指数分布

2014 年冬季百度指数明显高于 2015 年，2014 年入冬以来，雾霾天气持续袭击全国 25 个省份，而以上海市为中心的长三角地区最为严重，并在一周内演变成重度污染，预警甚至上升到前所未有的红色最高等级，$PM_{2.5}$ 瞬时浓度值高达 $900\mu g/m^3$，是截至 2015 年有 $PM_{2.5}$ 浓度记录以来最为严重的一年，严重的雾霾污染不但导致了道路封闭、航班取消，甚至频发道路交通事故，而且引发居民呼吸道疾病暴发等问题，社会各项活动均受到了显著影响，引起各界人士对以上海市为中心的长三角区域雾霾相关情况的持续关注。在每年的 6 月左右，百度指数量有较大凸起，这可能是因为 6 月上旬，江苏省、安徽省等地燃烧秸秆，加上西北风向，污染物输送至上海市，造成城市能见度降低，引起公众对雾霾天气的关注度有所增加。

16.3.2　雾霾日对应的百度指数分布特征

2014～2015 年，共有有效观测日 259 天，其中，春季、夏季、秋季及冬季对应的样本数分别为 76 个、47 个、42 及 94 个。如图 16-2 所示，$PM_{2.5}$ 浓度关键词最大搜索量不超过 9000 次，冬春两季节搜索指数较大，秋天次之，春天最少。

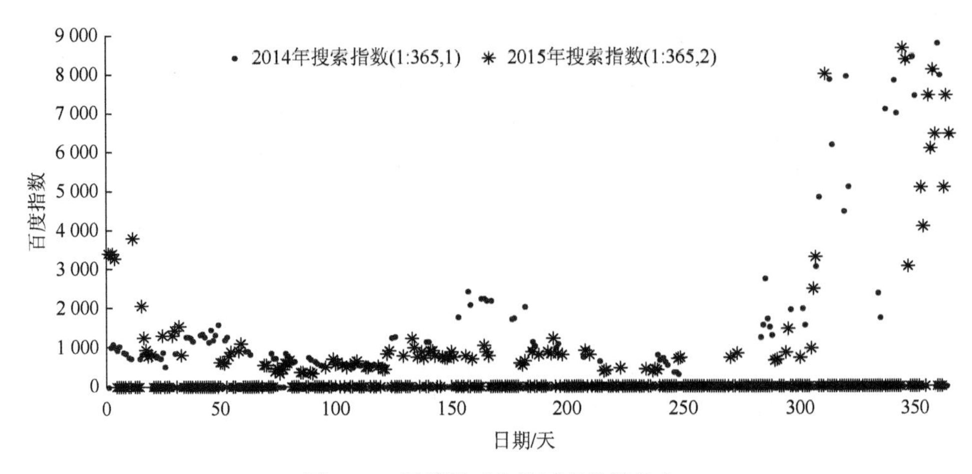

图 16-2　雾霾日对应的百度指数分布

16.3.3　雾霾日的关注度分析

根据图 16-2 显示的雾霾日对应的百度指数，令连续论域为[0, 9000]，将论域划分为若干相同间距区间，这样连续论域U即转换成了离散论域，然后分季节评估社会公众对雾霾天气关注的程度。本节基于春季观测日资料，首先分步骤评估春季雾霾日公众关注度水平，继而同理可得夏、秋、冬季公众对于雾霾天气的关注度及关注水平情况。

由图 16-3 可知，公众雾霾关注度随着风险水平的提高而增大，公众关注度有显著季节差异，冬季最高，夏季最低，春秋次之。以 2014～2015 年气象数据资料统计可得，春季满足研究观测日数为 76 个，获得有效观测日对应的百度指数值，设$y_j(j=1,2,\cdots,38)$为雾霾天气事件，即得样本数为 76 个。由百度指数工具得雾霾日最大百度指数不超过 9000，所以确定连续论域U为[0, 9000]。基于核算精确性要求，令$n=19$，n为控制点个数，则连续论域U划分为[0, 500, 1000, ⋯, 9000]离散论域。在春季 76 个百度指数值中，最小值a为 435，最大值b为 2030，则进一步计算得到扩散系数 h 为 61.248。则由式（16-1）～式（16-8）可得到雾霾日超越概率 P，该风险估计值表示的是公众对雾霾污染关注度。根据上海市百度指数数据，将雾霾风险水平进行划分为三个区间，即[0, 2000]、[2500, 4000]、[4500, 9000]，其代表的风险水平等级分别为一般、中等、高等。基于雾霾日超越概率 P，核算得到累计概率 1–P，其表示的是不同等级风险水平下的雾霾天气关注程度。以此类推，可得到春、夏、秋、冬四个季节不同风险水平下的雾霾关注度，如表 16-1 所示。

2014～2015 年，春季雾霾天数高于秋季，但关注度秋季较高，这是因为春季雾霾天数多，影响天气事件较多，公众的关注度相对较分散，而秋冬季节，每一

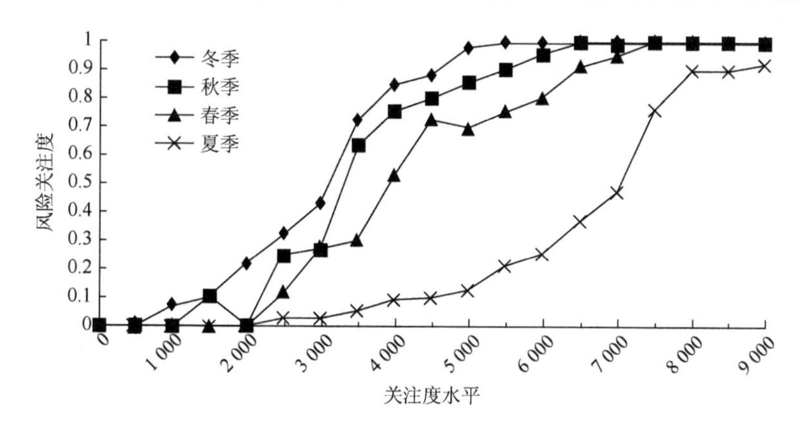

图 16-3 雾霾天气公众关注度概率分布

表 16-1 雾霾关注度风险水平与风险关注度季节分布

等级	关注度风险水平	风险关注度			
		冬季	秋季	春季	夏季
一般风险水平	0	0	0	0	0
	500	0.006 3	0.004 5	0	0
	1 000	0.074 5	0.001 9	0.003 1	0
	1 500	0.104 3	0.105 1	0.001 7	0
	2 000	0.217 7	0.013 5	0.002 9	0.001 6
中等风险水平	2 500	0.325 5	0.247 0	0.120 5	0.027 9
	3 000	0.431 8	0.270 4	0.283 0	0.027 9
	3 500	0.725 3	0.638 5	0.305 5	0.054 3
	4 000	0.849 2	0.757 21	0.531 8	0.094 7
高等风险水平	4 500	0.883 7	0.805 9	0.731 4	0.101 7
	5 000	0.979 4	0.860 4	0.696 5	0.127 3
	5 500	1	0.905 4	0.757 9	0.214 9
	6 000	1	0.959 2	0.803 7	0.254 8
	6 500	1	0.998 3	0.915 3	0.368 3
	7 000	1	0.989 5	0.949 9	0.469 1
	7 500	1	1	1	0.764 1
	8 000	1	1	0.995 3	0.899 3
	8 500	1	1	0.995 3	0.899 3
	9 000	1	1	1	0.921 9

次冷空气到来都会增加出现雾霾天气可能性，雾霾污染频发，限制了人们的各种社会活动，而此时上海市并无其他极端天气影响事件，因而公众关注度大多聚焦于雾霾污染。

16.3.4　雾霾天气关注度检验

根据前人相关研究，本节运用的风险评估模型具有较高的合理性[207]，所以只需对各季节公众雾霾污染关注度合理性进行进一步验证即可。首先，运用原始样本数据评估相应的风险关注度，即将离散数据进行分级处理，统计各区间所占次数，并得出区间概率值；其次，由风险超越理论评估其雾霾风险关注度，将计算成果与上述公式所得结果进行拟合，从而检验所得公众关注度结果的有效性。

由图 16-4 和图 16-5 可知，春夏两季时，雾霾公众关注度的实际值和理论值在一般风险和中等风险水平区间相差不大，特别在低风险水平几乎重叠，而在高等风险水平区间，公众关注度理论值较高于实际值。而从图 16-6 和图 16-7 看出，秋冬季节雾霾天气关注度的理论值和实际值模拟效果较好。以上分析结果表明，本节评估结果具有一定的有效性，具备参考价值，为后续的政策建议提供了理论基础。

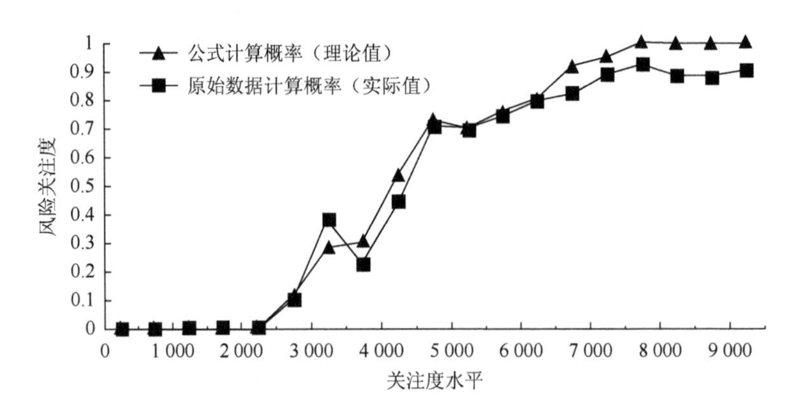

图 16-4　春季公众雾霾关注度

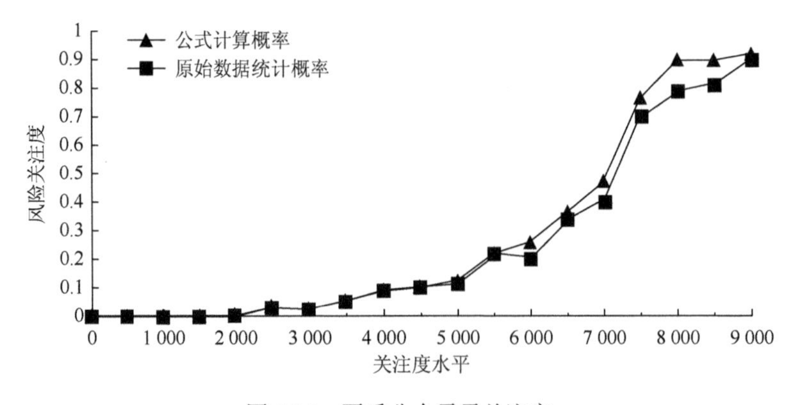

图 16-5　夏季公众雾霾关注度

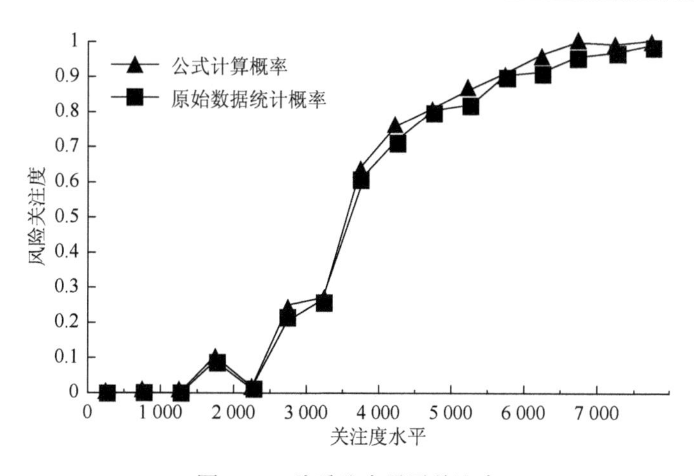

图 16-6　秋季公众雾霾关注度

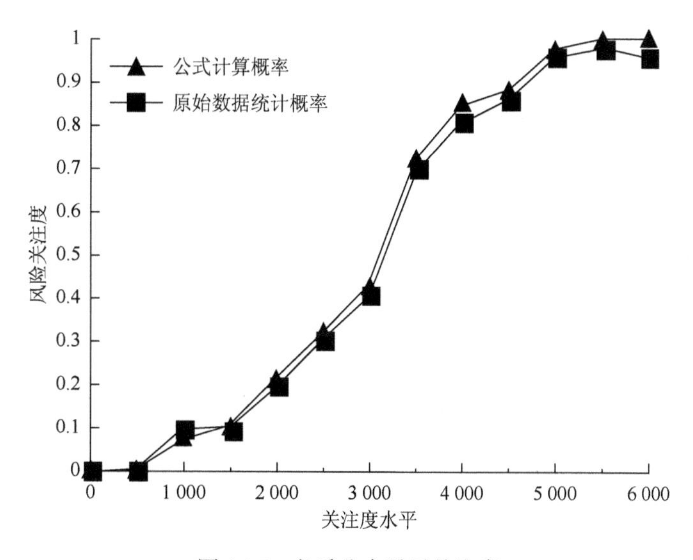

图 16-7　冬季公众雾霾关注度

16.4　本 章 小 结

本章基于模糊数学及信息扩散理论，以雾霾日为风险源，运用上海市 2014～2015 年百度指数有限数据并结合上海日 $PM_{2.5}$ 浓度数据，计算公众对雾霾污染关注概率值，研究得出，公众雾霾关注度有显著的季节差异，应区别对待，重点治理。

将社会公众对雾霾污染关注度水平风险分为 3 个等级区间，分别为一般、中等及高等风险水平。由百度指数数据计算得出的公众关注度理论值与原始数据实际值相差甚微，具有一定的可信度，可为政府在雾霾防治中扩大公众参与度，构建雾霾污染社会协同防治提供理论依据。

运用信息扩散理论计算结果得出的风险关注度和关注度水平数据可以作为气象服务平台的信息发布，有利于在高等风险水平时引起公众的重视，提醒公众关注雾霾天气对日常生产生活的影响，并提前做好相应的应急准备，以期降低雾霾污染对社会公众造成的不利影响。

第17章　长三角城市 $PM_{2.5}$ 污染公众应急能力评价

长三角区域经济快速地发展，$PM_{2.5}$ 污染问题也愈加严重，对居民生活及社会经济进步造成很多不利后果。目前，随着人们对 $PM_{2.5}$ 污染的形成机理和演化规律认识的不断深入，政府与企业在应对雾霾突发事件中发挥主导力量的同时，也应该充分意识到社会公众的作用。当前国内外学者对环境突发事件的应急能力研究成果大多着眼于政府的角度，忽视了社会公众这一城市基础力量，然而城市公众是 $PM_{2.5}$ 污染问题最直接的接触者和受影响者，相关研究表明公众应急能力对于 $PM_{2.5}$ 污染突发环境问题的产生、发展等具有不可忽视的影响。因此，$PM_{2.5}$ 污染公众应急能力评价具有重要的研究价值，对城市突发事件应急能力有机构成部分公众的应急能力的评价，旨在为城市公众应急能力建设提供参考价值。

17.1　理 论 方 法

17.1.1　IAHP-Entropy 模型理论

在环境突发事件风险评估方面，有众多定性和定量的方法受到国内外学者的应用，如模糊综合评判法、灰色聚类及层次分析法等，这些风险评估方法的分析步骤都离不开风险要素权重的确定。本节结合 $PM_{2.5}$ 污染风险评估要素特征，组合区间层次分析法（interval analysis of hierarchy process，IAHP）与熵权法（Entrophy）这两种代表性的主、客观赋权法，构建 $PM_{2.5}$ 污染风险评估指标体系。

首先，建立 IAHP 模型，具体步骤如下。

1. 建立递阶层次结构模型

IAHP 的递阶层次可分为高层、中层和底层 3 类，通过层次结构的构建，达到将复杂问题简化的目的。

2. 构造各层次判断矩阵 $\boldsymbol{A}=(a_{ij})_{n\times n}$

$$\boldsymbol{A}=\begin{bmatrix} 1 & [a_{12}^{-},a_{12}^{+}] & \cdots & [a_{1n}^{-},a_{1n}^{+}] \\ [a_{22}^{-},a_{22}^{+}] & 1 & \cdots & [a_{1n}^{-},a_{1n}^{+}] \\ \vdots & \vdots & & \vdots \\ [a_{n1}^{-},a_{n1}^{+}] & [a_{n2}^{-},a_{n2}^{+}] & \cdots & 1 \end{bmatrix}=[A^{-}A^{+}] \tag{17-1}$$

式中，$a_{ij}^- = \frac{1}{a_{ij}^+}, a_{ij}^+ = \frac{1}{a_{ij}^-}, A^- = (a_{ij}^-)_{n\times n}, A^+ = (a_{ij}^+)_{n\times n}$；$a_{ij} - [a_{ij}^-, a_{ij}^+]$且$\frac{1}{9} \leqslant a_{ij}^- \ll a_{ij}^+ \ll 9$。

运用层次分析法对指标因素 i 与因素 j 进行标量化，如表 17-1 所示[208]。

表 17-1　互反性 1～9 标度

等级	语言描述程度
1	因素 i 与因素 j 相比，重要性相同
3	因素 i 与因素 j 相比，i 比 j 稍微重要
5	因素 i 与因素 j 相比，i 比 j 明显重要
7	因素 i 与因素 j 相比，i 比 j 强烈重要
9	因素 i 与因素 j 相比，i 比 j 极端重要
2，4，6，8	因素 i 与因素 j 相比，取上述相邻判断的中间值
倒数	因素 i 与因素 j 相比，若前者与后者之比为 a_{ij}，则后者比前者得 $a_{ij} = 1/a_{ij}$

3. 校验判断矩阵一致性

不一致会导致判断信息可靠性降低，因此先求解判断矩阵 $\boldsymbol{A}$ 的权重向量 $\boldsymbol{\omega} = \{\omega_1, \omega_2, \cdots, \omega_n\}$，再求解判断矩阵的最大特征根 $\lambda_{\max}$，最大特征根求解如下：

$$\lambda_{\max} = \sum_{i=1}^{n} \frac{(\boldsymbol{A\omega})_i}{n\omega_i} \tag{17-2}$$

最后，在求解 $\lambda_{\max}$ 的基础上计算一致性比率 CR，当 CR 的中值满足 CR＜0.1 时，表明满足一致性要求[209]，可进行下一步计算。

4. 求解判断矩阵权重

本章对区间判断矩阵的求解方法主要采取的是国内学者魏毅强等提出的区间特征根法（interval eigenvalue method，IEM）[210]，具体如下。

设 $\boldsymbol{A} = (a_{ij})_{n\times n}$ 为区间矩阵，记 $A^- = (a_{ij}^-)_{n\times n}, A^+ = (a_{ij}^+)_{n\times n}$，并记 $\boldsymbol{A} = [A^-, A^+]$，同样对区间向量 $\boldsymbol{x} = \{x_1, x_2, \cdots, x_n\}$，即 $x_i = [x_i^-, x_i^+]$，记 $\boldsymbol{x}^- = [x_1^-, x_2^-, \cdots, x_n^-]^{\mathrm{T}}, \boldsymbol{x}^+ = [x_1^+, x_2^+, \cdots, x_n^+]^{\mathrm{T}}$，并记 $\boldsymbol{x} = [\boldsymbol{x}^-, \boldsymbol{x}^+]$。

判断矩阵权重的确定过程应满足如下 3 条基本定理。

定理 17-1：如果 $\boldsymbol{A}\lambda = \boldsymbol{x}\lambda$，则有

$$A^- \boldsymbol{x}^- = \lambda^- \boldsymbol{x}^-, A^+ \boldsymbol{x}^+ = \lambda^+ \boldsymbol{x}^+$$

定理 17-2：设 $\boldsymbol{A} = [A^-, A^+]$，如果 λ^-，λ^+ 分别表示 A^-, A^+ 的最大特征值，则

（1）$\lambda=[\lambda^-,\lambda^+]$ 表示 $\boldsymbol{A}$ 的特征值。

（2）$\boldsymbol{x}=[k\boldsymbol{x}^-,m\boldsymbol{x}^+]$ 表示对应于 λ 的全体特征向量，$\boldsymbol{x}^-,\boldsymbol{x}^+$ 分别表示 A^-,A^+ 对应于 λ^-，λ^+ 的任一特征向量，其中，k, m 表示满足 $0<k\boldsymbol{x}^-\leqslant m\boldsymbol{x}^+$ 的全体正实数[152]。

定理 17-3：设 $\boldsymbol{A}=(a_{ij})_{m\times n}$ 表示一致性区间数判断矩阵，区间数权重向量表示 $\boldsymbol{\omega}=\{\omega_1,\omega_2,\cdots,\omega_n\}^{\mathrm{T}}$，$\boldsymbol{x}^-,\boldsymbol{x}^+$ 分别表示属于 A^-,A^+ 其最大特征值的、具有正分量的归一化特征向量[211]，则

$$\boldsymbol{\omega}=[k\boldsymbol{x}^-,m\boldsymbol{x}^+]=\{\omega_1,\omega_2,\cdots,\omega_n\}^{\mathrm{T}} \tag{17-3}$$

满足 $a_{ij}=\dfrac{\omega_i}{\omega_j}(i,j=1,2,\cdots,n)$ 的充分必要条件是

$$\frac{k}{m}=\sum_{j=1}^{n}\frac{1}{\sum_{i=1}^{n}a_{ij}^{+}}=\frac{1}{\sum_{j=1}^{n}\frac{1}{\sum_{i=1}^{n}a_{ij}^{-}}} \tag{17-4}$$

并且，由 $a_i^-\leqslant a_i^+$ 得，当 $\dfrac{k}{m}$ 由式（17-2）确定时，$kx_i^-\leqslant nx_i^+$。由区间判断矩阵权重向量的两端断点对称性特征可得

$$k=\sqrt{\sum_{j=1}^{n}\frac{1}{\sum_{i=1}^{n}a_{ij}^{+}}},m=\sqrt{\sum_{j=1}^{n}\frac{1}{\sum_{i=1}^{n}a_{ij}^{-}}} \tag{17-5}$$

得到 IEM[152]。

熵是一种在系统状态不确定性进行计算时所采用的方法。应用熵这一度量方法可以挖掘出评价指标体系中指标数据所包含的有效信息，根据信息熵的定义，评价矩阵 $\boldsymbol{Y}$ 中第 j 项指标的信息熵为[211]

$$E_j=-\frac{1}{\ln m}\sum_{i=1}^{m}y_{ij}\ln y_{ij} \tag{17-6}$$

式中，y_{ij} 表示原始数据标准化后的结果。指标数据所蕴含的信息效用值大小取决于 D_j 的大小，D_j 表示信息熵 E_j 与 1 差值的大小[211]，即 $D_j=1-E_j$。一项指标包含的信息有效性越多，其权重也就越大，从而对评价的重要程度就越高。第 j 项指标的熵权[211, 212]如下：

$$\omega_j=D_j\Big/\sum_{j=1}^{n}D_j \tag{17-7}$$

IAHP 考虑了专家的经验和知识积累，并且在指标权重的排序方面进行了较为合理的安排，但该方法具有较大主观随意性[213]；而 Entrophy 在原始数据信息的基础上进行充分的分析，使得信息输出较为理性客观，但无法体现专业经验，有

时候会出现输出成果与实际比重不符甚至矛盾的情况[211]。因此，本节将 IAHP 与 Entrophy 进行组合分析，得出综合指标权重，如式（17-8）所示。

$$\omega_j' = \lambda_j \omega_j / \sum_{j=1}^{n} \lambda_j \omega_j \tag{17-8}$$

式中，λ_j 表示 IAHP 确定的主观权重；w_j 表示 Entrophy 确定的客观权重。

17.1.2 可变模糊评价模型

可变模糊集理论核心概念为模糊可变集合、相对差异函数，这些核心定义反映了事物量变及质变时的数学表达与量化途径，本章运用的是陈守煜[214]对这些核心定义及模型的应用思路。

1. 模糊可变集合

设论域 U 上的一个模糊现象 A，对 U 中的任意元素 u，在相对隶属函数连续统数轴任意一点上，$\mu_A(u)$ 的意思是元素 u 对模糊现象 A 表示吸引的相对隶属度，而 $\mu_{A^c}(u)$ 是元素 u 对模糊现象 A 表示排斥的相对隶属度，设

$$D_A(u) = \mu_A(u) - \mu_{A^c}(u) \tag{17-9}$$

则 $D_A(u)$ 表示 u 对 A 的相对差异度。

映射：

$$\begin{cases} D_A : D \to [-1,1] \\ u \mapsto D_A(u) \in [-1,1] \end{cases} \tag{17-10}$$

称为 u 对 A 的差异函数。

因为

$$\mu_A(u) + \mu_{A^c}(u) = 1 \to \begin{cases} D_A(u) = 2\mu_A(u) - 1 \\ \mu_A(u) = (1 + D_A(u))/2 \end{cases} \tag{17-11}$$

设

$$V = \{(u,D) \mid u \in U, D_A(u) = \mu_A(u) - \mu_{A^c}(u), D \in [-1,1]\} \tag{17-12}$$

则 V 表示的含义为 U 的可变模糊集。

$$A^+ = \{u \mid u \in U, \mu_A(u) > \mu_{A^c}(u)\} \tag{17-13}$$

$$A^- = \{u \mid u \in U, \mu_A(u) < \mu_{A^c}(u)\} \tag{17-14}$$

$$A^0 = \{u \mid u \in U, \mu_A(u) = \mu_{A^c}(u)\} \tag{17-15}$$

式中，A^+ 表示模糊可变集 V 的吸引域；A^- 表示模糊可变集 V 的排斥域；A^0 表示模糊可变集 V 的平衡界。

设 C 是 V 的可变因子集，则

$$C=\{C_A,C_B,C_C\} \tag{17-16}$$

式中，C_A,C_B,C_C 分别表示可变模型集。

令

$$A^-=C(A_+)=\{u|u\in U,0<D_A(u)\leqslant 1,-1\leqslant D_A(C(u))<0\} \tag{17-17}$$

$$A^+=C(A_-)=\{u\mid u\in U,-1<D_A(u)\leqslant 0,0<D_A(C(u))\leqslant 1\} \tag{17-18}$$

表示为模糊可变集 V 关于可变因子集 C 的可变域。

令

$$A^+=C(A_+)=\{u\mid u\in U,\mu_A(u)>\mu_{A^c}(u),\mu_A(C(u))>\mu_{A^c}(C(u))\} \tag{17-19}$$

$$A^-=C(A_-)=\{u\mid u\in U,\mu_A(u)<\mu_{A^c}(u),\mu_A(C(u))<\mu_{A^c}(C(u))\} \tag{17-20}$$

表示为模糊可变集 V 关于可变因子集 C 的量变域。

2. 相对差异函数

设模糊可变集 V 的吸引域为 $X_0=[a,b]$，$0<D_A(u)\leqslant 1$，X_0 属于区间 $X=[c,d]$。在实数轴上表示如图 17-1 所示[214]。

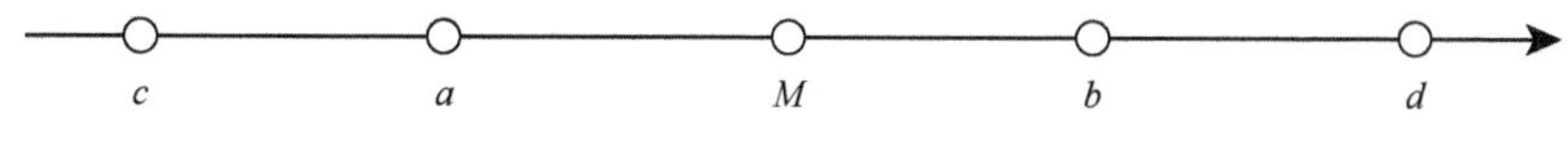

图 17-1　点 x、M 与区间 X 的位置关系

由模糊可变集 V 定义可得：图 17-1 中，x 的可斥域为[c，a]与[b，d]，令 M 表示吸引域[a，b]中使 $D_A(u)=1$ 的点值，则 x 作为区间 X 内的任意值，当其位于点 M 左端时，其对应的相对差异函数为

$$\begin{cases} D_A(u)=\left(\dfrac{x-a}{M-a}\right)^{\beta};x\in[a,M] \\ D_A(u)=-\left(\dfrac{x-a}{c-a}\right)^{\beta};x\in[c,a] \end{cases} \tag{17-21}$$

当 x 位于点 M 右端区间位置时，对应的相对差异函数模型为

$$\begin{cases} D_A(u)=\left(\dfrac{x-b}{M-b}\right)^{\beta};x\in[M,b] \\ D_A(u)=-\left(\dfrac{x-b}{d-b}\right)^{\beta};x\in[b,d] \end{cases} \tag{17-22}$$

当 x 位于区间 $X=[c, d]$外部时，对应的相对差异函数模型为

$$D_A(u)=-1; \quad X \notin [c,d] \tag{17-23}$$

式中，β 常取值为 1；当 $x=a$ 或 $x=b$ 时，$D_A(u)=0$；当 $x=M$ 时，$D_A(u)=1$；当 $x=c$ 或 $x=d$ 时，$D_A(u)=-1$。当确定 $D_A(u)$ 后，根据式（17-11）可求得元素 u 对模糊现象 A 表示排斥的相对隶属度 $\mu_A(u)$。

3. 模糊可变模型

陈守煜构建的模糊可变模型具体如下：

$$V_A(u)=\frac{1}{1+\left(\dfrac{d_g}{d_b}\right)^{\alpha}} \tag{17-24}$$

式中，$d_g=\left\{\sum_{i=1}^{m}[\boldsymbol{\omega}_i(1-\mu_A(u)_i)]^p\right\}^{\frac{1}{p}}$，$d_b=\left[\sum_{i=1}^{m}(\boldsymbol{\omega}_i\mu_A(u)_i)^p\right]^{\frac{1}{p}}$，$p$ 表示距离参数；m 表示指标数；$\boldsymbol{\omega}_i$ 表示指标权重向量；α 表示优化准则参数。

4. 可变模糊评价模型

令长三角城市的 m 个指标特征向量为

$$\boldsymbol{X}=\{x_1,x_2,\cdots,x_m\} \tag{17-25}$$

则 m 个指标对应 c 个级别的标准值区间矩阵表示为

$$\boldsymbol{I}_{ab}=\begin{bmatrix} [a,b]_{11} & [a,b]_{12} & \cdots & [a,b]_{1c} \\ [a,b]_{21} & [a,b]_{22} & \cdots & [a,b]_{2c} \\ \vdots & \vdots & & \vdots \\ [a,b]_{m1} & [a,b]_{m2} & \cdots & [a,b]_{mc} \end{bmatrix}=([a,b])_{ih} \quad (h=1,2,\cdots,c) \tag{17-26}$$

由标准值区间矩阵 $\boldsymbol{I}_{ab}$ 构造范围值矩阵 $\boldsymbol{I}_{cd}$，表示为

$$\boldsymbol{I}_{cd}=\begin{bmatrix} [c,d]_{11} & [c,d]_{12} & \cdots & [c,d]_{1c} \\ [c,d]_{21} & [c,d]_{22} & \cdots & [c,d]_{2c} \\ \vdots & \vdots & & \vdots \\ [c,d]_{m1} & [c,d]_{m2} & \cdots & [c,d]_{mc} \end{bmatrix}=([c,d])_{ih} \quad (h=1,2,\cdots,c) \tag{17-27}$$

确定指标 i 对相应级别 h 的 $\boldsymbol{M}$ 矩阵：

$$\boldsymbol{M}=\begin{bmatrix} m_{11} & m_{12} & \cdots & m_{1c} \\ m_{21} & m_{22} & \cdots & m_{2c} \\ \vdots & \vdots & & \vdots \\ m_{m1} & m_{m2} & \cdots & m_{mc} \end{bmatrix}=m_{ih} \tag{17-28}$$

确定指标 i 的权重向量为

$$\boldsymbol{\omega}_i = (\omega_1, \omega_2, \cdots, \omega_m) \tag{17-29}$$

式中，权重向量 $\boldsymbol{\omega}_i$ 表示各风险指标因素在分析城市 $PM_{2.5}$ 污染应急能力中的比重。

基于上述差异函数模型，根据 $\boldsymbol{I}_{ab}$、$\boldsymbol{I}_{cd}$ 及矩阵 $\boldsymbol{M}$ 的相应数据核算指标 i 对相应级别 h 的隶属度矩阵，表示为

$$\boldsymbol{\mu}_A(u) = \begin{bmatrix} \mu_A(u)_{11} & \mu_A(u)_{12} & \cdots & \mu_A(u)_{1c} \\ \mu_A(u)_{21} & \mu_A(u)_{22} & \cdots & \mu_A(u)_{2c} \\ \vdots & \vdots & & \vdots \\ \mu_A(u)_{m1} & \mu_A(u)_{m2} & \cdots & \mu_A(u)_{mc} \end{bmatrix} = (\boldsymbol{\mu}_A(u)_{ih}) \tag{17-30}$$

基于模糊可变模型可得级别 h 综合隶属度向量，具体表示如下：

$$V_A(u) = (V_A(u)_1, V_A(u)_2, \cdots, V_A(u)_c) = V_A(u)_h \tag{17-31}$$

将式（17-31）进行归一化处理，得出下式。

$$V_A^0(u) = (V_A^0(u)_1, V_A^0(u)_2, \cdots, V_A^0(u)_c) = V_A^0(u)_h \tag{17-32}$$

基于陈守煜建立的级别特征算式运算级别特征值，具体如下：

$$H = (1, 2, \cdots, c) \cdot V_A^0(u)_h^{\mathrm{T}} \tag{17-33}$$

5. 确定公众应急能力评价指标权重

基于 $PM_{2.5}$ 污染突发环境问题，构建公众应急能力判断矩阵如下：

$$\begin{array}{l} \\ \text{孕灾环境稳定性} \\ \text{历史数据} \\ \text{承灾体物理暴露性} \\ \text{区域基础应灾能力} \end{array} \begin{array}{c} \text{准备力}(P) \quad \text{应对力}(D) \quad \text{恢复力}(R) \\ \begin{bmatrix} & & \\ & & \\ \cdots & & \cdots \\ & & \end{bmatrix} \end{array} \tag{17-34}$$

式（17-34）是一个二维权重矩阵。对于应急能力要素权重的确定，由于其构成要素略少，无须多次两两的比较，基于判读的简易性，本章运用三标度法来建立判断矩阵，即用 0，1，2 表示，具体含义如表 17-2 所示。

表 17-2　指标含义

指标	含义
0	表示两个因素相比，前者不及后者重要
1	表示两个因素相比，前者与后者同等重要
2	表示两个因素相比，前者比后者重要

通过对调查问卷回收结果分析，构建如下相应指标判断矩阵。

（1）基于孕灾环境稳定性判断矩阵表示为

$$\begin{array}{cc} & \begin{array}{ccc} P & D & R \end{array} \\ \boldsymbol{A}_1 = \begin{array}{c} P \\ D \\ R \end{array} & \left[\begin{array}{ccc} r_{11}^{(1)} & r_{12}^{(1)} & r_{13}^{(1)} \\ r_{21}^{(1)} & r_{22}^{(1)} & r_{23}^{(1)} \\ r_{31}^{(1)} & r_{32}^{(1)} & r_{33}^{(1)} \end{array}\right] \end{array} \tag{17-35}$$

（2）基于历史数据判断矩阵表示为

$$\begin{array}{cc} & \begin{array}{ccc} P & D & R \end{array} \\ \boldsymbol{A}_2 = \begin{array}{c} P \\ D \\ R \end{array} & \left[\begin{array}{ccc} r_{11}^{(2)} & r_{12}^{(2)} & r_{13}^{(2)} \\ r_{21}^{(2)} & r_{22}^{(2)} & r_{23}^{(2)} \\ r_{31}^{(2)} & r_{32}^{(2)} & r_{33}^{(2)} \end{array}\right] \end{array} \tag{17-36}$$

（3）基于承灾体物理暴露性判断矩阵表示为

$$\begin{array}{cc} & \begin{array}{ccc} P & D & R \end{array} \\ \boldsymbol{A}_3 = \begin{array}{c} P \\ D \\ R \end{array} & \left[\begin{array}{ccc} r_{11}^{(3)} & r_{12}^{(3)} & r_{13}^{(3)} \\ r_{21}^{(3)} & r_{22}^{(3)} & r_{23}^{(3)} \\ r_{31}^{(3)} & r_{32}^{(3)} & r_{33}^{(3)} \end{array}\right] \end{array} \tag{17-37}$$

（4）基于区域基础应灾能力判断矩阵表示为

$$\begin{array}{cc} & \begin{array}{ccc} P & D & R \end{array} \\ \boldsymbol{A}_4 = \begin{array}{c} P \\ D \\ R \end{array} & \left[\begin{array}{ccc} r_{11}^{(4)} & r_{12}^{(4)} & r_{13}^{(4)} \\ r_{21}^{(4)} & r_{22}^{(4)} & r_{23}^{(4)} \\ r_{31}^{(4)} & r_{32}^{(4)} & r_{33}^{(4)} \end{array}\right] \end{array} \tag{17-38}$$

根据构建的判断矩阵计算其排序指数，具体计算公式分别为

$$P = r_{11} + r_{12} + r_{13}, D = r_{21} + r_{22} + r_{23}, R = r_{31} + r_{32} + r_{33} \tag{17-39}$$

运用极差法将上述 4 个判断矩阵进行转置，本章将代表极差元素重要程度的系数设为 9，并基于乘积方根法得出具体的特征向量，表示如下：

$$\boldsymbol{\omega}_{ji} = \left[\begin{array}{ccc} \omega_{11} & \omega_{12} & \omega_{13} \\ \omega_{21} & \omega_{22} & \omega_{23} \\ \omega_{31} & \omega_{31} & \omega_{33} \\ \omega_{41} & \omega_{43} & \omega_{43} \end{array}\right] \quad (j = 1,2,3,4; i = 1,2,3) \tag{17-40}$$

将式（17-8）得到的城市 $PM_{2.5}$ 污染风险要素权重向量 $\boldsymbol{\omega}'_j$ 与式（17-40）相结合得到 $PM_{2.5}$ 污染存在条件下城市应急能力权重，表示如下。

$$\boldsymbol{\omega}_i = (\omega_1', \omega_2', \omega_3', \omega_4')\begin{bmatrix} \omega_{11} & \omega_{12} & \omega_{13} \\ \omega_{21} & \omega_{22} & \omega_{23} \\ \omega_{31} & \omega_{32} & \omega_{33} \\ \omega_{41} & \omega_{42} & \omega_{43} \end{bmatrix} = (w_1, w_2, w_3) \tag{17-41}$$

17.2　数 据 来 源

长三角 3 个城市（上海市、杭州市、南京市）$PM_{2.5}$ 风险评估各项指标数据主要来源于长三角各城市统计年鉴、政府门户网站及统计年报；应急能力评价指标数据主要采用问卷调查方式获取。同时，考虑数据的完整性和可获得性，本章均依据 2015 年的相关统计数据进行演算。

17.3　实 证 分 析

17.3.1　风险评估指标体系构建

进行风险评估的首要步骤是构建评估指标体系，本章依照前人研究的成果并对评估内容加以填充从而构建了系统的 $PM_{2.5}$ 污染风险评估指标体系。现有对于 $PM_{2.5}$ 污染风险评估研究大多着眼于灾前评估，缺乏从灾前、灾中到灾后的系统评估，基于此，本章 $PM_{2.5}$ 污染风险评估体系包含了 $PM_{2.5}$ 污染发展整个阶段，即其涵盖了前端 $PM_{2.5}$ 污染发生可能性、中端 $PM_{2.5}$ 污染破坏力及后端 $PM_{2.5}$ 污染承灾体应对力指标。

基于 IAHP-Entropy 法进行 $PM_{2.5}$ 污染风险分析，首先，构建风险指标递阶层次结构，如表 17-3 所示。

表 17-3　$PM_{2.5}$ 污染风险评估指标体系

总目标	分目标	准则层	指标层
$PM_{2.5}$ 污染风险评估（A）	$PM_{2.5}$ 污染危险性（B_1）	孕灾环境稳定性（C_1）	1. 环境危险度（D_1）
		历史数据（C_2）	2. 事件强度（D_2）
	承灾体脆弱性（B_2）	承灾体物理暴露性（C_3）	3. 人口密度（D_3）
			4. 经济密度（D_4）
			5. 建筑密度（D_5）
			6. 森林覆盖率（D_6）

续表

总目标	分目标	准则层	指标层
$PM_{2.5}$污染风险评估（A）	承灾体脆弱性（B_2）	承灾体物理暴露性（C_3）	7. 人均供应煤气总量（D_7）
			8. 人均供水总量（D_8）
			9. 人均城市道路面积（D_9）
		区域基础应灾能力（C_4）	10. 人口年龄指数（D_{10}）
			11. 各类专业技术人员（D_{11}）
			12. 每千人医生数（D_{12}）
			13. 人均可支配收入（D_{13}）
			14. 每千人病床数（D_{14}）
			15. 每百户居民移动电话（D_{15}）
			16. 警力密度（D_{16}）

在指标层列项，将环境危险度指标（D_1）设为 3，理论依据是《中国重大自然灾害及减灾对策（总论）》；将事件强度指标（D_2）分别赋值为 4、3、2 和 1，长三角区域城市 $PM_{2.5}$ 污染事件强度指标由各强度加总后取平均值得到，事件强度指标代表的是 $PM_{2.5}$ 污染形成的社会损失力度；人口密度指标（D_3）表示长三角区域市区单位面积上居住的人口数；经济密度指标（D_4）指城市区域范围内单位面积上的经济产出，是城市经济增速和集聚水平的有效衡量；建筑密度指标（D_5）是区域年末实有建筑物面积和城市市区面积之比；森林覆盖率指标（D_6）反映了长三角区域植被覆盖占比，体现了城市森林聚集程度或绿化实现程度指标；人均供应煤气总量指标（D_7）用来反映城市地区煤气的供应状况，由煤气供应总量和区域人口总量数据计算得出；人均供水总量指标（D_8）反映长三角区域饮用水的供应情况，表示为供水总量与区域人口总量之比；人均城市道路面积指标（D_9）反映城区道路数量状况，表示为城区年末道路实际面积与该区人口总数之比；人口年龄指数指标（D_{10}）反映固定区域和时点内年龄小于 14 岁或大于 65 岁人口数占区域总人数比例；各类专业技术人员指标（D_{11}）用来反映一城市区域内人口文化素质程度，一城市专业技术人员数量与 $PM_{2.5}$ 污染应对能力呈同向变动；每千人医生数指标（D_{12}）反映一城市的医疗救治水平，每千人拥有的医生人数与 $PM_{2.5}$ 污染发生时城市的医疗应急水平呈正相关；人均可支配收入指标（D_{13}）衡量一城区内民众的经济水平，该指标与该城市应灾水平呈正比关系；每千人病床数指标（D_{14}）反映区域内医疗硬件水平；每百户居民移动电话指标（D_{15}）反映一城市的通信能力，该指标值越大代表该城市居民对 $PM_{2.5}$ 污染反映越快；

警力密度（D_{16}）指标反映城市区域内的社会治安管理能力，由市区警察人数与市区人口数计算而得。

根据表 17-3 构造各层次判断矩阵，求解各判断矩阵的权重区间，并对所构造判断矩阵的一致性进行检验。通过 40 份调查问卷，并经过若干次的信息反馈，共有 36 份问卷信息被采用，信息采用率为 90%，利用表 17-3 所示的指标体系共得到 4 个判断矩阵，通过信息合成后，形成若干区间判断信息，运用区间特征根法[211]计算出各个区间判断矩阵的 k 值、m 值及区间权重，结果如表 17-4～表 17-7 所示。

表 17-4　总目标 A 下的区间判断矩阵

A	B_1	B_2	权重区间
B_1	[1, 1]	[1/2, 1]	[0.338 2, 0.427 4]
B_2	[2, 1]	[1, 1]	[0.543 7, 0.623 7]

注：$k=0.89$，$m=1.03$

表 17-5　分目标 B 下的区间判断矩阵

B	C_1	C_2	C_3	C_4	权重区间
C_1	[1, 1]	[1, 1/2]	[1, 2]	[2, 3]	[0.240, 0.310 6]
C_2	[1, 2]	[1, 1]	[2, 3]	[4, 5]	[0.409 1, 0.462 6]
C_3	[1, 1/2]	[1/2, 1/3]	[1, 1]	[1, 2]	[0.153 5, 0.198 9]
C_4	[1/2, 1/3]	[1/4, 1/5]	[1, 1/2]	[1, 1]	[0.102 1, 0.119 7]

注：$k=1.05$，$m=1.04$

表 17-6　准则层 C_3 下的区间判断矩阵

C_3	D_3	D_4	D_5	D_6	D_7	D_8	D_9	权重区间
D_3	[1, 1]	[2, 3]	[4, 5]	[6, 7]	[5, 6]	[4, 5]	[1, 2]	[0.241 9, 0.304 8]
D_4	[1/3, 1/2]	[1, 1]	[2, 3]	[4, 5]	[3, 4]	[2, 3]	[1/2, 1]	[0.106 8, 0.178 8]
D_5	[1/5, 1/4]	[1/3, 1/2]	[1, 1]	[2, 3]	[1, 2]	[1, 1]	[1/4, 1/3]	[0.056 7, 0.070 7]
D_6	[1/7, 1/6]	[1/5, 1/4]	[1/3, 1/2]	[1, 1]	[1/4, 1/3]	[1/3, 1/2]	[1/5, 1/4]	[0.033 8, 0.039 9]
D_7	[1/6, 1/5]	[1/4, 1/3]	[1/2, 1]	[3, 4]	[1, 1]	[2, 3]	[1/3, 1/2]	[0.073 1, 0.090 1]
D_8	[1/5, 1/4]	[1/3, 1/2]	[1, 1]	[2, 3]	[1/3, 1/2]	[1, 1]	[1/4, 1/3]	[0.056 3, 0.058 7]
D_9	[1/2, 1]	[1, 2]	[3, 4]	[4, 5]	[2, 3]	[3, 4]	[1, 1]	[0.147 3, 0.202 9]

注：$k=0.91$，$m=1.02$

表 17-7　准则层 C_4 下的区间判断矩阵

C_4	D_{10}	D_{11}	D_{12}	D_{13}	D_{14}	D_{15}	D_{16}	权重区间
D_{10}	[1, 1]	[1, 2]	[1/3, 1/2]	[4, 5]	[3, 4]	[2, 3]	[5, 6]	[0.178 8, 0.201 9]
D_{11}	[1/2, 1]	[1, 1]	[1/4, 1/3]	[3, 4]	[2, 3]	[1, 2]	[4, 5]	[0.109 2, 0.116 1]
D_{12}	[2, 3]	[3, 4]	[1, 1]	[6, 7]	[5, 6]	[3, 4]	[7, 8]	[0.313 6, 0.338 9]
D_{13}	[1/5, 1/4]	[1/4, 3/1]	[1/7, 1/6]	[1, 1]	[1/2, 1/1]	[1/3, 1/2]	[2, 3]	[0.040 7, 0.053 9]
D_{14}	[1/4, 1/3]	[1/3, 1/2]	[1/6, 1/5]	[1, 2]	[1, 1]	[1/2, 1]	[4, 5]	[0.061 2, 0.086 6]
D_{15}	[1/3, 1/2]	[1/2, 1]	[1/4, 1/3]	[2, 3]	[1, 2]	[1, 1]	[6, 7]	[0.103 4, 0.129 3]
D_{16}	[1/6, 1/5]	[1/5, 1/4]	[1/8, 1/7]	[1/3, 1/2]	[1/5, 1/4]	[1/7, 1/6]	[1, 1]	[0.029 7, 0.028 2]

注：$k=0.94$，$m=1.06$

由表 17-4～表 17-7 可知，各区间判断矩阵的 k 及 m 值均满足条件 $0 \leqslant k \leqslant 1 \leqslant m$，表明各判断矩阵均满足一致性水平要求。

由熵权法得到各研究城市 $PM_{2.5}$ 污染风险指标的客观权重。在确定主客观权重的基础上，由公式 $\omega_j' = \lambda_j \omega_j / \sum_{j=1}^{n} \lambda_j \omega_j$ 得到样本城市 $PM_{2.5}$ 污染风险评估要素综合权重值，具体结果如表 17-8 所示。基于表 17-7 得到的综合权重结果，以上海市为例，对其 $PM_{2.5}$ 污染风险进行评估计算。获取上海市 $PM_{2.5}$ 污染风险指标数据，整理如表 17-9 所示，则由风险评估值公式 $R = \sum_{j=1}^{16} D_j \times \omega_j'$ 计算得出上海市的 $PM_{2.5}$ 污染风险评估结果值为 3 663.01，同理可得其他样本城市的风险评估值 R，具体如表 17-10 所示。

表 17-8　IAHP-Entrophy 下的各评估指标权重

指标	IAHP 主观权重			Entrophy 客观权重	IAHP-Entrophy
	权重区间	区间中值 λ_j	调整后 λ_j	熵权 ω_j	综合权重 ω_j'
D_1	[0.081 9, 0.130 9]	0.106 4	0.242 1	0.048 3	0.221 4
D_2	[0.120 5, 0.150 3]	0.135 4	0.271 7	0.057 6	0.296 4
D_3	[0.040 3, 0.052 6]	0.046 45	0.111 1	0.044 1	0.092 8
D_4	[0.024 0, 0.043 1]	0.033 55	0.068 8	0.049 7	0.064 8
D_5	[0.012 2, 0.022 8]	0.017 5	0.036 8	0.047 5	0.033 1
D_6	[0.005 1, 0.009 7]	0.007 4	0.032 0	0.082 8	0.050 2

续表

指标	IAHP 主观权重			Entrophy 客观权重	IAHP-Entrophy
	权重区间	区间中值 λ_j	调整后 λ_j	熵权 w_j	综合权重 w_j'
D_7	[0.002 5, 0.004 3]	0.003 4	0.007 2	0.056 3	0.007 6
D_8	[0.006 0, 0.014 4]	0.010 2	0.018 3	0.059 6	0.020 7
D_9	[0.004 5, 0.007 4]	0.005 95	0.012 4	0.077 0	0.018 1
D_{10}	[0.013 4, 0.028 7]	0.021 05	0.044 4	0.048 5	0.040 8
D_{11}	[0.005 9, 0.010 5]	0.008 2	0.017 3	0.055 1	0.018 0
D_{12}	[0.010 3, 0.016 8]	0.013 55	0.028 6	0.054 3	0.029 4
D_{13}	[0.006 9, 0.012 1]	0.009 5	0.020 2	0.047 0	0.018 0
D_{14}	[0.019 6, 0.029 4]	0.024 5	0.051 8	0.050 6	0.049 6
D_{15}	[0.002 6, 0.003 9]	0.003 25	0.006 9	0.059 6	0.007 8
D_{16}	[0.003 8, 0.006 1]	0.004 95	0.010 5	0.053 8	0.010 7

表 17-9　上海市 $PM_{2.5}$ 污染风险评估指标数据

指标	D_1	D_2	D_3	D_4	D_5	D_6	D_7	D_8
数据	23.00	19.00	25.00	871.50	3 923.50	0.04	46.40	15.00
指标	D_9	D_{10}	D_{11}	D_{12}	D_{13}	D_{14}	D_{15}	D_{16}
数据	77.42	86.41	9.59	21.89	25.42	3.87	31.15	2.10

表 17-10　长三角城市 $PM_{2.5}$ 污染风险评估

样本城市	南京市	杭州市	上海市
风险评估值	3 917.01	2 763.00	3 663.01
风险值排序	1	3	2

17.3.2　公众应急能力要素权重确定

针对长三角 3 个城市（上海市、南京市、杭州市）群众关于应急能力进行的问卷调查回收数据进行统计分析，对应于公众应急能力一级指标，即准备力（P）、应对力（D）及恢复力（R），并分别基于孕灾环境稳定性准则、历史数据准则、承载体暴露性准则及区域基础应灾能力准则，构建相对重要性矩阵 $\boldsymbol{A}$ 及判断矩阵 $\boldsymbol{A}'$，具体表示如下。

$$\boldsymbol{A}_1 = \begin{matrix} & P & D & R \\ P & 1 & 2 & 2 \\ D & 0 & 1 & 2 \\ R & 0 & 0 & 1 \end{matrix} \qquad \boldsymbol{A}_1' = \begin{matrix} & P & D & R \\ P & 1 & 9^{\frac{1}{2}} & 9 \\ D & 9^{-\frac{1}{2}} & 1 & 9^{\frac{1}{2}} \\ R & 9^{-1} & 9^{-\frac{1}{2}} & 1 \end{matrix}$$

$$\boldsymbol{A}_2 = \begin{matrix} & P & D & R \\ P & 1 & 0 & 0 \\ D & 2 & 1 & 2 \\ R & 2 & 0 & 1 \end{matrix} \qquad \boldsymbol{A}_2' = \begin{matrix} & P & D & R \\ P & 1 & 9^{-1} & 9^{-\frac{1}{2}} \\ D & 9 & 1 & 9^{\frac{1}{2}} \\ R & 9^{\frac{1}{2}} & 9^{-\frac{1}{2}} & 1 \end{matrix}$$

$$\boldsymbol{A}_3 = \begin{matrix} & P & D & R \\ P & 1 & 0 & 0 \\ D & 2 & 1 & 0 \\ R & 2 & 2 & 1 \end{matrix} \qquad \boldsymbol{A}_3' = \begin{matrix} & P & D & R \\ P & 1 & 9^{-\frac{1}{2}} & 9^{-1} \\ D & 9^{\frac{1}{2}} & 1 & 9^{-\frac{1}{2}} \\ R & 9 & 9^{\frac{1}{2}} & 1 \end{matrix}$$

$$\boldsymbol{A}_4 = \begin{matrix} & P & D & R \\ P & 1 & 0 & 2 \\ D & 2 & 1 & 2 \\ R & 0 & 0 & 1 \end{matrix} \qquad \boldsymbol{A}_4' = \begin{matrix} & P & D & R \\ P & 1 & 9^{-\frac{1}{2}} & 9^{\frac{1}{2}} \\ D & 9^{\frac{1}{2}} & 1 & 9 \\ R & 9^{-\frac{1}{2}} & 9^{-1} & 1 \end{matrix}$$

根据上述计算得出的 $PM_{2.5}$ 污染风险要素权重 ω_j' 得到公众应急水平在 $PM_{2.5}$ 污染风险条件下的权重向量 $\boldsymbol{\omega}_i$，具体如下：

$$\boldsymbol{\omega}_i = (0.29, 0.27, 0.35, 0.21)\begin{bmatrix} 0.56 & 0.21 & 0.06 \\ 0.06 & 0.53 & 0.21 \\ 0.05 & 0.21 & 0.06 \\ 0.21 & 0.59 & 0.08 \end{bmatrix} = (0.24, 0.40, 0.11)$$

17.3.3 公众应急能力模糊评价

基于以上运算结果数据并运用模糊评价理论对长三角 3 个城市（上海市、南京市、杭州市）公众应急能力进行模糊分析，步骤如下。

首先，建立样本城市公众应急能力一级指标对应的二级指标体系，如表 17-11

所示。其次，基于线性加权法对各二级指标值进行统计计算并对二级指标相应的一级指标值进行统计。最后，运用公式 $r_{ij}=\dfrac{x_{ij}-\min x_{ij}}{\max x_{ij}-\min x_{ij}}$ 对一级及相应的二级指标进行标准化处理，从而得到各具体指标对应的公众应急能力权重及应急能力综合指标，具体如表 17-12 所示。

表 17-11　应急能力指标体系

指标	一级指标	二级指标
城市应急能力指标	准备力	思想准备力 物质准备力 知识准备力
	应对力	公众协调力 公众自救力 公众互救力
	恢复力	心理恢复力 行为恢复力 体力恢复力

表 17-12　长三角城市应急能力指数值

城市	上海市	杭州市	南京市
思想准备力	0.90	0.45	0.57
物质准备力	0.75	0.43	0.56
知识准备力	0.77	0.44	0.60
公众协调力	0.56	0.27	0.45
公众自救力	0.77	0.39	0.61
公众互救力	1	0.28	0.42
心理恢复力	0.66	0.25	0.59
行为恢复力	0.78	0.29	0.49
体力恢复力	0.63	0.24	0.51

由于上述公众应急素质取值范围为[0, 1]，所以划分五级评价标准，如表 17-13 所示。

表 17-13　应急素质评价标准

等级 h	差 1	较差 2	中等 3	较好 4	好 5
范围	[0, 0.2]	[0.2, 0.4]	[0.4, 0.6]	[0.6, 0.8]	[0.8, 1]

依据上述五级评价标准建立模糊评价标准区间矩阵$\boldsymbol{I}_{ab}$，表示为

$$\boldsymbol{I}_{ab}=[[0,0.2][0.2,0.4][0.4,0.6][0.6,0.8][0.8,1]]$$

并基于标准区间矩阵，建立范围矩阵$\boldsymbol{I}_{cd}$，表示为

$$\boldsymbol{I}_{cd}=[[0,0.2][0.2,0.4][0.4,0.6][0.6,0.8][0.8,1]]$$

然后基于区间$[a,b]$，取 $M=(a+b)/2$，相应于等级 h，取$M=\dfrac{a_h+b_h}{2}$，从而易得 $M=[0.1,0.3,0.5,0.7,0.9]$。

基于前述$\boldsymbol{I}_{ab}$、$\boldsymbol{I}_{cd}$及M值及差异函数公式，根据指标值x落入M点的具体位置，分析可得长三角样本城市指标对应级别的隶属度矩阵，令上海市、杭州市及南京市对应隶属度矩阵分别为$\boldsymbol{\mu}_A(u)_{ih}^{(1)}$、$\boldsymbol{\mu}_A(u)_{ih}^{(2)}$、$\boldsymbol{\mu}_A(u)_{ih}^{(3)}$，则具体值表示如下：

$$\boldsymbol{\mu}_A(u)_{ih}^{(1)}=\begin{bmatrix}0 & 0 & 0.500 & 0.500 & 0\\ 0 & 0 & 0.050 & 0.600 & 0.550\\ 0 & 0.150 & 0.800 & 0.650 & 0\end{bmatrix}$$

$$\boldsymbol{\mu}_A(u)_{ih}^{(2)}=\begin{bmatrix}0.500 & 0.500 & 0 & 0 & 0\\ 0.950 & 0.225 & 0 & 0 & 0\\ 0.650 & 0.425 & 0 & 0 & 0\end{bmatrix}$$

$$\boldsymbol{\mu}_A(u)_{ih}^{(3)}=\begin{bmatrix}0.650 & 0.075 & 0 & 0 & 0\\ 0.750 & 0.125 & 0 & 0 & 0\\ 0.650 & 0.075 & 0 & 0 & 0\end{bmatrix}$$

最后，基于式（17-38）计算得出的权重向量$\boldsymbol{\omega}_i$及得到的长三角 3 个样本城市隶属度矩阵，依据式（17-33）计算而得该 3 个城市综合相对隶属度矩阵向量，具体如下。

上海市：$\boldsymbol{v}^{(1)}=[0\ \ 0.030\ \ 0.300\ \ 0.470\ \ 0.200]$

杭州市：$\boldsymbol{v}^{(2)}=[0.680\ \ 0.320\ \ 0\ \ 0\ \ 0]$

南京市：$\boldsymbol{v}^{(3)}=[0.880\ \ 0.120\ \ 0\ \ 0\ \ 0]$

并基于式（17-34）核算得到长三角 3 个城市应急能力级别值，如下。

上海市：$\boldsymbol{H}^{(1)}=[1\ \ 2\ \ 3\ \ 4\ \ 5]\cdot\boldsymbol{v}^{(1)}=4.5\approx 5$

杭州市：$\boldsymbol{H}^{(2)}=[1\ \ 2\ \ 3\ \ 4\ \ 5]\cdot\boldsymbol{v}^{(2)}=2.83\approx 3$

南京市：$\boldsymbol{H}^{(3)}=[1\ \ 2\ \ 3\ \ 4\ \ 5]\cdot\boldsymbol{v}^{(3)}=3.84\approx 4$

根据以上对长三角城市 $PM_{2.5}$ 污染风险等级评估及应急能力评价，整理 3 个城市对应于该两个指标的等级情况，如表 17-14 所示。

表 17-14　长三角城市 $PM_{2.5}$ 污染风险排序与应急能力等级对比

样本城市	$PM_{2.5}$ 污染风险排序	应急能力等级
上海市	2	4
杭州市	3	1
南京市	1	1

由表 17-14 可知，南京市 $PM_{2.5}$ 污染风险排序为 1，其在样本城市中 $PM_{2.5}$ 污染风险最高，城市应急能力等级为 1，该城市应急能力一般；杭州市 $PM_{2.5}$ 污染风险排序为 3，其在样本城市中 $PM_{2.5}$ 污染风险处于最低，该城市应急能力等级为 1，其 $PM_{2.5}$ 污染应急能力一般；上海市 $PM_{2.5}$ 污染风险排序为 2，在评估的样本城市中处于中等，而其城市应急能力等级为 4，表明上海市应急能力较好。

17.4　本 章 小 结

对长三角 3 个城市 $PM_{2.5}$ 污染风险进行指标体系构建、评估风险等级分类并将其与刻画的城市应急能力等级进行对比，结果显示，所研究的 3 个城市，城市公众应急能力与 $PM_{2.5}$ 污染风险程度总体上较为一致，表明 $PM_{2.5}$ 污染风险程度对长三角城市雾霾应急能力具有较为显著的影响，风险程度越高，该城市总体上应急能力水平也越大。本章对 $PM_{2.5}$ 污染风险条件下公众应急能力的评价旨在为长三角区域城市应急管理机制的建立提供一个新思路。

第18章　企业雾霾排污行为惩罚机制的设计

企业雾霾排污行为控制机制需要解决的首要问题是对企业的违规雾霾排污行为进行控制，以遏制违规行为的蔓延和危害。本章立足于雾霾排污违规行为的控制，通过惩罚机制的设计来实现对企业雾霾排污行为从违规到不违规的控制目标。首先，通过建立企业雾霾排污行为惩罚机制的混合博弈模型，得到对企业的违规行为实施惩罚的一个“报警器”，解决“适时惩罚”的时点观测问题。然后，通过构建企业雾霾排污行为惩罚机制的强度模型与成本优化模型，解决“适度惩罚”的强度测算问题。

18.1　基本概念的设定

为了便于分析，设：雾霾排污企业有两类行为，即不违规行为 a_0 与违规行为 a_1，其中，不违规行为 a_0 是被监管者所提倡和鼓励的正向行为或监管者既不提倡也不明确反对的零向行为，违规行为 a_1 是被监管者所明确禁止和反对的负向行为。这里的监管者一般为各级政府。

一般来说，雾霾排污企业的每个行为都会引起三个方面的结果：①行为成本 $c(a_i)$，这是企业在实施该行为时自己的资源的支出和消耗量；②来自监管者的控制回报 $v(a_i)$，这是来自监管者的奖励或者惩罚，如经济的奖惩、企业的准入资格、信誉状况的社会公开等；③来自自然规律的自然回报 $w(a_i)$，如获得正常的企业运营收益，违规排放行为所获得的额外收益，诚实守规行为赢得的社会公众对自己资信能力的良好评价等。

其中，只要行为 a_i 发生，其行为成本 $c(a_i)$ 就一定会发生，因此，成本的发生概率总是1。而控制回报 $v(a_i)$ 则以一定的概率 $p_b(a_i)$ 发生，自然回报 $w(a_i)$ 也以一定的概率 $p_a(a_i)$ 发生。

由于假设监管者只要观测到企业选择了行为 a_i，必定会对企业施加控制回报 $v(a_i)$，因此，$p_b(a_i)$ 实际上是监管者对企业雾霾排污的行为 a_i 的观测力度。对于 a_i 来说，对其实现较大观测力度的条件是该行为本身具有良好的可观测性，同时监管者在观测该行为方面具有较大的成本投入。

18.2　惩罚机制设计的博弈规则

在惩罚机制下，监管者与企业之间的博弈规则应为：对于监管者来说，他只

观测违规行为 a_1 是否出现，不观测 a_0 是否出现，即他只观测企业是否选择了 a_1 这种违规行为而不观测企业是否选择了不违规行为 a_0，更谈不上去区分不违规行为 a_0 是正向行为还是零向行为。如果发现企业选择了 a_1，则必定给予企业控制回报 $v(a_1)$（即惩罚，这种回报取值为负），但由于发现这种行为具有一定的偶然性，所以 a_1 被发现的概率 $p_b(a_1)\leqslant 1$，只要 a_1 的行为没有被发现（即使监管者也同样没有观测到企业选择了行为 a_0），则仍然推断企业的行为是 a_0，即向企业提供控制回报 $v(a_0)$（$v(a_0)\geqslant 0$）。因此，企业实际上选择了 a_1 但因为没有被发现而得到控制回报 $v(a_0)$ 的概率为 $1-p_b(a_1)$。

监管者对企业雾霾排污的行为进行观测，是需要支付成本的，设这种成本为 c_b，称为观测成本。同时，监管者向企业提供回报 $v(a_0)$ 和 $v(a_1)$ 也需要支付成本，为了简洁，把这两种回报的成本合并起来，用 $c_v(a_0,a_1)$ 表示，称为监管者付出的控制成本。这样，就可以把观测成本与控制成本之和，即 $c_b+c_v(a_0,a_1)$ 统称为监管者实施惩罚机制所发生总成本。

对于企业来说，如果选择了不违规行为 a_0，监管者观测到违规行为 a_1 的可能性为 0，则必然得到监管者给予的控制回报 $v(a_0)$，同时还以概率 $p_a(a_0)$ 获得自然回报 $w(a_0)$（如正常的企业运营收益、社会公众对自己资信能力的良好评价等）。如果选择了违规行为 a_1，则以 $p_b(a_1)$ 的概率得到监管者给予的负控制回报 $v(a_1)$（即被监管者发现后得到的惩罚），以 $1-p_b(a_1)$ 的概率得到监管者给予的控制回报 $v(a_0)$（即违规行为没有被发现而仍然同样得到的褒奖），同时以概率 $p_a(a_1)$ 获得自然回报 $w(a_1)$（如违规排放行为所获得的额外收益）。

当然，企业选择并实现某种行为也需要支付相应的成本，设行为 a_0 的成本为 $c(a_0)$，a_1 的成本为 $c(a_1)$。

从一定意义上来看，企业的行为决策取决于他选择某种实际行动 a_i 后，得到相应回报 $v(a_j)$ 的概率 $p(v(a_j)|a_i)$，即在行为 a_i $(i=0, 1)$ 出现的情况下，企业得到回报 $v(a_j)$（$j=0$，1）的概率。企业行为回报概率可以描述为

$$p(c(a_0)|a_0)=1$$

$$p(c(a_1)|a_1)=1$$

$$p(v(a_0)|a_0)=1$$

$$p(v(a_1)|a_0)=0$$

$$p(w(a_0)|a_0)=p_a(a_0)$$

$$p(v(a_1)|a_1)=p_b(a_1)$$

$$p(v(a_0)|a_1)=1-p_b(a_1)$$

$$p(w(a_1)|a_1)=p_a(a_1)$$

其中，如果 $p_b(a_1)=1$，表示行为 a_1 能够观测且监管者做到了完全观测；如果 $p_b(a_1)=0$，表示行为 a_1 完全不能观测或者监管者没有进行任何观测。

企业行为决策的过程可进一步使用博弈树来进行简化描述，如图 18-1 所示。

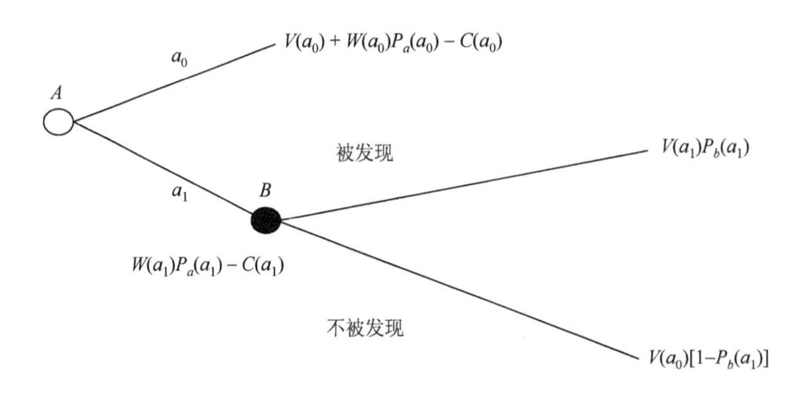

图 18-1　企业行为选择的博弈树描述

18.3　企业雾霭排污违规行为的效用分析

从经济学的角度看，企业雾霭排污违规行为是一种特殊的“寻租”活动，主要表现为具有经济人特征的企业凭借行为的信息不对称，在最大限度增加自身效用的同时做出损害社会利益的行为。一个最根本的原因在于监管者与企业之间的目标函数通常并不完全相同，存在着利益上的冲突，于是就天然产生了激励不相容的问题，出现造假、欺诈、操纵和贿赂等行为。而且由于企业的行为由一些不确定的因素共同决定，监管者不能直接洞察这些不确定因素，因此，监管者关于企业雾霭排污的行为的信息是不完全的，这样企业就可以通过“隐蔽行动”获取更多的私人利益而不完全承担其行为的全部后果，从而有动机也有可能做出损害社会利益的行为。

由于企业既是违规行为的需求者，又是违规行为的供给者，因而违规行为的程度仅取决于违规行为的边际条件，即违规行为的边际收益等于边际成本。换言之，企业排污违规行为产生的条件为违规的期望收益大于或等于违规的机会成本。

根据上一节对企业行为决策过程的博弈分析，可以分别计算出企业两类行为状态下（不违规和违规）的期望收益。

企业选择不违规行为 a_0 的期望收益效用 $u(a_0)$ 为

$$u(a_0)=v(a_0)+w(a_0)p_a(a_0)-c(a_0) \tag{18-1}$$

实际上，式（18-1）也就是企业选择违规行为的机会成本。

企业选择违规行为 a_1 的期望收益效用 $u(a_1)$ 为

$$u(a_1)=w(a_1)p_a(a_1)-c(a_1)+v(a_1)p_b(a_1)+v(a_0)[1-p_b(a_1)] \tag{18-2}$$

在上面这两个模型中，当 $u(a_0)>u(a_1)$ 时，即当行为不违规的效用大于行为违规的效用（或者说违规的期望收益小于违规的机会成本）时，企业就会力图回避风险而拒绝行为违规；当 $u(a_0)<u(a_1)$ 时，即当行为违规的效用大于行为不违规的效用（或者说违规的期望收益大于违规的机会成本）时，企业则会因贪图更大的效用而选择行为违规；当 $u(a_0)=u(a_1)$ 时，企业的决策将会举棋不定，是否行为违规更取决于企业的风险态度。

从以上的分析可以发现，企业雾霾排污违规行为的选择从经济学理性角度出发主要取决于违规行为的查处概率（实际上也就是对违规行为的观测力度）、惩罚力度和不违规行为的吸引力。因此，从违规行为产生的经济人理性基础来考虑，控制企业违规排放行为应从监督查处的适时性、惩罚力度的适度性，以及不违规行为回报的竞争性等几个方面来综合考虑。因此，有两个问题需要研究：一是“何时惩罚”，二是“如何惩罚”。下面将通过行为惩罚机制的博弈数学模型来分别加以讨论。

18.4　基于“适时性”的企业行为惩罚机制的模型

18.4.1　企业行为惩罚机制的混合博弈模型

为了减少企业违规排放行为的出现，常常需要采取一定的监督查处措施，监督查处的同时需要支付相应的成本。如果为了节省成本而不做或少做控制，那么，企业发生违规行为的概率会增大，从而使社会利益受到更大损失。由此可见，过多或过少的惩罚都是不恰当的。因此，在博弈论的基础上，本章建立了一个企业行为惩罚机制的混合博弈模型，用以确定“何时”应进行惩罚的问题。

下面引入一个两人零合博弈，用以说明监管者和因行为违规而受益的企业在不同情况下各自应采取的最优策略。

一般而言，企业发生违规排放行为后（尤其是“欺诈造假”类的违规排放行为），通常会从中得到一些好处而成为受益人，同时社会也会受到直接或间接的损失。表 18-1 是企业同监管者的两人博弈收益矩阵。在这个两人博弈中，监管者有两种战略：启动惩罚或者不启动惩罚。企业也有两种战略：行为违规或者行为不违规。

表 18-1　监管者与企业的博弈收益矩阵

		监管者	
		不启动惩罚	启动惩罚
企业	行为违规	$w(a_1)p_a(a_1)+v(a_0)-c(a_1)-M$	$w(a_1)p_a(a_1)+v(a_1)-c(a_1)-v(a_1)-(1-\alpha)M-c_z$
	行为不违规	$w(a_0)p_a(a_0)+v(a_0)-c(a_0)R$	$w(a_0)p_a(a_0)+v(a_0)-c(a_0)R-c_z$

表 18-1 中，$w(a_1)$表示企业实施违规行为后所获得的自然回报，通常与违规程度μ相关，设$w(a_1)=w_{a_1}(\mu)\geqslant 0$；$v(a_1)$表示企业实施违规行为被发现后所得到的负控制回报，设$v(a_1)=v_{a_1}(\mu)<0$；$c(a_1)$表示企业实施违规行为所发生的成本，设$c(a_1)=c_{a_1}(\mu)\geqslant 0$；$M$表示企业行为违规给社会造成的机会损失，设$M=M(\mu)\geqslant 0$；$R$表示企业行为不违规给社会带来的收益，设$R\geqslant 0$；$\alpha$表示监管者做出公正惩罚后所能挽回的损失系数，设$0\leqslant\alpha\leqslant 1$；$c_z$表示监管者启动惩罚所发生的总成本，是一个大于或等于 0 的常数；其他符号的意义同上。

然后，引入一个混合战略。设$p_b(a_1)$为监管者的观测力度（即监管者的查处概率），β为企业做出违规行为的概率。给定β，监管者选择启动惩罚[$p_b(a_1)=1$]和不启动惩罚[$p_b(a_1)=0$]的期望收益效用分别为$\pi_A(1,\beta)=[-v(a_1)-(1-\alpha)M-c_z]\beta+(R-c_z)(1-\beta)$，即$\pi_A(0,\beta)=-M\beta+R(1-\beta)$。设$\pi_A(1,\beta)=\pi_A(0,\beta)$，即$[-v(a_1)-(1-\alpha)M-c_z]\beta+(R-c_z)(1-\beta)=-M\beta+R(1-\beta)$

得到

$$\beta^*=\frac{c_z}{-v(a_1)+\alpha M}=\frac{c_z}{-v_{a_1}(\mu)+\alpha M(\mu)} \tag{18-3}$$

式（18-3）的含义为：企业做出违规行为的概率小于$\frac{c_z}{-v_{a_1}(\mu)+\alpha M(\mu)}$时，监管者的最优选择是不启动惩罚；如果企业做出违规行为的概率大于$\frac{c_z}{-v_{a_1}(\mu)+\alpha M(\mu)}$时，监管者的最优选择是启动惩罚；企业做出违规行为的概率等于$\frac{c_z}{-v_{a_1}(\mu)+\alpha M(\mu)}$时，则监管者可随机地选择启动惩罚或不启动惩罚。

同样，给定$p_b(a_1)$，企业选择行为违规（$\beta=1$）或者行为不违规（$\beta=0$）的期望收益效用分别为

$$\begin{aligned}\pi_B[p_b(a_1),1]=&[w(a_1)p_a(a_1)+v(a_0)-c(a_1)][(1-p_b(a_1)]+[w(a_1)p_a(a_1)\\&+v(a_1)-c(a_1)]p_b(a_1)\end{aligned}$$

$$\pi_B[p_b(a_1),0]=[w(a_0)p_a(a_0)+v(a_0)-c(a_0)]\times 1+[w(a_0)p_a(a_0)+v(a_0)-c(a_0)]\times 0$$

设 $\pi_B[p_b(a_1),1]=\pi_B[p_b(a_1),0]$，得

$$\begin{aligned}p_b(a_1)^*&=\frac{w(a_1)p_a(a_1)-w(a_0)p_a(a_0)+c(a_0)-c(a_1)}{v(a_0)-v(a_1)}\\&=\frac{w_{a_1}(\mu)p_a(a_1)-w(a_0)p_a(a_0)+c(a_0)-c_{a_1}(\mu)}{v(a_0)-v_{a_1}(\mu)}\end{aligned}\tag{18-4}$$

式（18-4）的含义为：如果监管者对企业违规行为的观测力度小于 $\frac{w_{a_1}(\mu)p_a(a_1)-w(a_0)p_a(a_0)+c(a_0)-c_{a_1}(\mu)}{v(a_0)-v_{a_1}(\mu)}$，企业的最优选择是行为违规；如果监管者对企业违规行为的观测力度大于 $\frac{w_{a_1}(\mu)p_a(a_1)-w(a_0)p_a(a_0)+c(a_0)-c_{a_1}(\mu)}{v(a_0)-v_{a_1}(\mu)}$，企业的最优选择是行为不违规。如果监管者对企业违规行为的观测力度等于 $\frac{w_{a_1}(\mu)p_a(a_1)-w(a_0)p_a(a_0)+c(a_0)-c_{a_1}(\mu)}{v(a_0)-v_{a_1}(\mu)}$，企业可以随机地选择行为违规或者行为不违规。

18.4.2　博弈均衡与结果分析

博弈论基本定理之一，每一个两人博弈至少存在一个纳什均衡点（纯战略的或混合战略的）；在这一点上，任何单个参与人都不可能通过单方面变换策略来提高他的效用水平。

因此，按混合战略的纳什均衡条件，得 $\beta^*=\frac{c_z}{-v_{a_1}(\mu)+\alpha M(\mu)}$， $p_b(a_1)^*=\frac{w_{a_1}(\mu)p_a(a_1)-w(a_0)p_a(a_0)+c(a_0)-c_{a_1}(\mu)}{v(a_0)-v_{a_1}(\mu)}$，即监管者应以 $\frac{w_{a_1}(\mu)p_a(a_1)-w(a_0)p_a(a_0)+c(a_0)-c_{a_1}(\mu)}{v(a_0)-v_{a_1}(\mu)}$ 的概率启动惩罚，而作为受益人的企业则以 $\frac{c_z}{-v_{a_1}(\mu)+\alpha M(\mu)}$ 的概率做出违规行为为宜。

上述混合战略均衡也可以用几何图形来描述。当参与人可以选择混合战略时，他选择任何一个纯战略的概率在 0 与 1 之间是连续的。由此，可以得到监管者和作为受益人的违规企业的反应函数：

监管者：

$$P_b(\alpha_1)=\begin{cases}0, & \beta>\dfrac{c_z}{-v_{\alpha_1}(\mu)+\alpha M(\mu)}\\[0,1], & \beta=\dfrac{c_z}{-v_{\alpha_1}(\mu)+\alpha M(\mu)}\\1, & \beta<\dfrac{c_z}{-v_{\alpha_1}(\mu)+\alpha M(\mu)}\end{cases} \tag{18-5}$$

企业：

$$\beta=\begin{cases}0, & p_b(a_1)>\dfrac{w_{a_1}(\mu)p_a(a_1)-w(a_0)p_a(a_0)+c(a_0)-c_{a_1}(\mu)}{v(a_0)-v_{a_1}(\mu)}\\[0,1], & p_b(a_1)=\dfrac{w_{a_1}(\mu)p_a(a_1)-w(a_0)p_a(a_0)+c(a_0)-c_{a_1}(\mu)}{v(a_0)-v_{a_1}(\mu)}\\1, & p_b(a_1)<\dfrac{w_{a_1}(\mu)p_a(a_1)-w(a_0)p_a(a_0)+c(a_0)-c_{a_1}(\mu)}{v(a_0)-v_{a_1}(\mu)}\end{cases} \tag{18-6}$$

图 18-2 为监管者和企业的反应曲线，两条反应曲线的交叉点就是纳什均衡点。

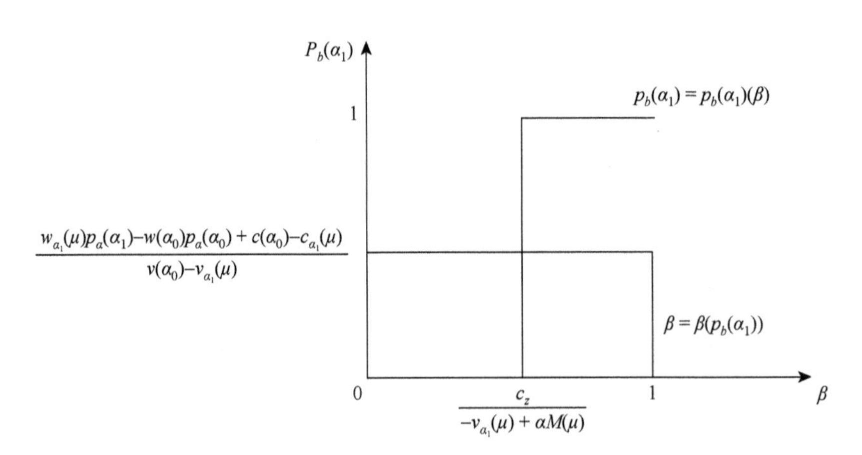

图 18-2 监管者和企业的反应函数

需要说明的是：①为了分析的方便，在上面的博弈中，并未考虑企业的风险偏好。如果某企业倾向于冒风险，那么，即使在 $p_b(a_1)>\dfrac{w_{a_1}(\mu)p_a(a_1)-w(a_0)p_a(a_0)+c(a_0)-c_{a_1}(\mu)}{v(a_0)-v_{a_1}(\mu)}$ 的情况下，它也可能做出违规行为来，即均衡点不会发生变化；而对于一个非常保守的企业来说，即使监管者只有很小的观测力度，它也不愿意冒风险去做出违规行为；②监管者和企业在均衡点存在着相互制约作用。例如，如果监管者提高观测的力度，企业就会相应地减少做出违规行为的概率；而一旦监管者发现这一点，也会相应地减小观测的力度，这时企业又会相应地调整战略，增加做出违规行为的概率，从而双方又恢复到当初的均衡状态。

通过对式（18-5）的分析，可以发现，当企业做出违规行为的概率大于 $\dfrac{c_z}{-v_{a_1}(\mu)+\alpha M(\mu)}$ 时，监管者就要启动惩罚；当企业做出违规行为的概率等于 $\dfrac{c_z}{-v_{a_1}(\mu)+\alpha M(\mu)}$ 时，监管者可根据具体情况做出决策。

实际工作中，监管者实施惩罚机制所发生的总成本 c_z 通常是一个常数，可以由监管的预算得到，而负控制回报 $v_{a_1}(\mu)$、损失 $M(\mu)$ 和损失挽回系数 α 则可通过历史资料统计分析得到。

这样，通过企业排放行为惩罚机制混合博弈模型的建立，得到了对企业排放的违规行为实施惩罚的一个“报警器”：企业做出违规行为的概率大于 $\dfrac{c_z}{-v_{a_1}(\mu)+\alpha M(\mu)}$ 时应该启动惩罚，用集合符号描述，即启动惩罚的条件是 $\left\{\beta / \beta > \dfrac{c_z}{-v_{a_1}(\mu)+\alpha M(\mu)}\right\}$。

18.5　基于“适度性”的企业违规行为惩罚机制的模型

18.5.1　企业违规行为惩罚机制有效的必要条件

在行为惩罚机制的作用下，如果企业能够按照监管者意图选择不违规行为 a_0，则称该行为惩罚机制是有效的，反之，如果企业违背监管者意图，选择了违规行为 a_1，则称该行为惩罚机制无效。

由式（18-4）可知，当 $p_b(a_1) > \dfrac{[w(a_1)p_a(a_1)-w(a_0)p_a(a_0)]+[c(a_0)-c(a_1)]}{v(a_0)-v(a_1)}$ 时，企业的最优选择是行为不违规。实质上，$p_b(a_1) > \dfrac{[w(a_1)p_a(a_1)-w(a_0)p_a(a_0)]+[c(a_0)-c(a_1)]}{v(a_0)-v(a_1)}$ 就是企业行为惩罚机制有效的必要条件。

把该式中的 $p_b(a_1)$ 定义为监管者对企业违规行为的观测力度，$[w(a_1)p_a(a_1)-w(a_0)p_a(a_0)]$ 定义为自然回报期望值差异，把 $[c(a_0)-c(a_1)]$ 定义为行为成本差异，把 $[v(a_0)-v(a_1)]$ 定义为控制回报差异。

在企业行为惩罚机制有效情况下，上述要素之间具有如下关系。

第一，在惩罚机制有效的前提下，控制回报差异$[v(a_0)-v(a_1)]$大，则观测力度$p_b(a_1)$就可以小一些。事实上，由上式可见，对不违规行为为a_0的褒奖力度$v(a_0)$越是大于违规行为a_1的回报值$v(a_1)$（即奖励越大或惩罚越大，因为惩罚是负回报，其代数值越小），即控制回报差异$[v(a_0)-v(a_1)]$的取值越大，则对违规行为的观测力度$p_b(a_1)$的要求越低。

第二，对观测力度$p_b(a_1)$的要求，随着行为成本差异$[c(a_0)-c(a_1)]$或者自然回报期望值差异$[w(a_1)p_a(a_1)-w(a_0)p_a(a_0)]$的增大而提高，即不违规行为的成本$c(a_0)$越是大于违规行为的成本$c(a_1)$，或者违规行为的自然回报期望值$w(a_1)p_a(a_1)$越是大于不违规行为的自然回报期望值$w(a_0)p_a(a_0)$，则观测力度$p_b(a_1)$就必须越大，才能保证惩罚机制的有效。

18.5.2　企业违规行为惩罚机制的强度模型

对企业违规行为惩罚机制有效的必要条件$p_b(a_1)>\frac{[w(a_1)p_a(a_1)-w(a_0)p_a(a_0)]+[c(a_0)-c(a_1)]}{v(a_0)-v(a_1)}$进行变形整理，则有

$$p_b(a_1)[v(a_0)-v(a_1)]>[w(a_1)p_a(a_1)-w(a_0)p_a(a_0)]+[c(a_0)-c(a_1)] \quad (18\text{-}7)$$

这样，就可以设计出表示企业违规行为惩罚机制有效性强弱的指标——惩罚机制强度J_s：

$$J_s=p_b(a_1)[v(a_0)-v(a_1)]-[w(a_1)p_a(a_1)-w(a_0)p_a(a_0)]-[c(a_0)-c(a_1)] \quad (18\text{-}8)$$

因此，可以通过计算惩罚机制强度J_s来度量和描述某种违规行为惩罚机制有效性的强弱。特别地，只有当$J_s>0$时，违规行为惩罚机制才能起到使企业选择不违规行为的作用，即企业违规行为惩罚机制有效。

18.5.3　企业违规行为惩罚机制的成本优化模型

1.观测成本的效益函数与控制成本的效益函数

一般而言，任何行为都是需要成本的，监管者对企业违规行为进行惩罚也不例外。

为此，设c_b是监管者付出的观测成本，并设观测成本的效益函数［即观测成本c_b与观测力度$p_b(a_1)$之间的函数关系］为

$$p_b(a_1)=f(c_b) \quad (18\text{-}9)$$

观测成本的效益函数的一种常见形式为

$$p_b(a_1) = f(c_b) = 1 - \frac{e}{c_b} \tag{18-10}$$

式中，e表示某个大于 0 的常数，$c_b \geqslant e$。

根据效益函数递增，递增的速度递减的一般特性，设$p_b(a_1) = f(c_b)$对c_b的一阶导函数与二阶导函数具有如下特点：

$$\begin{aligned} f'(c_b) &\geqslant 0 \\ f''(c_b) &\leqslant 0 \end{aligned} \tag{18-11}$$

再设$c_v(a_0,a_1)$是监管者付出的控制成本，并设控制成本$c_v(a_0,a_1)$的效益函数（即控制成本$c_v(a_0,a_1)$与控制回报差异$[v(a_0)-v(a_1)]$之间的函数关系）为

$$[v(a_0)-v(a_1)] = \varphi[c_v(a_0,a_1)] \tag{18-12}$$

同样，根据效益函数递增，递增的速度递减的一般特性，设$[v(a_0)-v(a_1)] = \varphi[c_v(a_0,a_1)]$对$c_v(a_0,a_1)$的一阶导函数与二阶导函数具有如下特点：

$$\begin{aligned} \varphi'[c_v(a_0,a_1)] &\geqslant 0 \\ \varphi''[c_v(a_0,a_1)] &\leqslant 0 \end{aligned} \tag{18-13}$$

2. 企业违规行为惩罚机制的成本优化问题

企业违规行为惩罚机制的成本优化问题有两类：一是给定总成本c_z，求使行为惩罚机制强度J_s达到最高的成本分配方案，即在总成本c_z所约束下，最优化地分配c_b和$c_v(a_0,a_1)$使J_s最大；二是对于给定的行为惩罚机制强度J_s，估算需要的最小总成本及相应的最优成本分配方案。

1）给定总成本时求解最优成本分配方案

设约束条件为

$$c_z = c_b + c_v(a_0,a_1) \tag{18-14}$$

式中，c_z表示给定的总成本，为常数。这样

$$c_v(a_0,a_1) = c_z - c_b \tag{18-15}$$

将式（18-9）、式（18-12）和式（18-15）代入式（18-8），有

$$J_s = f(c_b)\varphi(c_z - c_b) - [w(a_1)p_a(a_1) - w(a_0)p_a(a_0)] - [c(a_0) - c(a_1)] \tag{18-16}$$

在式（18-16）中对c_b一阶求导并令其为 0，有

$$J_s' = f'(c_b)\varphi(c_z - c_b) - f(c_b)\varphi'(c_z - c_b) = 0 \tag{18-17}$$

将式（18-17）变形整理可以进一步得到

$$\frac{f'(c_b)}{f(c_b)} = \frac{\varphi'(c_z - c_b)}{\varphi(c_z - c_b)} \tag{18-18}$$

即选择c_b，使式（18-18）成立，就实现了最优成本分配。

2）给定惩罚机制强度后估算最小总成本及相应的最优成本分配方案

第二类问题是给定惩罚机制强度J_s，估算达到该惩罚机制强度所需要的最小总成本c_z及相应的成本分配c_b和$c_v(a_0,a_1)$。

为此，可以把式（18-16）与式（18-18）联立求解，在$f(c_b)$与$\varphi[c_v(a_0,a_1)]$为相应的某种具体函数的情况下，可以解出所需要的最小总成本c_z及相应的成本分配c_b，再结合式（18-15），求出$c_v(a_0,a_1)$。

18.6 应 用 实 例

企业雾霭污染排放已成为当前环保行动的重要整治领域之一，它已成为城市雾霭污染的主要原因之一，也成为近年来出席全国“两会”代表、委员聚焦的热点话题。要根治企业雾霭污染排放行为，必须进行“双向治理”，不但要对控制污染排放权的掌权人加强监督和约束，而且应该对企业加强监督和引导，通过合理的行为惩罚机制使其不能、不愿或不敢从事非法的污染排放行为，切断权力寻租的链条。下面应用本章企业行为惩罚机制的研究结果对雾霭治理的问题进行简单分析。需要指出的是，案例中的有关数据只是为了分析的简化和方便而假定的，并不完全等于现实中的数据。

一般而言，企业获得污染排放权的行为选择有两种：一是合理正当的不违规行为a_0；二是企业对政府贿赂的违规行为a_1。

假设企业选择不违规行为a_0的成本$c(a_0)=30$ 万元，选择违规行为a_1的成本$c(a_1)=80$万元。企业如果对政府进行贿赂从而获得污染排放权的概率$p_a(a_1)$为1，通过合理正当途径如从排污权交易市场获得污染排放权的概率$p_a(a_0)$为0.3，并且企业获得该污染排放权的回报为500万元，即$w(a_0)=w(a_1)=500$万元。

政府监管机构通常只能根据公众或群众（当然也包括业内同行）举报来查处企业在获得污染排放权过程中的贿赂行为，企业如果进行对政府的贿赂就有可能被群众举报，并且假设公众或群众的所有举报都是属实的（为了分析的方便）。因此，政府监管机构如果接到公众或群众举报就对企业进行550万元的罚款，并且给予举报的公众或群众共270万元的奖励，即$v(a_1)=-550$万元，$c_b=270$万元。另外，为了鼓励符合条件的企业通过正当途径参与污染排放权的交易活动，对它们的合规行为给予20万元的奖励和补贴，即$v(a_0)=20$万元。

又设观测成本的效益函数（该函数在实践中可以通过实验获得数据后，统计回归得到，此处为假设举例）为

$$p_b(a_1)=f(c_b)=1-\frac{260}{c_b},\quad c_b\geqslant 260\text{万元} \tag{18-19}$$

并设控制成本 $c_v(a_0,a_1)$ 的效益函数（在本例中可以通过分析得到）为

$$v(a_0)-v(a_1)=\varphi[c_v(a_0,a_1)]=c_v(a_0,a_1)+550 \tag{18-20}$$

问题 1：该例中针对企业行为进行控制的机制设计是否有效？

$$\begin{aligned} J_s &= p_b(a_1)[v(a_0)-v(a_1)]-[w(a_1)p_a(a_1)-w(a_0)p_a(a_0)]-[c(a_0)-c(a_1)] \\ &= f(c_b)\varphi[c_v(a_0,a_1)]-[w(a_1)p_a(a_1)-w(a_0)p_a(a_0)]-[c(a_0)-c(a_1)] \\ &= \left(1-\frac{260}{270}\right)\times[20-(-550)]-(500\times1-500\times0.3)-(30-80) \\ &\approx -279<0 \end{aligned} \tag{18-21}$$

即该控制机制的设计是无效的，企业将选择对政府贿赂的违规行为。

问题 2：在维持 $v(a_1)=-550$ 万元不变的前提下，如果要使控制机制有效的话，应该如何改进？

要使控制机制有效，必须使惩罚机制强度 $J_s>0$，即

$$p_b(a_1)[v(a_0)-v(a_1)]-(500\times1-500\times0.3)-(30-80)>0$$

即

$$f(c_b)\varphi[c_v(a_0,a_1)]-(500\times1-500\times0.3)-(30-80)>0$$

有

$$\left(1-\frac{260}{c_b}\right)[c_v(a_0,a_1)+550]>300$$

由于 $c_v(a_0,a_1)=c_z-c_b$，所以有

$$\left(1-\frac{260}{c_b}\right)(c_z-c_b+550)>300 \tag{18-22}$$

$$\varphi[c_v(a_0,a_1)]=\varphi(c_z-c_b)=c_z-c_b+550$$

$$\varphi'(c_z-c_b)=1$$

$$f'(c_b)=\frac{260}{c_b^2}$$

即 $\dfrac{f'(c_b)}{f(c_b)}=\dfrac{\varphi'(c_z-c_b)}{\varphi(c_z-c_b)}$ 的具体形式为

$$\frac{\dfrac{260}{c_b^2}}{1-\dfrac{260}{c_b}}=\frac{1}{c_z-c_b+550} \tag{18-23}$$

把式（18-23）代入式（18-22），结合 $c_v(a_0,a_1)=c_z-c_b>0$，可以得出：c_z 的取值必须大于 569 万元，c_b 的取值必须大于 539 万元，$c_v(a_0,a_1)=c_z-c_b$ 的取值也应当大于 30 万元。

因此，要使控制机制有效的话，应该把观测成本即设立的群众举报奖励金至少提高到 539 万元，把控制成本即对企业合理正当的污染排放权交易行为给予的奖励和补贴至少提高到 30 万元。

政府部门在制定企业的排污行为惩罚机制时，可以通过一定的技术措施或管理措施对原有的制度进行改进。政府部门对污染型企业超标非法排污不良行为的检测，通常是在企业的外部污染物排放处进行观测。如果污染型企业采取作弊手段干扰政府部门的正常监管，一般也是对外部排污处进行干扰。对此政府部门应提高对污染型企业的观测力度，通过对企业内部的各个生产运作环节的排污情况设定标准，对各个环节的排污处进行抽检，且不定期对所有的排污处进行全面检测。污染型企业如果通过行贿的形式干扰政府部门的正常监管，需要额外支付一笔行贿费用。相应地，政府部门可以通过提高监管者的薪酬从而在政府内部建立高薪养廉制度。同时，政府部门可以联合社会公众、新闻媒体建立监督举报制度，全面监管污染型企业的排污行为。因此，在这种情况下污染型企业通过行贿干扰政府部门的成本显著增加，政府部门的监管者受贿被查出的风险也增加。此外，除单纯提高惩罚的力度外，政府部门可以适当增加污染型企业关于达标排污行为的汇报次数。如建立信息公开制度，定期向社会公布污染型企业的排污情况，使得社会公众及时了解企业的运营是否做到了与环境和谐相处，从而使企业在社会中形成良好的社会声誉和企业形象。

企业排污违规行为的惩罚机制设计时，鼓励企业污染治理不对外排放或在政府部门规定的范围内达标排放的良好行为，惩罚企业采取作弊或行贿的形式，干扰政府对其是否超标污染排放行为正常监管的腐败不良行为。

18.7　本 章 小 结

本章立足于企业雾霭排污违规行为的控制，对企业行为惩罚机制进行了设计。主要研究内容如下。

（1）对企业违规雾霭排污行为的惩罚时点问题进行了研究。建立了企业行为惩罚机制的混合博弈模型，得到了对企业违规行为实施惩罚的一个“报警器”：企业做出违规行为的概率大于$\frac{c_z}{-v_{a_1}(\mu)+\alpha M(\mu)}$时应该启动惩罚，即“适时惩罚”的时点条件是$\left\{\beta/\beta>\frac{c_z}{-v_{a_1}(\mu)+\alpha M(\mu)}\right\}$。

（2）对企业违规雾霭排放行为惩罚的有效性问题进行了研究。建立了企业违规行为惩罚机制的强度模型，设计出了描述企业违规行为惩罚机制有效性强弱的指标——惩罚机制强度J_s，即$J_s = p_b(a_1)[v(a_0)-v(a_1)]-[w(a_1)p_a(a_1)-w(a_0)p_a(a_0)]-[c(a_0)-c(a_1)]$，得出了企业违规行为惩罚机制有效性强弱的度量方法。特别地，只有当$J_s > 0$时，行为惩罚机制才能起到使企业选择不违规行为的作用。

（3）对企业违规行为惩罚机制的成本优化问题进行了研究。通过建立企业违规行为惩罚机制的成本优化模型，重点探讨了两类问题：一是给定总成本c_z，求使行为惩罚机制强度J_s达到最高的成本分配方案，即在总成本c_z所约束下，最优化地分配c_b和$c_v(a_0,a_1)$使J_s最大；二是对于给定的行为惩罚机制强度J_s，估算需要的最小总成本及相应的最优成本分配方案。这样，就可以通过企业违规行为惩罚机制的强度模型与成本优化模型来解决“适度惩罚”的强度测算问题。

（4）基于企业违规行为惩罚机制的视角，给出了企业违规行为回报概率描述和博弈树描述，提出并定义了企业违规行为的观测力度$p_b(a_1)$、控制回报差异$[v(a_0)-v(a_1)]$、自然回报期望值差异$[w(a_1)p_a(a_1)-w(a_0)p_a(a_0)]$和行为成本差异$[c(a_0)-c(a_1)]$等重要概念，并探讨了在维持行为惩罚机制有效的前提下这些因素之间的制约关系。

（5）运用得到的研究结果对企业雾霾排放领域的违规排放治理问题的实例进行了诊断和改进，为当前违规排放治理的研究和实践提供了定量分析与统计观测的新方法。

第 19 章　长三角地区雾霾协同治理博弈分析

本章基于博弈论的方法对长三角雾霾区域联防协作机制进行分析，分析了政府、企业、公众三者之间的博弈，中央政府和地方政府之间的博弈，政府和企业之间的博弈，地方政府和地方政府之间的博弈，企业和公众之间的博弈，并根据相关经验提出可行性的雾霾治理的相关对策和建议。

19.1　长三角雾霾难以治理的原因

19.1.1　政府在雾霾治理的主导地位发挥不到位

改革开放后，我国以经济建设为中心，大力发展社会主义生产力，在经济取得重大成就的同时，也在一定程度上忽略了环境的建设。而我国政府的政绩往往更加重视 GDP 的增长，对官员的考核也是如此。因此，中央政府和地方政府也更重视经济的发展，虽然，我国目前已经将一部分的注意力转移到了环境方面的建设，但是一旦损害经济的发展，政府对环境治理也就没有那么重视了。长三角地区作为我国工业化水平最高的区域之一，污染气体的排放量是非常高的。因此，雾霾治理的紧迫程度尤为突出。

从目前长三角地区的雾霾治理效果来看，我国政府官员对雾霾治理的决心并不坚定，政府对雾霾治理的放松会成为我国经济可持续发展的重要阻力，雾霾治理难以奏效的重要原因就是政府官员对排污企业的放纵和不作为。

新一届政府领导人对政府人员的不作为更加重视，对一些不能一心一意为人民服务的官员进行了处理，目前，我国到了经济增速放缓、结构转型的特殊时期，我国政府出台了一系列相关政策来应对这些状况。中央推行的一些政策，得到了广大人民群众和市场的积极响应，而由于一些客观原因，没能取得太大成效。

长三角都市圈经济以市场为导向，没有行政边界，共享经济利益和在经济发展中主体地位对等，长三角行政经济则以政绩为导向，行政边界明显，没有共享利益及经济发展中主体地位也不对等，这种差异导致了长三角一体化困难重重。也可以说，行政壁垒是长三角雾霾联防联控机制形成的最大阻碍，各个地区政府出于行政业绩的考虑，对招商引资会进行“倾销式”竞争，导致很多不达标企业进驻，造成恶性竞争浪费了人力物力，同时严重损害了环境，地方性博弈明显，从而减少了对环境改善等公共物品的投资，“唯 GDP 论”也一直影响地方政府的决策，导致各种污染型企业并没有得到有效治理，从而使环境进一步恶化，也间接导致雾霾区域联防的困难。

政府对排污企业的监督作用发挥不到位，在我国现阶段发展中，政府官员在注重 GDP 增长的情况下，往往更加重视企业的利益，以保证自己的政绩过关，而忽略了政府本身的监督职责。要想保证政府的监督职能有成效，应适当制定官员的奖惩制度，让官员更有动力去实行监督，发挥政府的监督职能，为我国经济的绿色发展提供有力保障。

长三角地区的雾霾治理需要三地政府协同合作，攻克难关，想以一方政府独立解决雾霾问题是不现实的。然而，现阶段长三角地区的三地政府都不想损失自方利益，三方的对自身利益的博弈使得雾霾的治理显得更加困难。三地政府显然都希望得到更大的权力和更少的责任，都希望优先治理本地的雾霾且不影响本地的经济发展，这就容易造成三地政府之间的利益冲突和理念冲突，让三地政府治理雾霾的合作关系僵化，这就形成了三地政府之间的博弈，使得长三角地区的雾霾治理效果并不明显。

19.1.2　社会公众或人民群众无法有效实现其监督作用

作为发展中国家，我国人民群众会把大部分精力放在衣、食、住、行等跟日常生活密切相关的事情上面，因此对环境问题的关注相对较少，尤其是雾霾问题。雾霾对人们身体产生的危害是一个日积月累的过程，人们往往不会太在乎雾霾问题。而且，单个个体对雾霾治理能起到的作用微乎其微，而组建团体或者组织又会耗费很多时间和精力，人民自发组织的团体无法营利并且没有立竿见影的效果。因此，雾霾治理的组织很难自发形成。我国作为发展中国家的一员，社会公众和人民群众对环境的关注度较低，而政府相对于环境绿化更在意经济发展，使得我国的雾霾治理很难进行。

19.1.3　企业为追求利润放弃环境

企业作为市场经济的重要参与者，它们的根本目的是创造更多的利润，所以它们很容易会忽略环境。从博弈分析来看，企业和政府、企业和公众的环境利益不可调和，长三角地区的雾霾防治效果如何，企业都会从自身角度考虑并且尽可能排污，节约企业成本，从而逃避环境方面的责任。而雾霾的治理会提高企业的排污标准，进而提高企业的成本，必然会侵犯企业的利润。

19.1.4 区域经济发展不平衡制约了长三角地区雾霾协同治理

雾霾治理的过程中，长三角地区间经济发展的不平衡，在惩罚、奖励机制和创新技术等方面的投入成本难以统筹管理，各地区在雾霾防治的资金、人才和技术等方面差异性较大，导致雾霾治理的成果相差甚远。并且如果相邻地区治理雾霾的效果很差，那么本地政府的雾霾治理会因受相邻地区的影响而导致本地的雾霾治理效果大打折扣，这样会降低本地雾霾治理的积极性，同时加剧雾霾的污染程度和防治的难度。例如，由于经济实力差距，安徽省在雾霾防治的资金投入和人才投入等方面明显不如上海市，可能会无法贯彻实施上海市雾霾防治的策略，导致雾霾防治工作难以进行。

19.2 雾霾治理博弈分析

19.2.1 雾霾治理博弈的纳什均衡

博弈论是建立在理性预期的基础上的。为了简化模型，假设对于雾霾问题，市场上存在三个主体，即政府、企业和公众，且所有的经济利益可以量化衡量。

假设：企业在排污率达到政策标准时获得的利润为 R，此时政府获得的财政税收为 I，政府和企业的收益都与企业的产量正相关。当政府不防治雾霾且企业也不防治雾霾时，企业可以多获取利润为 ΔR，政府可以多获取利润 ΔI，只有当 $\Delta R>0$，$\Delta I>0$ 时，政府和企业才会都选择不防治雾霾。但是，政府和企业都不防治雾霾时，一旦被公众发现，即公众选择防治雾霾，社会舆论会给企业带来消极的影响，产生声誉成本 F，$F>0$；社会舆论对政府的信赖降低，产生政治成本 M。政府防治雾霾实施监督的成本为 C，公众防治雾霾获得的政府资助成本为 G，防治雾霾的支出成本为 N，公众成功防治雾霾获得健康体质、便利出行等好处为 B。

在环境污染治理实践中，企业、政府和公众在防治和不防治雾霾问题的博弈实际上是一种不完全信息博弈。在尚未做出博弈策略选择行动之前，企业、政府和公众相互之间无从正确判断博弈方下一步将要选取的策略，只能根据一定的信息判断对方所采取的各种策略的概率，并由此判断参与人所应采取的博弈行为。在这个三方博弈中，假定企业和政府都不防治雾霾，即合谋的概率为 $q(0<q<1)$，不合谋的概率为 $(1-q)$；公众发现企业与政府都不防治雾霾的概率为 $p(0<p<1)$，未发现的概率为 $(1-p)$，公众发现政府和企业合谋并中止合谋的概率为 r，不成功的概率为 $(1-r)$。此时，三方博弈的模型如下[215]。

1. 企业是否选择防治雾霾的纳什均衡条件

$$U_e^y = pq[r(R+\Delta R-\Delta I-F)+(1-r)(R+\Delta R-\Delta I)]+(1-p)q(R+\Delta R-\Delta I) \quad (19\text{-}1)$$

式中，U_e^y 表示企业不防治雾霾的期望利润。对 U_e^y 求 q 的一阶偏导，可得

$$\frac{\partial U_e^y}{\partial q} = p[r(R+\Delta R-\Delta I-F)]+(1-r)(R+\Delta R-\Delta I) \quad (19\text{-}2)$$

当 $\frac{\partial U_e^y}{\partial q}=0$ 时，达到纳什均衡。即

$$p[r(R+\Delta R-\Delta I-F)]+(1-r)(R+\Delta R-\Delta I)=0 \quad (19\text{-}3)$$

解式（19-3）可得

$$p_e^* = p = \frac{R+\Delta R-\Delta I}{rF} \quad (19\text{-}4)$$

式中，p_e^* 表示当企业防治雾霾的策略达到纳什均衡时，公众发现企业和政府合谋不防治雾霾的概率。当公众发现合谋的概率为 p_e^* 时，政府和企业是否防治雾霾，均不影响企业的期望利润。当 $p> p_e^*$ 时，企业会选择不防治的策略；当 $p< p_e^*$ 时，企业会选择防治的策略，即排污率达到政策的标准。根据分析发现，公众对雾霾的关注和舆论的强度对企业防治雾霾的积极性影响很大。p_e^* 的大小与公众发现政府和企业合谋并中止合谋的概率 r 成反比，当利润 R 确定时，p_e^* 的大小与声誉成本 F 和政府不防治雾霾额外获取的利润 ΔI 成反比，与企业不防治雾霾额外获取的利润 ΔR 成正比。

2. 政府是否选择防治雾霾的纳什均衡条件

$$U_L^y = pq[r(I+\Delta I-M)+(1-r)(I+\Delta I)]+(1-p)q(I+\Delta I) \quad (19\text{-}5)$$

式中，U_L^y 表示政府与企业合谋时不防治雾霾的期望利润。对 U_L^y 求 q 的一阶偏导，可得

$$\frac{\partial U_L^y}{\partial q} = p[r(I+\Delta I-M)+(1-r)(I+\Delta I)]+(1-p)(I+\Delta I) \quad (19\text{-}6)$$

当 $\frac{\partial U_L^y}{\partial q}=0$ 达到纳什均衡时，即

$$p[r(I+\Delta I-M)+(1-r)(I+\Delta I)-(I+\Delta I)]+(I+\Delta I)=0 \quad (19\text{-}7)$$

解式（19-7）可得

$$p_L^* = p = \frac{I+\Delta I}{rM} \quad (19\text{-}8)$$

式中，p_L^* 表示当政府防治雾霾的策略达到纳什均衡时，公众发现企业和政府合谋不防治雾霾的概率。当公众发现合谋的概率为 p_L^* 时，政府和企业是否防治雾霾，

均不影响政府的期望利润。当 $p > p_L^*$ 时，政府会对企业的排污率持放任的态度，以获得更多的财政收入；当 $p < p_L^*$ 时，政府会严格监督企业的排污率，认真防治大气雾霾。分析发现，p_L^* 和 p_e^* 都与公众发现政府和企业合谋并中止合谋的概率 r 成反比，即公众监管成功的概率越小，则 p_L^* 就越大。当政府获得的财政收入 I 一定时，p_L^* 与政府获得的额外利润 ΔI 成正比，与政治成本成反比。也就是说，政府获得额外利润越大，公众对大气污染的关注度越低，政府付出的政治成本越低时，政府更倾向于与企业合谋不防治大气污染，因此需要切实加强政府官员的廉政建设。

3. 公众是否选择防治雾霾的纳什均衡条件

$$U_c^y = pq[r(G-N+B)+(1-r)(G-N)]+p(1-q)(G-N) \tag{19-9}$$

式中，U_c^y 表示公众的期望收益，对 U_c^y 求 p 的一阶偏导，可得

$$\frac{\partial U_c^y}{\partial p} = qrB+G-N \tag{19-10}$$

当 $\frac{\partial U_c^y}{\partial p}=0$ 达到纳什均衡时，即

$$qrB+G-N=0 \tag{19-11}$$

解式（19-11）可得

$$q_c^* = q = \frac{N-G}{rB} \tag{19-12}$$

式中，q_c^* 表示当公众防治雾霾的策略达到纳什均衡时，公众发现企业和政府合谋并中止合谋概率的大小。当公众发现企业和政府合谋并中止的概率为 q_c^* 时，政府和企业无论是否防治雾霾，均不影响公众的期望利润。当 $q > q_c^*$ 时，公众倾向于防治雾霾；当 $q < q_c^*$ 时，公众倾向于选择不防治雾霾。根据分析可得，政府和企业合谋不防治雾霾的概率与公众防治雾霾的支出成本 N 成正比，与公众防治雾霾获得的政府资助成本 G 成反比，与公众发现政府和企业合谋并中止合谋的概率 r 成反比，与 B 成反比。要做好防治雾霾工作，需要政府加强宣传防治雾霾的好处，让公众充分意识到防治雾霾的必要性，同时加大对防治雾霾公共组织或机构的资助和奖励。

上述结果说明，如果技术未实现整体上的重大突破，政府、企业和公众的防治行动也难以协同，若使三方利益达到临时的协同一致状态，需要以经济放慢增长速度为代价。事实上伴随着经济的高速发展，公众对雾霾问题的关注目前屈服于对物质的渴望，在雾霾问题继续恶化深重前，公众强烈的环保要求仍在巨大的经济利益面前排到次要位置，而政府考虑公众的意见和国民经济的整体发展这两

个因素后，自身防治决心和执行力也会受到影响。因片面追求 GDP 增长，雾霾治理陷入了多方协作的困境，而在雾霾恶化到一定程度，经济发展受到严重影响前，这种现象难以得到根本的改善。从长远看，解决三方博弈矛盾的根本出路就是绿色发展，只有通过技术升级和改造，采用减排和环保技术，变废为宝，污染物才容易转化为产品，大部分企业创造的企业价值比高污染发展方式下创造的企业价值还高时，三方利益才会趋于协同。这也是经济新常态下的企业转型升级的目标和要求，也是供给侧改革的题中之意。

19.2.2　中央政府和长三角地方政府的博弈分析

中央政府和长三角地方政府都具有“理性经济人”的特点，但是二者的总体目标还是有所差异的，中央政府追求社会整体利益最大化，地方政府追求地方利益最大化[216]。近年来我国政治体制不断改革，中央集权方式逐渐转变为分权模式，地方政府获得更多自主发展的权力。随着地方政府权力的变大，地方政府具有能够和中央政府博弈的能量。中央政府现阶段的目标是经济和环境协调发展，获得人民群众的认可，取得人民的信赖。因此，中央政府要求地方政府调整发展方式，调整产业结构，实现可持续发展。而长三角地方政府更多考虑的是长三角地区的经济发展情况，官员的政绩考核，会忽略环境污染问题。长三角地方政府虽明白雾霾带来的严重后果，但是治理雾霾会降低地方经济的发展速度，因此长三角地区政府对雾霾治理的积极性不高。当中央政府和地方政府的目标相同时，长三角地方政府会严格执行中央政府对于雾霾治理的政策；当中央政府和地方政府的目标不相同时，长三角地方政府为了自身的相关利益会消极执行中央政府的政策，博弈行为就此产生。

具体模型如下。

参与人：中央政府；长三角三地地方政府。

博弈策略：中央政府有两种博弈策略，分别为对长三角地方政府执行雾霾治理政策的严格监督和宽松监督；地方政府有两种博弈策略，分别为对中央雾霾政策的严格实施与消极实施。博弈结果如图 19-1 所示。

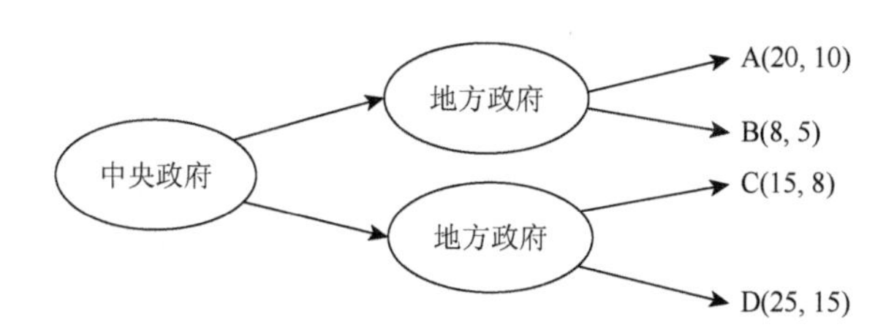

图 19-1　中央政府和地方政府博弈结果图

博弈收益分析：第一种情况 A，设中央政府严格监督长三角地方政府雾霾治理政策的执行情况，地方政府也配合中央政府的雾霾治理政策，大力发展绿色环保经济，最终地方政府在环境治理和经济发展方面各获利 5 个单位，地方政府总收益为 10 个单位，中央政府既获得长三角地方政府的财政收入，又在雾霾治理方面取得进步，总收益为 20 个单位；第二种情况 B，中央政府严格监督长三角地方政府雾霾治理政策的执行情况，但地方政府为了自身利益，对中央政府对于雾霾治理的政策采取消极应对的措施，与第一种情况 A 相比地方政府虽然在经济方面获得 10 个单位收益，但是由于地方政府没有贯彻执行中央政府对于雾霾治理的政策，被中央政府惩罚 5 个单位的收益，中央政府的总收益为对地方政府的惩罚和财政收入之和减去投入的成本，总收益为 8 个单位；第三种情况 C，中央政府对地方政府雾霾治理政策的执行情况采取放任态度，但是地方政府严格要求自己，对中央政府的政策都积极执行，积极治理雾霾，使得地方政府经济和环境协调发展，可持续发展，中央政府和地方政府分别获利 5 个单位，但是雾霾有外部性特点，一地地方政府严格执行中央政策，但是另一地地方政府打折执行中央政府政策，使得另一地的雾霾传播到本地，影响本地政府的收益，最终地方政府总收益为 8 个单位，中央政府的总收益为地方政府的财政收入和实现一部分雾霾治理的目标，总收益为 15 个单位；第四种情况 D，中央政府和地方政府都只重视经济发展，忽略雾霾治理政策，地方在经济方面取得较高收益，收益 20 个单位，但考虑相邻地区间的雾霾相互影响，最终地方收益 15 个单位，中央政府虽放弃雾霾治理，但获得较高的财政收入，最终总收益为 25 个单位。

根据上述分析可得，当中央政府和地方政府都优先发展经济而忽略雾霾的防治时，中央政府和地方政府都可以获得最高收益。因此，长三角地区雾霾治理政策无法贯彻执行很大程度上受上述情况的影响。相关利益主体在经济和雾霾治理之间通常会做出更切合自身利益的选择，即不顾环境污染优先发展经济。另外，雾霾具有外部性特点，相邻地区的雾霾会相互影响，为相邻地区政府雾霾的协同治理增加难度。因此，中央政府必须严格监督地方政府在雾霾治理方面做出的效果，并且从整体上调和相邻地区政府间的关系。中央政府也需对地方政府的雾霾治理给予经济支持，不断督促长三角地方政府治理雾霾的积极性。长三角政府要贯彻执行中央政府的雾霾治理政策，有针对性地提出治理对策和加大实施力度。

19.2.3　地方政府管制和企业污染的博弈分析

建立一个政府和企业在污染上的博弈模型：假设某地方所有企业为一个污染者，当地政府财政收入主要来自这个企业。设企业的经济收益 R 依赖于产量 Q，即 $R=R(Q)$，且污染的排放量和产量正相关。进一步将污染排放量内含于产量，Q_1

为企业选择积极策略进行污染治理时的产量，企业对应的利润为 R_1；Q_2 为企业污染环境时的产量，此时企业对应利润为 R_2，显然，$Q_2>Q_1$，$R_2>R_1$。然而，企业不进行污染治理可以给企业带来较高的经济收益，但伴随的环境污染会使当地的居民身受污染危害，居民会指责、进行上访或控告该企业，使企业在当地的口碑受到影响。而且，随着公众环保意识的增强，公众越来越偏重绿色产品的购买，意味着注重环境的绿色企业会获得长远的竞争优势。把企业因放任污染而带来差的口碑、竞争力的丧失等损失统一称为声誉成本，记为 h。它是一种间接的，同时也更多表现为非物质形态成本。这样，在考虑企业声誉情况下，企业污染收益实际应为 R_2-h。从长远来看，随着公众环境意识的提高，企业进行污染的声誉成本 h 会大幅增加，企业污染将得不偿失。而如果企业积极实行节能减排，将会得到地方政府的一笔补偿，记为 P。

另外，地方政府的直接好处是得到企业的税收 T，其为产量 Q 的函数，即 $T=T(Q)$。显然企业不顾环境扩大生产时政府会得到更多的税收，即 $T_2>T_1$。政府对污染企业实施罚款（或征收环境税）会得到一笔收益 F，同时政府进行监管需要支出大量人力、物力、财力等监管成本 C。也应该注意到，如果当地环境严重污染，地方政府会面临公众的指责及上访的压力，这会影响地方政府及地方官员的形象、政治业绩，事关官员的升迁、仕途等。这里，把地方政府因放任污染而带来公众的指责，仕途受到影响等造成的损失称为政治成本，记为 H。表 19-1 为地方政府与排污企业博弈双方的收益矩阵图。

表 19-1　地方政府与排污企业博弈双方的收益矩阵

		地方政府	
		监管	不监管
排污企业	污染	$(R_2-h-F,\ T_2-H+F-C)$	$(R_2-h,\ T_2-H)$
	不污染	$(R_1+P,\ T_1-C-P)$	$(R_1,\ T_1)$

假设排污企业仍然选择排放污染的概率为 x，则企业不排放污染的概率为 $1-x$。地方政府实行监管策略的概率为 y，则地方政府不实行监管策略的概率为 $1-y$。可以得到排污企业在两种策略下的期望收益分别为 U_{11}、U_{12}，且企业的整体平均收益为 $\overline{U_1}$。

$$U_{11}=y(R_2-h-F)+(1-y)(R_2-h)=-yF+R_2-h \tag{19-13}$$

$$U_{12}=y(R_1+P)+(1-y)R_1=yP+R_1 \tag{19-14}$$

$$\begin{aligned}\overline{U_1}&=xU_{11}+(1-x)U_{12}\\&=x(-yF+R_2-h)+(1-x)(yP+R_1)\\&=-xyF-xyP+xR_2-xR_1-xh+yP+R_1\end{aligned} \tag{19-15}$$

设地方政府在监管与不监管两种策略下的期望收益为U_{21}、U_{22}，地方政府的整体平均收益为$\overline{U_2}$。

$$\begin{aligned} U_{21} &= x(T_2 - H + F - C) + (1-x)(T_1 - C - P) \\ &= xT_2 - xT_1 - xH + xF + xP + T_1 - C - P \end{aligned} \quad (19\text{-}16)$$

$$U_{22} = x(T_2 - H) + (1-x)T_1 = xT_2 - xT_1 - xH + T_1 \quad (19\text{-}17)$$

$$\begin{aligned} \overline{U_2} &= yU_{21} + (1-y)U_{22} \\ &= y(xT_2 - xT_1 - xH + xF + xP + T_1 - C - P) + (1-y)(xT_2 - xT_1 - xH + T_1) \\ &= xyF + xyP - yC - yP + xT_2 - xT_1 - xH + T_1 \end{aligned} \quad (19\text{-}18)$$

企业实行节能减排情况和企业监管策略选择的总体复制动态方程为

$$\frac{\mathrm{d}x}{\mathrm{d}t} = x(U_{11} - \overline{U_1}) = x(1-x)(-yF - yP + R_2 - R_1 - h) \quad (19\text{-}19)$$

$$\frac{\mathrm{d}y}{\mathrm{d}t} = y(U_{21} - \overline{U_2}) = y(1-y)(xF + xP - C - P) \quad (19\text{-}20)$$

1. 演化路径及稳定分析

1）排污企业的演化路径及稳定性

由式（19-19）给出的企业采取节能减排策略的复制动态方程，令$U'(x) = \frac{\mathrm{d}x}{\mathrm{d}t}$，则有

$$U'(x) = (1-2x)(-yF - yP + R_2 - R_1 - h) \quad (19\text{-}21)$$

当$U(x) = 0$时，取得最优，则有两个稳定点为$x_1^* = 0$，$x_2^* = 1$：

$$U'(x) = (1-2x)(-yF - yP + R_2 - R_1 - h) = 0 \quad (19\text{-}22)$$

当$y = y^* = \frac{R_2 - R_1 - h}{F + P}$［其中，$0 \leqslant y \leqslant 1$时，$U'(x) \equiv 0$］，表示地方政府对排污企业实施以$\frac{R_2 - R_1 - h}{F + P}$的监管力度时，对任意概率的$x$，系统总处于稳定状态，不会继续演化。

当$y > y^* = \frac{R_2 - R_1 - h}{F + P}$时，稳定点为$x_1^* = 0$，$x_2^* = 1$。$U'(0) > 0$，$U'(1) < 0$，根据微分方程稳定性判别条件，当$U'(x) \leqslant 0$时，可取得稳定，则可得$x = x_2^* = 1$是演化稳定策略。表示地方政府实施高于$\frac{R_2 - R_1 - h}{F + P}$的监管力度时，排污企业会逐渐从不污染向污染的策略演化，即污染策略是此时的演化稳定策略。

当$y < y^* = \frac{R_2 - R_1 - h}{F + P}$时，稳定点为$x_1^* = 0$，$x_2^* = 1$。$U'(0) < 0$，$U'(1) > 0$，同

理可得，$x = x_1^* = 0$ 是此时的演化稳定策略。表示地方政府实施低于 $\frac{R_2 - R_1 - h}{F + P}$ 的监管力度时，排污企业会逐渐从污染向不污染的策略演化，即不污染策略是此时的演化稳定策略。

2）地方政府策略的演化路径及稳定性

由式（19-20）给出的地方政府采取监管策略的复制动态方程，令 $V'(y) = \frac{\mathrm{d}y}{\mathrm{d}t}$，则

$$V'(y) = (1 - 2y)(xF + xP - C - P) \tag{19-23}$$

当 $V'(y) = 0$ 时，取得最优，则有两个稳定点，为 $y_1^* = 0$，$y_2^* = 1$：

$$V'(y) = (1 - 2y)(xF + xP - C - P) = 0 \tag{19-24}$$

当 $x = x^* = \frac{C + P}{F + P}$［其中，$0 \leqslant x \leqslant 1$ 时，$V'(x) \equiv 0$］，表示排污企业以 $\frac{C + P}{F + P}$ 的概率持续排放污染时，对任意概率的 y，系统总处于稳定状态，不会继续演化。

当 $x > x^* = \frac{C + P}{F + P}$ 时，稳定点为 $y_1^* = 0$，$y_2^* = 1$。$V'(0) > 0$，$V'(1) < 0$，根据微分方程稳定性判别条件，当 $V'(x) \leqslant 0$ 时，可取得稳定，则可得 $y = y_2^* = 1$ 是演化稳定策略。表示排污企业以高于 $\frac{C + P}{F + P}$ 的概率排放污染时，地方政府会逐渐从不监管向监管的策略演化，即监管策略是此时的演化稳定策略。

当 $x < x^* = \frac{C + P}{F + P}$ 时，稳定点为 $y_1^* = 0$，$y_2^* = 1$。$V'(0) < 0$，$V'(1) > 0$，同理可得，$y = y_1^* = 0$ 是此时的演化稳定策略。表示排污企业以低于 $\frac{C + P}{F + P}$ 的概率排放时，地方政府会逐渐从监管向不监管的策略演化，即不监管策略是此时的演化稳定策略。

2. 动态方程组检验

令复制动态方程组式（19-19）和式（19-20）等于 0：

$$F(x) = \frac{\mathrm{d}x}{\mathrm{d}t} = x(U_{11} - \overline{U_1}) = x(1 - x)(-yF - yP + R_2 - R_1 - h) = 0 \tag{19-25}$$

$$F(y) = \frac{\mathrm{d}y}{\mathrm{d}t} = y(U_{21} - \overline{U_2}) = y(1 - y)(xF + xP - C - P) = 0 \tag{19-26}$$

由 $F(x) = 0$ 得到 $x = 0$，$x = 1$，$y^* = \frac{R_2 - R_1 - h}{F + P}$，$F(y) = 0$ 得到 $y = 0$，$y = 1$，$x^* = \frac{C + P}{F + P}$。

由此可以得到 5 个平衡点$E_1(0,0)$，$E_2(0,1)$，$E_3(1,0)$，$E_4(1,1)$，$E_5\left(\dfrac{C+P}{F+P},\dfrac{R_2-R_1-h}{F+P}\right)$。

根据弗雷德曼提出的方法可以检验上述 5 个平衡点的性质。其方法是检验动态系统方程组式（19-25）和式（19-26）的雅克比矩阵 $\boldsymbol{J}$ 的行列式 $\det \boldsymbol{J}$ 的符号和 $\mathrm{tr}\boldsymbol{J}$ 的符号。若 $\det \boldsymbol{J}$ 符号为正值，且 $\mathrm{tr}\boldsymbol{J}$ 符号为负值，对应的平衡点为稳定点；若 $\det \boldsymbol{J}$ 符号为正值，且 $\mathrm{tr}\boldsymbol{J}$ 符号为正值，则对应的均衡点是不稳定的；若 $\det \boldsymbol{J}$ 的符号为负值，则对应的该平衡点为鞍点。

方程组的雅克比矩阵为

$$\boldsymbol{J}=\begin{pmatrix}\dfrac{\mathrm{d}F(x)}{\mathrm{d}x} & \dfrac{\mathrm{d}F(x)}{\mathrm{d}y}\\ \dfrac{\mathrm{d}F(y)}{\mathrm{d}x} & \dfrac{\mathrm{d}F(y)}{\mathrm{d}y}\end{pmatrix}$$

$$=\begin{pmatrix}(1-2x)(-yF-yP+R_2-R_1-h) & x(1-x)(-F-P)\\ y(1-y)(F+P) & (1-2y)(xF+xP-C-P)\end{pmatrix}$$

将 5 个平衡点分别代入雅克比矩阵 $\boldsymbol{J}$，得出计算结果如表 19-2 所示。

表 19-2　雅克比矩阵的行列式值和迹

平衡点	$\det \boldsymbol{J}$	$\mathrm{tr}\boldsymbol{J}$
$(0,0)$	$(R_2-R_1-h)(-C-P)$	$R_2-R_1-h-P-C$
$(0,1)$	$(-F+R_2-R_1-h-P)(C+P)$	$C-F+R_2-R_1-h$
$(1,0)$	$(R_2-R_1-h)(C-F)$	$C-F+R_2-R_1-h$
$(1,1)$	$(F-R_2+R_1+h+P)(C-F)$	$C-R_2+R_1+h+P$
$\left(\dfrac{C+P}{F+P},\dfrac{R_2-R_1-h}{F+P}\right)$		0

假设 $R_2-R_1-h>0$，由表 19-2 及表 19-3 分析可以得到一个稳定点，即当政府对污染企业实施罚款大于政府监管成本（$F>C$），且企业污染的收益大于不污染的收益（$R_2-F-h>R_1+P$）时，能够达到局部均衡点（1，1），博弈的策略组合最终会演化为（污染，监管）策略。

因此，在监管下企业污染的收益与不污染的收益决定着企业是否进行节能减排，当企业污染的收益大于不污染的收益时，企业选择排放污染；政府的实际收益，即若企业不节能减排时政府收取的罚金大于政府监管成本时，政府会选择监管。

然而，（污染，监管）并不是我们想要得到的策略，最佳的策略是达到（不污染，监管）点的稳定。从表 19-3 可以看出，当政府对污染企业实施罚款大于政府监管成本（$F>C$），且企业污染的收益大于不污染的收益（$R_2-F-h>R_1+P$）时，若 $R_2-F-h<R_1-C$，则能够达到（0，1）点的稳定，得到（不污染，监管）的最佳策略稳定。

表 19-3　系统奇点类型判断及稳定性分析

平衡点	$F>C$ $F<R_2-R_1-h-P$		$F>C$ $F>R_2-R_1-h-P$		$F<C$ $F<R_2-R_1-h-P$		$F<C$ $F>R_2-R_1-h-P$	
	det ***J*** tr***J***	结果	det ***J*** tr***J***	结果	det ***J*** tr***J***	结果	det ***J*** tr***J***	结果
(0,0)	−＋	鞍点	−/	鞍点	−/	鞍点	−−	鞍点
(0,1)	+/	不稳定节点	−/	鞍点	＋＋	不稳定节点	−＋	鞍点
(1,0)	−/	鞍点	−/	鞍点	+/	不稳定节点	+/	不稳定节点
(1,1)	＋−	稳定点	−/	鞍点	−/	鞍点	＋＋	不稳定节点
$\left(\frac{C+P}{F+P},\frac{R_2-R_1-h}{F+P}\right)$	+0		−0		+0		−0	

3. 结论

地方政府与排污企业的博弈及企业和政府的收益，R_1，R_2，h，C，F，P 都不同程度影响着博弈的结果。

排污企业是否采取积极的态度，采取措施减少雾霾污染，与排污企业为减少雾霾污染所付出的成本有一定的联系，若地方政府会给予一定帮助，用于降低企业的损失，必然会带动企业节能减排的积极性。

对于没有积极治理雾霾的企业，政府可以对其进行处罚，并且在必要时加大对企业的处罚力度，当处罚的金额大于治理雾霾的成本时，企业必然会选择积极参与治理雾霾，节约成本的同时，落实环境保护的政策。

为了鼓励企业积极治理雾霾，政府可以给予其一定的奖励，如资金上的奖励，用于抵消企业节能减排付出的成本。有了这部分奖励，对企业来说不仅有了行动上的动力，也有了更好的改进节能减排的成本，为治理雾霾做更大的贡献。

为了使政府部门积极对企业进行监管，最佳的方案是使监管成本与对企业生态补偿的和与生态罚金相等。因此，尽量减少政府的监管成本，并将节省的成本用于对企业的补贴和奖励，这样不仅提高了政府监管的积极性，也提高了企业节能减排的积极性。

19.2.4 长三角地方政府间的博弈分析

每个地方政府都代表一定集团的利益，地方政府之间的博弈是个体理性之间利益冲突的具体表现。在整个区域中，各地方政府基于政绩考核、利益争夺和行政规划等实现自身利益的最大化。长三角地区的大气污染治理最重要的主体是三地政府，虽然中央一再强调长三角地区协同治理的重要性，但是三地政府协同治理意识尚未形成，特别是有关自身利益的领域协作行动远落后于理论。在环境治理上三地政府主要在优先发展经济和实行环境治理之间取舍，关注的焦点是环境治理是否会影响本地经济发展，由于环境外部性特点，在协调本地经济发展与环境治理时还要考虑其他地区的政策。

长三角地区共同面临着雾霾污染的威胁，各地方政府应该积极地协同治理雾霾，即积极实施有效措施对排污企业进行监管，督促企业节能减排。

设博弈对象为长三角地区的两个地方政府，记为政府 A 和政府 B，在监管的过程中分别有两种态度的选择，即采取积极态度或消极态度。可以得到群体的博弈支付矩阵，这是一个一般的对称博弈矩阵，其中，a，b，c，d 分别表示政府采取不同监管态度下的收益，$a<d$，如表 19-4 所示。

表 19-4　各地方政府的博弈支付矩阵

		政府 B	
		积极	消极
政府 A	积极	(a, a)	(b, c)
	消极	(c, b)	(d, d)

假设政府 A 和政府 B 选择采取积极态度的概率为 x，采取消极态度的概率为 $1-x$，则政府采取积极态度策略的期望收益为

$$u_1 = xa + (1-x)b \tag{19-27}$$

政府采取消极态度策略的期望收益为

$$u_2 = xc + (1-x)d \tag{19-28}$$

群体的平均收益为

$$\overline{u} = xu_1 + (1-x)u_2 \tag{19-29}$$

根据上述收益的复制动态方程为

$$F(x)=\frac{dx}{dt}=x(u_1-\overline{u})=x(1-x)(u_1-u_2)\\ =x(1-x)\left[(a-c)x+(b-d)(1-x)\right] \tag{19-30}$$

式（19-30）表示了演化博弈系统的群体动态，当 $F(x)=0$ 时，该系统最多有三个稳定状态，分别为 $x_1^*=0$，$x_2^*=1$，$x_3^*=\frac{d-b}{d-b+a-c}$，根据演化博弈稳定性定理，当 $F'(x)<0$，x^* 为演化稳定策略。

$$F'(x^*)=(1-2x)[(a-c)x+(b-d)(1-x)]+x(1-x)(a-c+d-b) \tag{19-31}$$

当 $x=x_1^*=0$ 时，$F'(x^*)=b-d$。

当 $x=x_2^*=1$ 时，$F'(x^*)=c-a$。

当 $x=x_3^*=\frac{d-b}{d-b+a-c}$ 时，$F'(x^*)=x(1-x)(a-c+d-b)$。

从表 19-5 可以看出，各政府间是否采取积极治理雾霾的策略主要取决于政府的期望收益。无论另一方是否采取积极态度，只要政府采取积极态度收益大于双方都采取消极态度，有限理性的地方政府最终就会趋向于采取积极态度治理雾霾。相反，如果双方政府都采取积极态度的收益小于有一方政府采取消极态度的收益，有限理性的地方政府就会趋向于采取消极态度治理雾霾。若 $x_3^*=\frac{d-b}{d-b+a-c}$ 是演化稳定策略，则政府会以 $\frac{d-b}{d-b+a-c}$ 的概率积极对排污企业进行监管，以 $\frac{a-c}{d-b+a-c}$ 的概率对监管采取消极态度。由此可以看出，$b-d$ 越大，即采取积极态度的收益比采取消极态度的收益越大，政府对雾霾治理监管的积极性越高；反之，$a-c$ 越大，即采取积极态度的收益比采取消极态度的收益越小，政府就会越偏向于维护自身利益，对雾霾治理监管采取消极态度。

表 19-5　结果分析

	$a-c>0$	$a-c<0$
$b-d>0$	$x_2^*=1$ 是稳定状态 x_3^* 不是稳定状态	x_3^* 是稳定状态
$b-d<0$	$x_1^*=0$ 是稳定状态 $x_2^*=1$ 是稳定状态	$x_1^*=0$ 是稳定状态 x_3^* 不是稳定状态

19.2.5 企业和公众之间的博弈分析

企业的排污率与公众舆论监督程度的强弱有着密切联系。当公众的关注点在雾霾方面时，企业迫于舆论压力，会降低自身的排污率。当公众的注意力转移到其他方面时，企业为实现自身的利润最大化，降低企业成本，又会选择继续排污。现实生活中，当某个地区舆论关注秸秆排放问题时，会采取罚款、通告等方式处罚焚烧者。这时焚烧者考虑自己的利益损失，会选择禁烧，大气质量会短时间变好；而过一段时间，当公众关注度下降时，焚烧不受监督时，大规模的焚烧又死灰复燃，加重了雾霾的形势[217]。这种排污行为与公众舆论博弈关系的简单描述如表 19-6 所示。

表 19-6　企业和公众的治污博弈

		公众	
		合作	不合作
企业	合作	（2，2）	（0，0）
	不合作	（0，0）	（1，1）

设当企业和公众彼此之间为不合作的状态时，此时双方的效用都是 1 个单位；当双方彼此合作时，双方的效用都是 2 个单位，此时达到最大效用；当一方合作，另一方不合作时，双方的效用都是 0 个单位。因为企业不知道公众舆论的监督强度且公众也不清楚最终企业是否会按政策标准排污，因此上述 4 种情况均有可能发生。假设公众合作的概率为 a，而企业排污达标合作的概率为 b，则该问题的决策模型为

$$\max b = b[a\times 2 + a\times 0] + (1-b)[a\times 0 + (1-a)\times 1] \tag{19-32}$$

式（19-32）的一阶形式为 $3a-1$。

当 $3a-1=0$ 时，即 $a=1/3$ 时，即无论企业的排污率是否达到国家政策标准，对企业来说都是最优，此时为混合策略。

当 $3a-1>0$ 时，即 $a>1/3$ 时，企业排污率达到政策标准时，即合作时为最优策略，此时 $b=1$。

当 $3a-1<0$ 时，即 $a<1/3$ 时，企业排污率达不到企业标准时，即采取不合作的策略最优，此时 $b=0$。

根据上述分析可知，公众关注雾霾的舆论强度很大程度上决定了企业的排污策略，当公众的关注点在雾霾方面时，且不断加强对企业排污的监督并热衷于宣传雾霾的治理时，企业会迫于公众舆论压力而选择排污率达到政策标准，并想方

设法提高自身技术，降低排污率，不断创新，降低排污成本。当公众放松对企业监督时，企业为了利润通常会选择不合作。

随着科学技术的不断创新，公众获取信息的方式愈加便利，信息的传播速度越来越快，革新了社会关系和社会结构。随着信息技术的进步和互联网的进一步普及，网络舆情的监测和控制越来越成为雾霾治理的重要课题，公众的舆论监督作用越加重要。政府部门应充分调动公众参与雾霾治理的积极性和主动性，积极鼓励舆论监督和公众参与，营造“共呼吸，同奋斗”的良好社会氛围。社会信息化变革的不断深入，要求政府转变工作方式，树立情报信息新理念，加快雾霾治理的工作方式从原有的单纯行政管理方式向现代信息化管理方式转变。

19.3 本章小结

本章分析了中央政府、地方政府、企业和公众之间的博弈关系，研究了目前我国长三角地区的雾霾治理存在的困难。环境政策的制定和执行实际上是相关主体之间的博弈过程，一项政策最终能否达到预期目标取决于博弈中的利益结构。分析表明，降低政府监管成本，加大对污染企业的处罚，增加政府、企业在环境污染状况下所担负的政治、声誉等非物质成本在内的政策措施，能使环境得到持续的改善。

长三角地区雾霾协同治理的利益协调机制既是长三角地区环境治理的需要，也是长三角经济发展的需要，为了更好地促进长三角一体化进程，长三角利益协调机制是不可或缺的。现阶段在长三角地区雾霾治理利益协调机制中还存在着诸多问题，如利益冲突、利益协调主体缺失和机制的实施缺乏针对性等，造成这些问题的原因也是多方面的，如制度设计、合作意识和法律规范等方面都存在着问题。为了更好地实施长三角地区雾霾协同治理利益协调机制，促进长三角雾霾治理的进程，人们就要针对不同的问题进行分析和完善。

第 20 章　雾霾联防联控机制研究

近几年中国的大气环境出现了不同程度的污染，大气污染的频率也越来越高，特别是雾霾呈现大面积、区域性的污染，如长三角、京津冀和珠三角等经济发达的区域，雾霾污染非常严重，更有持续性雾霾天气出现，给人们及社会经济造成了极大的影响。因此，大气污染的区域性及复杂性成为目前研究的热点、难点问题，特别是现今社会能源的不断消耗，资源的不断枯竭，工业生活的排放越来越多，大面积的天气污染就会同时出现，同时，当一个城市出现严重污染时，污染会转移、输入和演化，从而污染的风险会影响其他城市地区。各种的污染问题仅靠一个城市的力量难以克服，必须通过区域合作，联防研究，以创新的思维来进行雾霾联防机制的研究。本章引入帕累托最优理论，对长三角雾霾区域联防协作机制进行合理的、最优化模型的分析。

20.1　帕累托最优理论简介

20.1.1　帕累托最优状态

帕累托最优理论是由意大利经济学家维弗雷多·帕累托创造发明的[218]，是指各种资源在理想状态下的一种分配，即假定固有的资源和固定的一群人，其中至少有一个人变好，而其他人也没有变坏，也就是从一种分配状态到另一种状态的变化。而这种状态也不可能有更多改进的余地，是一种公平的、有效率的“理想王国”。

帕累托最优在许多行业及领域都有相应的应用，如在一般消费中，有消费的帕累托最优，要求所有的产品在消费者之间的分配达到最优，从消费的意义上讲，帕累托最优是两个消费者之间拥有的两种商品的边际替代率相等，而这个时候，消费者无法改变产品的分配来使一些人的产品效用增加而另一些人的产品效用降低；生产的帕累托最优，是指在生产过程中，生产要素在各个部门的投入达到最优，也就是对于任意不同的两种产品，生产这两种产品的边际技术替代率相同，而在这个时候，无论生产要素在生产者之间如何分配，都使生产要素的分配达到帕累托最优，换个角度看，就是不能通过不同要素的重新配置来使某些生产者的产量增加而又不使其他生产者的产量减少；一般的帕累托最优是指在消费者心里两种产品的边际替代率等于生产这两种产品的边际技术替代率；而在完全竞争的市场，并且这个市场是长期稳定的，此时帕累托最优的三个条件自动满足，这也是福利经济学的第一基本定律。

20.1.2　帕累托改进

帕累托最优也被称为帕累托效率和帕累托改进，在博弈论中是一个重要的理论概念，同时在社会科学、工程学和经济学等学科有着较多的应用。一般来说要达到帕累托最优要同时满足以下三个条件。

交换最优：无论如何交易，个人利益也无法从中获得更多。因此，此时对于任意的两个消费者来说，任何两种产品的边际替代率是相同的，并且任意两个消费者的效用也是最大的。

生产最优：一个经济个体必须处在自身生产的边界线上。对于任意两个生产者生产不同的产品，所投入的生产要素的边际技术替代率也相同，并且两个生产者所生产产品的产量同时达到最大化。

产品混合最优：一个经济个体所生产出的产品必须符合消费者的喜好。而在此时任意两种商品的边际替代率与任意生产者在两种产品之间的产品转化率相同。

利用帕累托最优的标准，可以看到人所需的好与坏，什么是最合适的。从帕累托改进的解释来看，帕累托改进更多的是一个经济学的概念，即从所有群体的利益出发，在现今仅有的制度下没有输家，而且至少有那么一部分人能赢。可以看出，无论哪种方式改进后者试图破坏这种状态而使得群体的利益增加时，必然会导致部分人的既得利益受损，这样的话都不是帕累托改进。帕累托改进是通过不断地进行完善，不断提高社会公平与公正。

根据以上的帕累托最优的论述，可以发现帕累托最优是经济学中消费生产的一个理想状态，而在社会中，各种矛盾突出，利益纠纷频发，同样也需要达成一个帕累托效应。雾霾作为一个区域性、复杂性的一个大气污染事件，不仅造成了严重的社会风险，而且对人类的健康造成了极大的伤害，因此对雾霾的治理刻不容缓。以长三角 4 个城市上海市、南京市、杭州市和合肥市为例，各个城市的雾霾污染程度仍然很严重，人口、资源和环境压力仍然是城市发展的难题，区域雾霾的联动联防并没有达到帕累托最优，反而有相悖之意。因此，本章运用帕累托最优理论对长三角区域中的上海市、江苏省、浙江省和安徽省 4 个省市雾霾的联动联防治理进行分析。

20.2 长三角雾霾联防基础分析

20.2.1 雾霾风险较大，具有相近性

长三角是中国经济发达的区域，人口资源众多，有上海市及浙江省、江苏省和安徽省部分城市等，近几年经济的发展导致环境污染加剧，特别是各个经济发达的城市，如上海市、南京市、杭州市和合肥市等，雾霾天气十分严重，表 20-1 为上海市、南京市、杭州市和合肥市 4 个城市 2016 年 11 月 26 日的空气质量数据，数据来源于环境保护部全国城市空气质量实时发布平台。

表 20-1 城市实时空气质量

污染物	上海市	南京市	杭州市	合肥市
$PM_{2.5}$	76	66	49	109
SO_2	18	21	7	17
NO_2	84	111	54	109
污染程度	中度污染	中度污染	轻度污染	中度污染

可以看出，$PM_{2.5}$ 浓度都有明显的偏高，合肥市浓度最高，污染严重，SO_2 浓度正常，NO_2 浓度南京市偏高。整体来看，4 个城市都有不同程度的污染，具有很强的相近性。

20.2.2 长三角空间上相邻，交通便利

长三角包括上海市，江苏省的南京、无锡、常州、苏州、南通、盐城、扬州、镇江和泰州，浙江省的杭州、宁波、嘉兴、湖州、绍兴、金华、舟山和台州，安徽省的合肥、芜湖、马鞍山、铜陵、安庆、滁州、池州和宣城等，共 26 个城市。

长三角城市群以上海市为中心，三省毗邻。长三角的交通也十分发达，《长江三角洲城市群发展规划（2015—2030）》显示，要完善城际综合交通网络，形成以上海市为中心，杭州市、南京市和合肥市为副中心，通过高铁、城际铁路、高速公路和长江黄金水道为主通道的多层次综合交通网。

长三角城市群 26 个城市之间的铁路公路非常多，基本联通，同时上海主中心与杭州市、南京市和合肥市等副中心有非常健全的高速铁路与高速公路线，并以“零距离换乘，无缝化衔接”的要求来建造城际交通的综合客运枢纽，同

时大力发展上海国际航运中心，提升上海国际航运的抗风险能力，建立长三角现代化的港口城市群。

20.2.3　长三角各区域经济稳步增长

2015 年上海市、江苏省、浙江省和安徽省的统计公报发布的信息显示，从长三角地区经济发展情况的简析来看，新常态下长三角地区经济仍保持平稳的增长态势，呈现出“经济中速增长、转型加快推进、质量效益提升”的特征，如表 20-2 所示。

表 20-2　2014～2015 年 4 省市经济增速

省市	2014 年 GDP/亿元	2015 年 GDP/亿元	增速/%
上海市	23 567.70	24 964.99	5.90
江苏省	64 623.00	70 116.40	8.50
浙江省	40 173.00	42 886.00	6.80
安徽省	20 244.30	22 005.60	8.70

资料来源：2015 年上海市、江苏省、浙江省和安徽省的统计公报

表 20-2 中可以看出，上海市、江苏省、浙江省和安徽省 4 省市的经济稳步增长，保持着良好的势头。

20.3　长三角雾霾联防制约因素

20.3.1　区域经济发展不平衡

广州泛珠城市发展研究院 2015 年数据显示，长三角 2014 年地区 GDP 为 12.67 万亿元，约占全国的 18.5%，其中，2015 年长三角城市群 26 个城市地区 GDP 排名如下。

表 20-3　2015 年长三角城市群 26 个城市地区 GDP 排名

序号	行政区	土地面积/km^2	2015 年 GDP/亿元	2014 年 GDP/亿元	名义增量/亿元	名义增速/±%	常住人口/万人	人均 GDP/元
1	上海市	6 340	24 964.99	23 560.94	1 404.05	5.96	2 415.27	103 363
2	苏州市	8 657	14 504.07	13 760.89	743.18	5.40	1 061.60	136 625
3	杭州市	16 596	10 053.58	9 206.16	847.42	9.20	901.80	111 483

续表

序号	行政区	土地面积/km^2	2015年GDP/亿元	2014年GDP/亿元	名义增量/亿元	名义增速/±%	常住人口/万人	人均GDP/元
4	南京市	6 587	9 720.77	8 820.75	900.02	10.20	823.59	118 029
5	无锡市	4 627	8 518.26	8 205.31	312.95	3.81	651.10	130 829
6	宁波市	9 816	8 011.49	7 610.28	401.21	5.27	782.50	102 383
7	南通市	10 549	6 148.40	5 652.69	495.71	8.77	730.00	84 225
8	合肥市	11 445	5 660.27	5 180.56	479.71	9.26	779.00	72 661
9	常州市	4 372	5 273.15	4 901.87	371.28	7.57	470.10	112 171
10	绍兴市	8 279	4 619.69	4 265.88	353.81	8.29	496.80	92 989
11	盐城市	16 931	4 212.50	3 835.62	376.88	9.83	722.85	58 276
12	扬州市	6 591	4 016.84	3 697.91	318.93	8.62	448.36	89 590
13	泰州市	5 787	3 655.53	3 370.89	284.64	8.44	464.16	78 756
14	台州市	9 411	3 558.13	3 387.38	170.75	5.04	604.90	58 822
15	嘉兴市	3 915	3 517.06	3 352.60	164.46	4.91	458.50	76 708
16	镇江市	3 840	3 502.48	3 252.44	250.04	7.69	317.65	110 262
17	金华市	10 942	3 406.50	3 208.20	198.30	6.18	545.40	62 459
18	芜湖市	6 026	2 457.32	2 309.55	147.77	6.40	365.40	67 250
19	湖州市	5 820	2 084.30	1 956.00	128.30	6.56	295.00	70 654
20	安庆市	13 594	1 418.50	1 352.91	65.59	4.85	458.60	30 931
21	马鞍山市	4 049	1 365.30	1 333.12	32.18	2.41	226.20	60 358
22	滁州市	13 516	1 305.70	1 214.39	91.31	7.52	401.70	32 504
23	舟山市	1 455	1 094.70	1 015.26	79.44	7.82	115.20	95 026
24	宣城市	12 313	971.50	917.63	53.87	5.87	259.20	37 481
25	铜陵市	3 009	916.00	907.72	8.28	0.91	159.20	57 538
26	池州市	8 272	544.70	517.17	27.53	5.32	143.60	37 932
长三角26个城市		212 739	135 502	126 794	8 707.60	6.87	15 097.68	89 750
全国占比		2.21%	20.02%				10.98%	

从表20-3可以看出，长三角GDP排名前10的城市是上海市、苏州市、杭州市、南京市、无锡市、宁波市、南通市、合肥市、常州市和绍兴市，其中，上海市GDP遥遥领先，而其他9个城市，浙江省占3个，江苏省占5个，安徽省占1个，可以看出3个省的经济差异非常大，江苏省发展较好，而安徽省省会合肥市也仅排第8，严重落后于上海市和其他两个省的城市。再比较这10个城市的人均GDP，合肥市也排名第14，经济发展相对滞后，对区域雾霾治理有很大的经济压

力，而江苏省的苏州市和无锡市人均 GDP 占前两位，经济发展很好，对于雾霾的治理有很大的经济优势。

20.3.2　技术壁垒造成雾霾治理难度大

雾霾治理是一项涉及多部门、多区域的工程，涉及环保、气象和交通等领域，各个行政区域之间也有各自的信息。但目前雾霾形势严峻，各个城市也遭受不同程度的雾霾污染，区域性的联防联控被不断提上日程，但涉及的各个业务部门、各个区域之间仍然自我封闭，没有信息共享和技术共享。

对于经济欠发达地区，信息获取及处理较弱，现代化设施较差，造成了区域雾霾联防的阻碍，对于经济技术优越的地区，如何进行信息公开、技术共享成为各部门和各区域需要重点研究的领域。

20.3.3　行政壁垒与地方博弈造成低效率高成本雾霾治理

长三角都市圈经济以市场为导向，没有行政边界，共享经济利益和在经济发展中主体地位对等，长三角行政经济则以政绩为导向，行政边界明显，没有共享经济利益及经济发展中主体地位也不对等，这种差异也导致了长三角一体化困难重重。也可以说，行政壁垒是长三角雾霾联防联控机制形成的最大阻碍，各个地区政府出于行政业绩的考虑，对于招商引资会进行“倾销式”竞争，导致很多不达标企业进驻，恶性竞争浪费了人力、物力，同时严重损害了环境，地方性博弈明显，从而减少了对环境改善等公共物品的投资，“唯 GDP 论”也一直影响地方政府的决策，导致各种污染型企业并没有得到有效治理，从而使环境进一步恶化，也间接导致雾霾区域联防的困难。

20.4　长三角区域雾霾联防联控的帕累托改进机制分析

20.4.1　雾霾联防联控的必要性

近几年中国的大气遭受到严重污染，特别是中国许多的大型城市，包括北京、上海、广州和深圳等一线城市，雾霾频发，持续时间长，使广大群众深受雾霾污染的危害。2013 年全国 74 个城市空气质量监测结果显示，较多城市的污染程度较大，京津冀、长三角、珠三角这几个经济发达的地区是空气污染相对较重的区域，除了这些区域还有武汉和长株潭等，面对雾霾污染带来的全国性挑战，政府和社会都非常重视，并且采取有效措施治理雾霾和改善空气质量的提案、呼声也越来越多。而雾霾天气具有明显的区域性、流动性和开放性等特点，因此大气污染的治理和空气质量的改善一定要打破目前固有的环境管理体制，改变以前“各人自扫门前雪”的状态，要从中央到地方形成大气污染治理机制，建立有效联防联控机制的方针政策。

20.4.2　雾霾联防联控帕累托改进

为了充分保证区域雾霾联防联控机制的顺利实施，需要充分发挥政府在区域雾霾治理的主体作用，政府间的区域雾霾治理合作才能够不断促进长三角雾霾联防联控机制的形成。长三角雾霾联防联控效率的帕累托改进是指在不降低相关区域的经济利益的前提下，不断改进和完善联防联控机制。通过博弈分析得出，这是实现区域雾霾联防联控的关键所在，下面来详细分析区域雾霾联防联控效率的帕累托改进。

图 20-1 中，横轴表示区域 a 的经济收益，纵轴表示区域 b 的经济收益，ab 表示在目前的合作机制下两个区域雾霾治理效率的可能性边界，*OC* 表示两个区域的平均经济收益线。假设 *X* 点是两个区域雾霾治理联防联控效率收益点，同时 *XM*、*XN* 分别表示两个区域雾霾治理联防联控效率收益的帕累托改进轨迹。如果雾霾区域治理联防联控机制效率的帕累托改进轨迹 *XM* 逐渐向远离平均线 *OC* 的方向移动，区域 b 的经济效益增加得更多，区域 a 的经济效益增加得少，从而导致两个区域的经济效益不断扩大，进而使得 ab 两个区域进行雾霾联防联控的动力越来越小，如果差异扩大到一定程度，那么区域 a 将会终止合作。

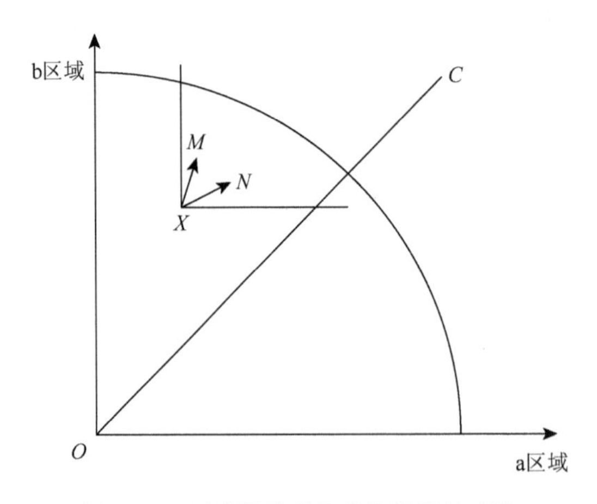

图 20-1　区域雾霾联防联控帕累托改进

如果雾霾区域治理联防联控机制效率的帕累托改进轨迹 *XN* 逐渐向靠近平均线 *OC* 的方向移动，那么，区域 b 经济收益增加得少，区域 a 经济收益增加得多，两个区域的经济收益差距不断缩小，这样区域 a 对与区域 b 合作的意愿会逐渐加强，这样的雾霾区域治理联防联控机制效率的帕累托改进才能促进区域合作。

但如果当两个区域的雾霾治理导致两个区域的经济效益差距扩大到一定范围后，经济收益小的区域将终止合作，如图 20-2 所示，用两条临界线 *OE*、*OF* 将 *Oab* 区域分成三部分，在 *OYZ* 区域内两个区域都愿意合作，在 *ObY* 区域内，由于经济利益差距过大，区域 a 不愿意与区域 b 合作，在 *OaZ* 区域内，区域 b 不愿意与区域 a 合作。不愿意合作不意味着不能进行合作，只有在无法实现区域经济效益的帕累托轨迹时合作无法进行，从而两个区域 ab 的平均收益点 *D* 和临界帕累托改进曲线 *VDUO* 把 *Oab* 分为三个区域，在区域 *VDUO* 里面，是可以实现雾霾治理的帕累托改进，而在区域 *VDb* 与区域 *UDa* 中是无法实现帕累托改进的，进而导致区域的合作可能性不复存在。

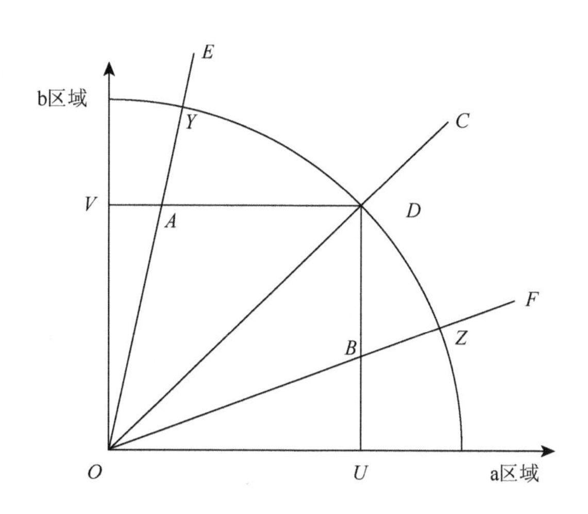

图 20-2　区域雾霾联防联控合作边界

整个 *Oab* 图可以分为五个部分，如图 20-2 所示，*OADB* 内，两个地区都愿意进行雾霾联防联控治理的帕累托改进，而在 *BUaZ* 和 *AYbV* 中，无论采取何种手段和政策，也无法实现雾霾联防联控治理的合作，虽然 *OVA* 和 *OBU* 两个区域不愿意合作，但应该通过更多政策手段，使双方在经济利益上缩小差距达成合作意愿（图 20-3）。区域 *AYD* 和区域 *BDZ* 双方虽然愿意合作，但总有一方的经济利益受损，因此，要在雾霾联防治理上进行创新，使受损方能得到切实利益。

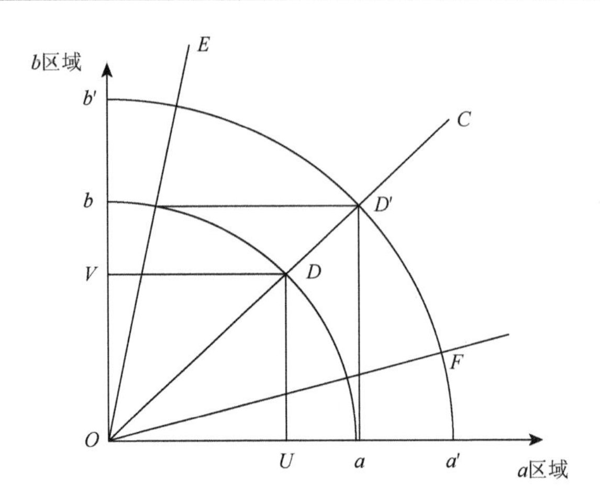

图 20-3　破除行政、技术壁垒区域雾霾联防联控

长三角区域的雾霾治理联防联控不仅要考虑各个区域的经济发展，而且要切实地解决行政、技术壁垒所带来的阻碍，进行体制创新和技术支持，这样才能使得区域雾霾联防治理的边界由 *ab* 扩展到 *a'b'*，从而得到新的平均收益点 *D'*。

20.5　基于帕累托改进的长三角雾霾联防联控合作路径

20.5.1　经济利益共享

长三角地区经济发达，特别是上海市作为绝对的经济中心，经济实力非常雄厚。但雾霾治理合作必然会牵扯各个城市的经济利益。高污染、高耗能、低效率企业对于除上海市之外的其他城市来说能促进城市经济的发展，但环境污染会特别严重，加剧了近年来长三角雾霾的严重程度。上海市周边的浙江省、江苏省和安徽省这些企业较多，特别是安徽省，经济落后于其他省市，经济结构转型慢。因此，上海市在吸纳优质资源、优秀企业的同时，更应该对长三角其他省市进行经济输出，包括人才输出、企业合作，帮助其他省市的企业尽快实现转型，提高效率，降低能耗，减少污染，实现经济共享。

20.5.2　破除行政壁垒

雾霾治理联防机制是区域互动的一种模式，而互动有两个前提：一是要有合作的动力；二是对非合作行为有一定约束力。帕累托最优理论的建立是区域各方都能实现利益的情况下进行互动，区域的发展是雾霾治理联防机制实现的动力。

而政府在其中起着主体作用，行政壁垒会阻碍区域合作的发展，因此关于破除行政壁垒对区域雾霾治理的阻碍有以下建议：①将各省市行政业绩与长三角雾霾联防联控治理进行结合，形成共同体。②各行政区域职责分明，根据各区域实情制定区域雾霾治理任务。

20.5.3　破除技术壁垒

雾霾的治理需要经济支持、雾霾监测、节能减排和新能源开发等技术上的支持。上海市、江苏省和浙江省的部分经济发展较好的城市对雾霾治理技术会有较多的支持，但安徽省等其他城市的雾霾治理在经济上、技术上有着明显的差距。根据帕累托最优理论，长三角地区雾霾联防联控治理，需要在雾霾治理技术提升的同时，进行技术扩散和技术转移合作，对技术相对落后的区域给予技术支持，实现雾霾的良好治理。同时也要在各个职能部门之间实现信息的共享交流，促进雾霾治理的实时进行，这样才能有效地控制、改善长三角地区雾霾状况，使得雾霾联防联控治理效益边界扩展，共同促进区域雾霾治理。

20.6　京津冀雾霾治理研究简介

自 2016 年入冬以来，雾霾持续笼罩全国，特别是进入 12 月在京津冀地区 $PM_{2.5}$ 达历史最高，李云燕等[219]对京津冀地区雾霾时间变化、季度变化、空间变化及重点污染源进行了分析，包括经济发展、能源结构、产业结构和交通运输等对京津冀的影响，提出健全大气污染法律法规、调整产业结构、调整能源结构、强化汽车尾气排放及建筑扬尘、实施环境目标下的污染物总量排放、环保科技创新、跨区域环境监督和公众参与等措施机制。王洛忠和丁颖[220]通过对京津冀雾霾合作治理的理论依据、现实困境进行分析，提出加强政府作用、完善相关法规、强化合作信任、拓展信息与技术资源共享空间等建议。王颖和杨利花[221]分析了京津冀雾霾跨界治理的现状及效果、面临的问题及反思，提出京津冀雾霾跨界治理转型的思考，包括重塑区域跨界合作治理理念、创新京津冀空气质量跨界治理组织机构和创新跨界治理运行机制等。

20.7　本 章 小 结

本章通过帕累托最优理论，对长三角地区雾霾联防联控治理进行了详细分析，有以下问题。

（1）长三角地区经济发展差异明显，各区域对于雾霾治理的需求也不尽相同，经济不发达的城市会以牺牲环境为代价来发展经济，不利于雾霾的联防治理。

（2）行政壁垒阻碍雾霾联防治理，各自为政导致地方政府一味追求经济发展而忽略环境保护，合作阻力大。

（3）技术壁垒阻碍区域治理技术改进，部分经济不发达、技术落后地区无法享受到先进的环境治理技术，在环境治理上要走很多弯路。

相关建议如下。

（1）利用长三角交通便利优势，大力发展长三角经济圈，促进区域内经济共同发展，加大对经济欠发达区域的扶持，实现经济利益共享。

（2）改善行政壁垒带来的阻碍，长三角雾霾各地区深受雾霾困扰，应加大对雾霾的联防合作力度，将雾霾治理与行政治理结合，成立利益共同体，制定雾霾治理区域合作行政职责。

（3）加强节能减排、环境监测、新能源开发合作，促进技术进步，给予技术落后区域更多的支持，提高各职能部门的信息、技术共享度，特定时候给予人才支持，加强人才合作，共同改善区域雾霾天气。

第 21 章　基于纯语言多属性群决策的雾霾突发事件应急预案评估研究

历史上，1952 年伦敦烟雾事件、1955 年洛杉矶光化学烟雾事件给人类造成了严重的损失。近年来，长三角部分地区也发生过 $PM_{2.5}$ 严重爆表，幼儿园及中小学学生无法正常上课、多条高速公路紧急封闭、多个机场大量航班延误或取消、交通事故频发和呼吸道疾病患者数量急剧攀升等突发事件。突发事件具有随机性大和破坏性强等特点，目前人类还无法完全预测并阻止突发事件的发生。因此，只有通过选择有效的应急预案，才能尽可能地降低突发事件造成的损失，选取合适的应急预案之前还必须评估其有效性。应急预案评估过程中评估小组的决策信息、评估指标权重和专家权重等往往以不确定语言的形式给出，这类纯语言多属性群决策问题的研究具有很强的理论意义和较高的实际应用价值。

21.1　基本概念的设定

针对当前出现的对具体突发事件类型的预案评估体系缺乏研究的问题，着重从应急预案评价指标设立原则出发，本着兼顾应急预案的科学性、完备性、可操作性及灵活性等原则，构建突发社会性公众活动事件应急预案的评估指标体系。

由于突发事件本身的一些特点，如扩散性和危害性等决定了应急预案的设置不能单凭主观臆想，必须有科学的评价指标体系。对于一般性的应急预案评价体系而言，必须遵循下列原则。

（1）科学性原则。构建评价指标体系必须以科学理论为指导，决策者应该科学选择评估指标并按照有效的评估指标体系进行评价，否则就不能充分发挥应急预案该有的效果，带来无法弥补的巨大损失。

（2）可行性原则。编制应急预案的目的是实质性地降低或避免灾害，可操作性是应急预案必须具备的，因此，构建的应急预案指标体系必须能够有效地检验出方案的这一特点。

（3）稳定性原则。突发性事件种类繁多，每一次突发事件发生的缘由、所处的环境、可利用的资源都不完全一致，通用的应急预案评估指标体系必须具有一定的鲁棒性，才能不易被外界偶然因素干扰。

（4）全面性原则。尽可能全面地选取指标，才能更多地揭示应急预案所隐藏的不同性能，全面反映被评价对象的优劣。

（5）可测性原则。这是构建评估指标体系一个很关键的考虑因素，假如指标不可测，方案就具有不确定性，既不能进行事前评估，也无法进行事后的数据分析工作，更不能完成应急预案的进一步完善工作。

（6）独立性原则。在全面细致评估应急方案的同时不可避免地会出现评价指标冗余的状况，因此各指标间应尽可能相互独立。

事情是发展变化的，相似的突发事件也一定具有各自不同的特点，因此相应的指标体系也要及时做出修改。作者认为不存在完全一样的评估标准去评价所有突发事件应急预案的优劣。考虑突发雾霾灾难事件人群密度较高、现场信息交流难度大和应急救援工作开展困难的特殊性，经过对关于预案事前评价的研究已有成果进行归纳总结，构建以下衡量预案编制是否成功的评价指标体系，如表 21-1 所示。

表 21-1　应急预案评估指标体系

一级指标	二级指标	三级指标
可行性	执行措施设置的合理性	组织机构配备合理性
		风险描述全面性
		培训演练可行性
	执行措施实施的可能性	应急救援队伍专业性
		应急救援设施完备性
		应急救援力量广泛性
		应急救援机制完善性
有效性	应急资源设置的完备性	资源设置是否完善
		能满足需求能力
	应急资源调配合理性	是否有利于统一调配
		是否有利于紧急救援
快速性	人员工作效率	决策能力
		执行能力
		协调能力
		应变能力
		处置能力
	伤员急救的快速性	雾霾伤员急救路径的流畅性
		雾霾伤员急救的快捷程度

续表

一级指标	二级指标	三级指标
快速性	处置突发事件的快速性	行动指挥的统一性
		实时反映的快速性
灵活性	突发事件级别变化时的灵活应对性	事态严重升级时应对的灵活性
		事件级别降低时应对的灵活性
	应急组织结构的灵活性	人员调配灵活性
		人员角色转换灵活性

21.2 基 础 知 识

本节将纯语言多属性决策问题所用到的基础知识和基本理论做部分介绍，分别从语言评估标度及其运算规则、比较规则和几种纯语言信息集结算子等几个方面展开。

21.2.1 语言评估标度

在涉及语言信息决策问题中，想要把定性的语言转化为定量的表达并加以运算，需要决策者在对决策对象进行语言测度时，事先定义适当的语言评估标度，因此，语言评估标度是进行语言多属性决策的基础和前提。在此给出两种在语言多属性决策中常用的语言评估标度——加性语言评估标度和积性语言评估标度。

对于加性语言评估标度，常见的有均匀加性语言评估标度和非均匀加性语言评估标度两类。文献[49，50]定义了一种语言术语下标均为非负整数的加性语言评估标度：

$$S=\{s_\alpha \mid \alpha=0,1,\cdots,t\} \tag{21-1}$$

式中，s_α 表示语言术语，S 中的语言术语个数为奇数。特别地，s_0 和 s_t 分别表示此语言评估标度中语言术语的下限和上限。在对语言信息的集结过程中，往往会出现集结结果和事先给定的语言评估标度 S 中的术语不相匹配的情况。为了避免决策信息的丢失，需在原语言评估标度 S 的基础上定义一个拓展标度：

$$S=\{s_\alpha \mid \alpha\in[0,q]\} \tag{21-2}$$

式中，$q(q>t)$ 表示一个充分大的正数。若 $s_\alpha\in S$，则称 s_α 为本原术语；否则，称 s_α 为拓展术语或虚拟术语。本原术语和拓展术语均满足下列条件：①若 $\alpha>\beta$，则 $s_\alpha>s_\beta$；②存在负算子 $\mathrm{neg}(s_\alpha)=s_\beta$，使得 $\alpha+\beta=t$。

决策者一般运用本原术语评估决策方案，语言计算和决策方案排序过程中会出现拓展术语。

文献[222]还对上述加性语言评估标度给出了相应的运算法则。

设$s_\alpha, s_\beta \in S, \lambda > 0$，则

（1）$s_\alpha \oplus s_\beta = s_\beta \oplus s_\alpha = s_{\alpha+\beta}$；

（2）$\lambda s_\alpha = s_{\lambda\alpha}$。

式（21-1）中定义的语言评估标度为均匀加性语言评估标度。另外，文献[222]对非均匀加性语言评估标度做了进一步的研究，给出了一种语言术语下标以零为中心对称，语言术语个数为奇数的语言评估标度：

$$S = \left\{ s_\alpha \middle| \alpha = -(t-1), -\frac{2}{3}(t-2), \cdots, 0, \cdots, \frac{2}{3}(t-2), t-1 \right\} \tag{21-3}$$

同样，在求解过程中若要维持语言信息的准确性，需定义一个拓展标度：

$$\overline{S} = \{s_\alpha | \alpha \in [-q, q]\}$$

式中，s_α表示语言术语；$s_{-(t-1)}$和$s_{(t-1)}$分别表示此语言评估标度中语言术语的下限和上限，语言术语的个数为$2t-1$；$q(q>t-1)$是一个充分大的正数。本原术语和拓展术语均满足下列条件。

（1）若$\alpha > \beta$，则$s_\alpha > s_\beta$；

（2）存在负算子$\text{neg}(s_\alpha) = s_{-\alpha}$，特别地，$\text{neg}(s_0) = s_0$。

例如，当$t = 4$时，语言评估标度S可取：

$S = \{s_{-3} =$极差，$s_{-4/3} =$很差，$s_{-1/2} =$差，$s_0 =$一般，$s_{1/2} =$很好，$s_3 =$极好$\}$

从上述的例子中可以明显看出，式（21-3）定义的语言评估标度为非均匀加性语言评估标度。

以上介绍了两种加性语言评估标度，分别为式（21-1）和式（21-3），实际应用中，决策者要根据具体情形适当选择相异的语言评估标度风格。

对于积性语言评估标度，常见的有两种形式。文献[223]定义了一种积性语言评估标度：

$$S = \{s_\alpha | \alpha = 1/t, \cdots, 1/2, 1, 2, \cdots, t\} \tag{21-4}$$

式中，s_α表示语言术语。与数学中的含义相类似，$s_{1/t}$和s_t分别表示此语言评估标度集的下限和上限，t为正整数。

徐泽水[222]还定义了另一种积性语言评估标度，如下：

$$S = \left\{ s_\alpha \middle| \alpha = \frac{1}{t}, \frac{2}{t}, \cdots, \frac{t-1}{t}, 1, \frac{t}{t-1}, \cdots, \frac{t}{2}, t \right\} \tag{21-5}$$

式中，s_α表示语言术语；$s_{1/t}$和s_t分别表示此语言评估标度集的下限和上限，t为正整数，且满足下列条件：

（1）若$\alpha > \beta$，则$s_\alpha > s_\beta$。

（2）存在互反算子$\mathrm{rec}(s_\alpha) = s_\beta$，使得$\alpha\beta$=1。

需要注意的是，语言评估标度S所分层级既不能过多也不能过少。如果语言术语个数过多，会给决策者在时间上和专业知识上提出过高的要求，从而增加决策者的负担；如果语言术语个数过少，那么得到的决策信息会很粗略，就会对决策方案之间的比较和排序产生影响。

拓展语言标度相应的运算法则满足下列几个条件。设$\lambda, \lambda_1, \lambda_2 > 0, s_\alpha, s_\beta \in \overline{S}$，则

（1）$(s_\alpha)^\lambda = s_{\alpha^\lambda}$。

（2）$(s_\alpha)^{\lambda_1} \otimes (s_\alpha)^{\lambda_2} = (s_\alpha)^{\lambda_1+\lambda_2}$。

（3）$(s_\alpha \otimes s_\beta)^\lambda = (s_\alpha)^\lambda \otimes (s_\beta)^\lambda$。

（4）$s_\alpha \otimes s_\beta = s_\beta \otimes s_\alpha = s_{\alpha\beta}$。

（5）$(s_\alpha)^{s_\beta} = s_{\alpha^\beta}$。

21.2.2 几种纯语言信息集结算子

针对纯语言信息的群决策问题，本小节在参考相关文献的基础上对彭勃等提出的纯语言混合算术平均（pure linguistic hybrid arithmetic averaging，PLHAA）算子、纯语言混合几何平均（pure linguistic hybrid geometric averaging，PLHGA）算子等集结算子做简单介绍。

定义 21.1[224] 设PLWAA：$\overline{S}^n \to \overline{S}$，若

$$\mathrm{PLWAA}_{s_\omega}(s_{\alpha_1}, s_{\alpha_2}, \cdots, s_{\alpha_n}) = s_{\omega_1} \otimes s_{\alpha_1} \oplus s_{\omega_2} \otimes s_{\alpha_2} \oplus \cdots \oplus s_{\omega_n} \otimes s_{\alpha_n} = s_{\sum_{j=1}^{n} \omega_j \alpha_j} \tag{21-6}$$

式中，$\boldsymbol{s}_\omega = (s_{\omega_1}, s_{\omega_2}, \cdots, s_{\omega_n})^{\mathrm{T}}$为$(s_{\alpha_1}, s_{\alpha_2}, \cdots, s_{\alpha_n})$以语言评估标度形式给出的加权向量，$s_{\omega_j}, s_{\alpha_j} \in \overline{S}$，称 PLWAA 为$n$维纯语言加权算术平均（pure linguistic weighted arithmetic averaging，PLWAA）算子。

定义 21.2[224] PLHAA：设$\overline{S}^n \to \overline{S}$，若

$$\mathrm{PLHAA}_{s_\omega, \boldsymbol{w}}(s_{\alpha_1}, s_{\alpha_2}, \cdots, s_{\alpha_n}) = \boldsymbol{w}_1 s_{\beta_1} \oplus \boldsymbol{w}_2 s_{\beta_2} \oplus \cdots \oplus \boldsymbol{w}_n s_{\beta_n} = s_{\sum_{j=1}^{n} \omega_j \beta_j} \tag{21-7}$$

式中，$\boldsymbol{w} = (w_1, w_2, \cdots, w_n)^{\mathrm{T}}$是位置向量权重，且$w_j \in [0,1]$，$\sum_{j=1}^{n} w_j = 1$。$\overline{s}_{\alpha_i} = ns_{\omega_i} \otimes s_{\alpha_i} = s_{n\omega_i\alpha_i}, i = 1, 2, \cdots, n, s_{\beta_j}$表示$(\overline{s}_{\alpha_1}, \overline{s}_{\alpha_2}, \cdots, \overline{s}_{\alpha_n})$中第$j$个最大的元素，$\boldsymbol{s}_\omega = (s_{\omega_1}, s_{\omega_2}, \cdots, s_{\omega_n})^{\mathrm{T}}$表示$(s_{\alpha_1}, s_{\alpha_2}, \cdots, s_{\alpha_n})$以语言评估标度形式给出的加权向量；$n$表示平衡系数，则称 PLHAA 是$n$维 PLHAA 算子。

定义 21.3[224] PLWGA：设$\overline{S}^n \to \overline{S}$，若

$$\begin{aligned}\mathrm{PLWGA}_{s_\omega}(s_{\alpha_1},s_{\alpha_2},\cdots,s_{\alpha_n}) &= (s_{\alpha_1})^{s_{\omega_1}}\otimes(s_{\alpha_2})^{s_{\omega_2}}\otimes\cdots\otimes(s_{\alpha_n})^{s_{\omega_n}} \\ &= (s_{\alpha_1^{\omega_1}})\otimes(s_{\alpha_2^{\omega_2}})\otimes\cdots\otimes(s_{\alpha_n^{\omega_n}}) \\ &= s_{\prod_{j=1}^{n}\alpha_j^{\omega_j}}\end{aligned} \tag{21-8}$$

式中，$\boldsymbol{s}_\omega=(s_{\omega_1},s_{\omega_2},\cdots,s_{\omega_n})^{\mathrm{T}}$ 表示 $(s_{\alpha_1},s_{\alpha_2},\cdots,s_{\alpha_n})$ 以语言评估标度形式给出的加权向量，$s_{\omega_j},s_{\alpha_j}\in\bar{S}$，则称 PLWGA 为 n 维纯语言加权几何平均（PLWGA）算子。

定义 21.4[224]　设 PLHGA：$\bar{S}_n\to\bar{S}$，若

$$\begin{aligned}\mathrm{PLHGA}_{s_\omega,\,w}(s_{\alpha_1},s_{\alpha_2},\cdots,s_{\alpha_n}) &= (s_{\beta_1})^{w_1}\otimes(s_{\beta_2})^{w_2}\otimes\cdots\otimes(s_{\beta_n})^{w_n} \\ &= (s_{\beta_1^{w_1}})\otimes(s_{\beta_2^{w_2}})\otimes\cdots\otimes(s_{\beta_n^{w_n}}) \\ &= s_{\prod_{j=1}^{n}\beta_j^{w_j}}\end{aligned} \tag{21-9}$$

式中，$\boldsymbol{w}=(w_1,w_2,\cdots,w_n)^{\mathrm{T}}$ 表示与 PLHGA 算子相关联的位置向量权重，且 $w_j\in[0,1]$，$\sum_{j=1}^{n}\boldsymbol{w}_j=1$。$s_{\alpha_i}=((s_{\alpha_i})^{s_{\omega_i}})^n=s_{\alpha_i^{n\omega_i}}$，$s_{\beta_j}$ 表示 $(\bar{s}_{\alpha_1},\bar{s}_{\alpha_2},\cdots,\bar{s}_{\alpha_n})$ 中第 j 个最大的元素；$\boldsymbol{s}_\omega=(s_{\omega_1},s_{\omega_2},\cdots,s_{\omega_n})^{\mathrm{T}}$ 表示 $(s_{\alpha_1},s_{\alpha_2},\cdots,s_{\alpha_n})$ 以语言评估标度形式给出的加权向量；n 表示平衡系数，则称 PLHGA 是 n 维纯语言混合几何平均（PLHGA）算子。

21.3　纯语言信息下基于混合算术集结算子的多属性群决策方法

21.3.1　广义的纯语言混合算术 Heronian 平均（GPLHAHM）算子

定义 21.5　设 HM[225]：$R_n\to R,(a_1,a_2,\cdots,a_n)$ 为数据组，若

$$\mathrm{HM}(a_1,\cdots,a_n)=\frac{2}{n(n+1)}\sum_{i=1}^{n}\sum_{j=1}^{n}\sqrt{a_i a_j} \tag{21-10}$$

则称函数 HM 为 n 维 Heronian 平均算子。

定义 21.6　设 GHM[225]：$R_n\to R,(a_1,a_2,\cdots,a_n)$ 为数据组，$p,q\geqslant 0$ 且 p,q 不同时为 0，若

$$\mathrm{GHM}_1^{p,q}(a_1,\cdots,a_n)=\left(\frac{2}{n(n+1)}\sum_{i=1}^{n}\sum_{j=1}^{n}a_i^p a_j^q\right)^{1/(p+q)} \tag{21-11}$$

则称函数 GHM 为广义的 Heronian 平均算子。

很明显，广义的 Heronian 平均算子有以下性质：

（1）$\mathrm{GHM}_1^{p,q}(0,0,\cdots,0)=0$。

（2）$\mathrm{GHM}_1^{p,q}(a,a,\cdots,a)=a$。

（3）$\mathrm{GHM}_1^{p,q}(a_1,a_2,\cdots,a_n)\geqslant \mathrm{GHM}_1^{p,q}(b_1,b_2,\cdots,b_n)$，其中，$a_i\geqslant b_i(i=1,2,\cdots,n)$。

（4）$\min_i\{a_i\}\leqslant \mathrm{GHM}_1^{p,q}(a_1,a_2,\cdots,a_n)\leqslant \max_i\{a_i\}$。

Heronian 平均算子除具有以上性质外还能够反映输入数据的内在关系，是一种有效的集结算子。而无论是 WAA 算子、OWA 算子、WGA 算子，还是 OWG 算子都只关注了给定参数的重要性，忽视了参数之间的相关性，举例说明如下。

例 1：设$\{a_1,a_2,a_3\}$是一组非负整数集合，(w_1,w_2,w_3)是相应数值的权重向量，$(\omega_1,\omega_2,\omega_3)$是与 OWA 算子相关的权重向量，$(\omega_1',\omega_2',\omega_3')$是与 OWG 算子相关的权重向量，那么，

$\mathrm{WAA}(a_1,a_2,a_3)=w_1a_1+w_2a_2+w_3a_3$； $\mathrm{WGA}(a_1,a_2,a_3)=a_1^{w_1}\cdot a_2^{w_2}\cdot a_3^{w_3}$

$\mathrm{OWA}(a_1,a_2,a_3)=\omega_1b_1+\omega_2b_2+\omega_3b_3$（$b_i$表示$\{a_1,a_2,a_3\}$中第 i 个大的数值）

$\mathrm{OWG}(a_1,a_2,a_3)=b_1^{\omega_1'}\cdot b_2^{\omega_2'}\cdot b_3^{\omega_3'}$（$b_i$表示$\{a_1,a_2,a_3\}$中第 i 个大的数值）

从以上四个式子可以看出，WAA 算子、OWA 算子、WGA 算子和 OWG 算子在赋予相关参数权重的时候考虑的是基于输入参数本身的重要性或者基于数据大小顺序的重要性，没有考虑输入数据之间的内在关系，而本节提出的 GPLWAHM、GPLOWAHM 及 GPLHAHM 均能够弥补以上算子的缺陷，在下文相关算子的定义中可以明确看出。另外，到目前为止，在语言决策集结算子的研究中，注重输入数据内在关系的集结算子还有 Bonferroni mean（BM）算子[226]，但是 BM 算子也有它的缺点，举例说明如下。

例 2：设$\{a_1,a_2,a_3\}$是一组非负数值集合，令$p=q=1/2$，那么，

$$\mathrm{GHM}_1^{p,q}(a_1,\cdots,a_n)=\frac{2}{n(n+1)}\sum_{i=1}^{n}\sum_{j=1}^{n}\sqrt{a_ia_j}$$
$$=\frac{1}{6}\left(\sqrt{a_1a_1}+\sqrt{a_1a_2}+\sqrt{a_1a_3}+\sqrt{a_2a_2}+\sqrt{a_2a_3}+\sqrt{a_3a_3}\right)$$

相应地，

$$\mathrm{BM}^{p,q}(a_1,\cdots,a_n)=\frac{1}{n(n-1)}\sum_{\substack{i,j=1\\ j\neq i}}^{n}\sqrt{a_ia_j}=\frac{1}{6}(\sqrt{a_1a_2}+\sqrt{a_1a_3}+\sqrt{a_2a_1}+\sqrt{a_2a_3}+\sqrt{a_3a_1}+\sqrt{a_3a_2})$$

由以上两式可以看出，BM 算子分别计算了$\sqrt{a_1a_2}$，$\sqrt{a_2a_1}$，$\sqrt{a_1a_3}$，$\sqrt{a_3a_1}$，$\sqrt{a_2a_3}$，$\sqrt{a_3a_2}$，但是$\sqrt{a_1a_2}=\sqrt{a_2a_1}$，$\sqrt{a_1a_3}=\sqrt{a_3a_1}$，$\sqrt{a_2a_3}=\sqrt{a_3a_2}$，因此该集结算子造成了一定程度的数据冗余，并且该算子并没有关注数值与它本身的内在关系，而 GHM 算子很好地弥补了这两个缺点。同样，可以将 Heronian 平均算子推广运用到纯语言环境下。

定义 21.7　设 $\text{GPLWAHM}:\overline{S}_n \to \overline{S}$，若

$$\text{GPLWAHM}_{s_\omega}^{p,q}=\left(\frac{2}{n(n+1)}\sum_{i=1}^{n}\sum_{j=i}^{n}(s_{\alpha_i}s_{\omega_i})^p(s_{\alpha_j}s_{\omega_j})^q\right)^{1/(p+q)} \tag{21-12}$$

式中，$(s_{\alpha_1},\cdots,s_{\alpha_n})$ 表示一组以语言评估标度形式给出的语言评估变量；$\boldsymbol{s}_\omega=(s_{\omega_1},\cdots,s_{\omega_n})$ 表示 $(s_{\alpha_1},\cdots,s_{\alpha_n})$ 以语言评估标度形式给出的加权向量，且 $s_{\omega_j},s_{\alpha_j}\in\overline{S}$，则把 GPLWAHM 称为广义的 n 维纯语言加权算术 Heronian 平均算子。

例 3：设 $\boldsymbol{s}_\omega=(s_2,s_4,s_6,s_3)^{\mathrm{T}}$，$s_{\alpha_1}=s_1,s_{\alpha_2}=s_3,s_{\alpha_3}=s_5,s_{\alpha_4}=s_2$，令 $p=q=1/2$，经计算，可得

$$s_{\alpha_1}s_{\omega_1}=s_1s_2=s_2;\quad s_{\alpha_2}s_{\omega_2}=s_3s_4=s_{12};\quad s_{\alpha_3}s_{\omega_3}=s_5s_6=s_{30};\quad s_{\alpha_4}s_{\omega_4}=s_2s_3=s_6$$

$$\begin{aligned}\text{GPLWAHM}_{s_\omega}^{1/2,1/2}&=\left(\frac{2}{4\times5}\sum_{i=1}^{n}\sum_{j=1}^{n}\sqrt{s_{\alpha_i}s_{\omega_i}}\cdot\sqrt{s_{\alpha_j}s_{\omega_j}}\right)\\&=\frac{1}{10}\left(s_2+\sqrt{s_{24}}+\sqrt{s_{60}}+\sqrt{s_{12}}+s_{12}+\sqrt{s_{360}}+\sqrt{s_{72}}+s_{30}+\sqrt{s_{180}}+s_6\right)\\&=s_{5,7}\end{aligned}$$

定义 21.8　设 $\text{GPLOWAHM}:\overline{S}_n\to S$，若

$$\text{GPLOWAHM}^{p,q}(s_{\alpha_1},s_{\alpha_2},\cdots,s_{\alpha_n})=\left(\frac{2}{n(n+1)}\sum_{i=1}^{n}\sum_{j=i}^{n}(w_is_{\beta_i})^p\cdot(w_js_{\beta_j})^q\right)^{1/(p+q)} \tag{21-13}$$

式中，$(s_{\alpha_1},\cdots,s_{\alpha_n})$ 表示一组语言评估变量；$\boldsymbol{w}=(w_1,w_2,\cdots,w_n)^{\mathrm{T}}$ 表示与 GPLOWAHM 算子相关联的位置权重向量，且 $w_j\in[0,1]$，$\sum_{j=1}^{n}w_j=1$，s_{β_i} 表示 $(s_{\alpha_1},\cdots,s_{\alpha_n})$ 中第 i 个最大的元素，则把 GPLOWAHM 称作广义的 n 维语言有序加权算术 Heronian 平均算子。

例 4：设 $s_{\alpha_1}=s_2,s_{\alpha_2}=s_6,s_{\alpha_3}=s_5,s_{\alpha_4}=s_4$，位置权重 $w=(0.4,0.2,0.3,0.1)$，令 $p=q=1/2$。

对 $s_{\alpha_1},s_{\alpha_2},s_{\alpha_3},s_{\alpha_4}$ 进行大小比较，得出 $s_{\alpha_2}>s_{\alpha_3}>s_{\alpha_4}>s_{\alpha_1}$，则

$$\begin{aligned}\text{GPLOWAHM}^{1/2,1/2}(s_{\alpha_1},s_{\alpha_2},\cdots,s_{\alpha_n})&=\frac{2}{n(n+1)}\sum_{i=1}^{n}\sum_{j=i}^{n}(w_is_{\beta_i})^{1/2}\\&=\frac{1}{10}\Big(s_{2.4}+\sqrt{s_{2.4}s_1}+\sqrt{s_{2.4}s_{1.2}}+\sqrt{s_{2.4}s_{0.2}}+s_1+\sqrt{s_{1.2}}\\&\quad+\sqrt{s_{0.2}}+s_{1.2}+\sqrt{s_{1.2}s_{0.2}}+s_{0.2}\Big)\\&=1.08\end{aligned}$$

定义 21.9　设 GPLHAHM：$\overline{S}_n\to\overline{S}$，若

$$\mathrm{GPLHAHM}_{s_\omega,w}(s_{\alpha_1},\cdots,s_{\alpha_n})=\left(\frac{2}{n(n+1)}\sum_{i=1}^{n}\sum_{j=i}^{n}(w_i s_{\beta_i})^p\cdot(w_j s_{\beta_j})^q\right)^{1/(p+q)} \tag{21-14}$$

式中，$\boldsymbol{w}=(w_1,\cdots,w_n)^{\mathrm{T}}$ 表示与 GPLHAHM 算子相关联的位置权重向量。$w_j\in[0,1]$。$\overline{s}_{\alpha_i}=ns_{\alpha_i}\otimes s_{\omega_i}=s_{n\alpha_i\omega_i}$，$s_{\beta_i}$ 表示 $(\overline{s}_{\alpha_1},\cdots,\overline{s}_{\alpha_n})$ 中第 i 个最大的元素；$\boldsymbol{s}_\omega=(s_{\omega_1},\cdots,s_{\omega_n})^{\mathrm{T}}$ 表示与 $(s_{\alpha_1},\cdots,s_{\alpha_n})$ 相关联的权重向量，且 $s_{\omega_i},s_{\alpha_i}\in S$；$n$ 表示平衡系数；则称 GPLHAHM 为广义的 n 维纯语言混合算术 Heronian 平均算子。从定义 21.9 可以看出，语言评估术语之间的关系、各个语言评估标度值的自身重要性和其所在位置的重要性三者在 GPLHAHM 算子中得到了完美的体现。

例 5：设 $\boldsymbol{s}_\omega=(s_7,s_4,s_2)^{\mathrm{T}}$，$s_{\alpha_1}=s_1,s_{\alpha_2}=s_3,s_{\alpha_3}=s_4$，通过正态分布的办法可以得到与 GPLHAHM 算子相关联的位置权重 $w=(0.2429,0.5162,0.2429)^{\mathrm{T}}$，设 $p=q=1/2$。

$$\overline{s}_{\alpha_1}=3s_7s_1=s_{21};\ \overline{s}_{\alpha_2}=3s_4s_3=s_{36};\ \overline{s}_{\alpha_3}=3s_2s_4=s_{24}$$

经比较，$s_{\alpha_2}>s_{\alpha_3}>s_{\alpha_1}$，即 $s_{\beta_1}=\overline{s}_{\alpha_2},s_{\beta_2}=\overline{s}_{\alpha_3},s_{\beta_3}=\overline{s}_{\alpha_1}$。

$$\begin{aligned}&\mathrm{GPLHAHM}^{p,q}(s_{\alpha_1},s_{\alpha_2},\cdots,s_{\alpha_n})\\&=\left(\frac{2}{n(n+1)}\sum_{i=1}^{n}\sum_{j=i}^{n}(w_i s_{\beta_i})^p(w_j s_{\beta_i})^q\right)^{1/(p+q)}\\&=\frac{1}{6}\Big(0.2429s_{36}+\sqrt{0.2429\times0.5162s_{36}\cdot s_{24}}+\sqrt{0.2429\times0.2429s_{36}\cdot s_{21}}+0.5162s_{24}\\&\quad+\sqrt{0.2429\times0.5162s_{24}\cdot s_{21}}+0.2429s_{21}\Big)\\&=8.54\end{aligned}$$

定理 1：GPLWAHM 算子是 GPLHAHM 算子的一种特殊情况。

证明：设 $p=q=1/2$ 取 $\boldsymbol{w}=\left(\frac{1}{n},\cdots,\frac{1}{n}\right)^{\mathrm{T}}$，则

$$\begin{aligned}\mathrm{GPLHAHM}^{p,q}_{s_\omega,w}(s_{\alpha_1},\cdots,s_{\alpha_n})&=\frac{2}{n(n+1)}\sum_{i=1}^{n}\sum_{j=i}^{n}\sqrt{w_i s_{\beta_i}}\cdot\sqrt{w_j s_{\beta_j}}\\&=\frac{2}{n^2(n+1)}\sum_{i=1}^{n}\sum_{j=i}^{n}\sqrt{s_{\beta_i}s_{\beta_j}}\\&=\frac{2}{n^2(n+1)}\sum_{i=1}^{n}\sum_{j=i}^{n}\sqrt{ns_{\alpha_i}s_{\omega_i}\cdot ns_{\alpha_j}s_{\omega_j}}\\&=\frac{2}{n(n+1)}\sum_{i=1}^{n}\sum_{j=i}^{n}\sqrt{s_{\alpha_i}s_{\omega_i}}\cdot\sqrt{s_{\alpha_j}s_{\omega_j}}\\&=\mathrm{GPLWAHM}_{s_\omega}(s_{\alpha_1},\cdots,s_{\alpha_n})\end{aligned}$$

定理 2：GLOWAHM 算子是 GPLHAHM 算子的一种特殊情况。

证明：取 $w=\left(\frac{1}{n},\cdots,\frac{1}{n}\right)^{\mathrm{T}}$，设 $p=q=1/2$，且 $\overline{s}_{\alpha_i}=ns_{\omega_i}\otimes s_{\alpha_i}=s_{n\omega_i\alpha_i}(i=1,\cdots,n)$，$s_{\beta_i}$ 为 $(s_{\alpha_1},\cdots,s_{\alpha_n})$ 中第 i 个最大的元素，则

$$\mathrm{GPLHAHM}_{s_{\omega,w}}^{p,q}(s_{\alpha_1},\cdots,s_{\alpha_n})=\frac{2}{n(n+1)}\sum_{i=1}^{n}\sum_{j=i}^{n}\sqrt{w_i s_{\beta_i}}\cdot\sqrt{w_j s_{\beta_j}}$$

$$=\frac{2}{n^2(n+1)}\sum_{i=1}^{n}\sum_{j=i}^{n}\sqrt{s_{\beta_i}}\cdot\sqrt{s_{\beta_j}}=\mathrm{GLOWAHM}_{s_\omega}^{p,q}(s_{\alpha_1},\cdots,s_{\alpha_n})$$

21.3.2 决策方法及步骤

假设对于某个不确定性多属性群决策问题有 n 个备选方案，m 个专家对其进行综合评价。首先，给出一些记号，如下。

（1）$X=\{x_1,x_2,\cdots,x_n\}$ 为备选方案集。

（2）决策者集合为 $\{d_k\,|\,k=1,\cdots,m\}$。

（3）$G=\{g_1,\cdots,g_l\}$ 为属性集。

（4）属性权重向量为 $s_\omega=(s_{\omega_1},\cdots,s_{\omega_l})^{\mathrm{T}}\in\overline{S}$。

（5）专家权重向量 $s_v=(s_{v_1},\cdots,s_{v_m})^{\mathrm{T}}\in\overline{S}$。

决策项目一启动，每一个决策者 $d_k\in D$ 都要对方案 $x_j\in X$ 按评估 $g_l\in G$ 进行评价，给出 x_j 关于 $p_i^{kk'}=p\{\tilde{s}_i'^{(k)}\geqslant\tilde{s}_i'^{(k')}\}(k=1,\cdots,m;k'=1,\cdots,m)$ 的属性值 $\tilde{s}_i'^{(k)}$，整理可得纯语言决策矩阵 $\boldsymbol{A}^k=(a_{ij}^{(k)})_{l\times n}$。

针对纯语言多属性群决策问题，应用有关 Heronian 平均的推广的信息集结算子，具体决策程序实施如下。

步骤 1：针对各位决策者给出的关于某个方案的各属性决策信息，利用 GPLWAHM 算子进行集结，得到各位专家对某个方案的综合评价，即

$$A_j^{(k)}=\mathrm{GPLWAHM}_{s_\omega}^{p,q}(s_{\alpha_1},\cdots,s_{\alpha_n})=\left(\frac{2}{n(n+1)}\sum_{i=1}^{n}\sum_{j=i}^{n}(s_{\alpha_i}s_{\omega_i})^p(s_{\alpha_j}s_{\omega_j})^q\right)^{1/(p+q)}\quad j=1,2,\cdots,n \tag{21-15}$$

步骤 2：综合各位专家关于某一个方案的综合评价信息，利用 GPLHAHM 算子得到某一个备选方案的综合属性值，即

$$A_j=\mathrm{GPLHAHM}_{s_{\omega,w}}^{p,q}(A_j^{(1)},A_j^{(2)},A_j^{(3)})=\frac{2}{n(n+1)}\sum_{i=1}^{n}\sum_{j=i}^{n}\sqrt{w_i s_{\beta_i}}\cdot\sqrt{w_j s_{\beta_j}}\quad j=1,2,\cdots,n \tag{21-16}$$

式中，$s_v=(s_{v_1},\cdots,s_{v_m})^{\mathrm{T}}$ 表示以语言评估标度形式给出的专家权重；$\boldsymbol{w}=(w_1,\cdots,w_n)^{\mathrm{T}}$ 表

示与 GPLHAHM 算子相关联的位置加权向量，能够用基于正态分布的方法得出[226]。

步骤 3：对方案 x_j 的群体综合属性值 $A_j(j=1,\cdots,n)$ 进行大小比较，从而对决策方案进行排序，选择出最优的方案。

步骤 4：结束。

21.4　纯语言信息下基于混合几何集结算子的多属性群决策方法

21.4.1　纯语言混合几何 Heronian 平均算子

定义 21.10　GHM$_2$[225]：$R_n \to R$，若

$$\mathrm{GHM}_2^{p,q}(a_1,\cdots,a_n)=\frac{1}{p+q}\prod_{i=1,j=i}^{n}(pa_i+qa_j)^{1/n(n+1)} \tag{21-17}$$

式中，$(a_1,a_2,\cdots,a_n)$ 表示数据组；$p,q\geqslant 0$ 且 p, q 不同时为 0，则称函数 GHM$_2$ 为几何 Heronian 平均算子。

定义 21.11　LGHM：$\overline{S}_n \to \overline{S}$，若

$$\mathrm{LGHM}_2^{p,q}(s_{\alpha_1},\cdots,s_{\alpha_n})=\frac{1}{p+q}\prod_{i=1,j=i}^{n}(ps_{\alpha_i}+qs_{\alpha_j})^{2/n(n+1)} \tag{21-18}$$

式中，$(s_{\alpha_1},\cdots,s_{\alpha_n})$ 表示以语言评估标度表示的向量；$p,q\geqslant 0$ 且 p，q 不同时为 0，则称函数 LGHM 为 n 维语言几何 Heronian 平均算子。

定义 21.12　PLWGHM：$\overline{s}_n \to \overline{s}$，若

$$\mathrm{PLWGHM}_{\boldsymbol{s}_\omega}^{p,q}(s_{\alpha_1},\cdots,s_{\alpha_n})=\frac{1}{p+q}\prod_{i=1,j=i}^{n}(ps_{\alpha_i}^{s_{\omega_i}}+qs_{\alpha_j}^{s_{\omega_j}})^{2/n(n+1)} \tag{21-19}$$

式中，$\boldsymbol{s}_\omega=(s_{\omega_1},s_{\omega_2},\cdots,s_{\omega_n})^{\mathrm{T}}$ 表示 $(s_{\alpha_1},\cdots,s_{\alpha_n})$ 以语言评估标度形式给出的加权向量；$(s_{\alpha_1},\cdots,s_{\alpha_n})$ 表示一组以语言评估标度形式给出的语言评估变量，且 $s_{\omega_i},s_{\alpha_i}\in\overline{S}$，则把 PLWGHM 称为 n 维纯语言加权几何 Heronian 平均算子。

定义 21.13　LOWGHM：$\overline{s}_n \to \overline{s}$，若

$$\mathrm{LOWGHM}^{p,q}(s_{\alpha_1},s_{\alpha_2},\cdots,s_{\alpha_n})=\frac{1}{p+q}\prod_{i=1,j=i}^{n}(ps_{\beta_i}^{\omega_i}+qs_{\beta_j}^{\omega_j})^{2/n(n+1)} \tag{21-20}$$

式中，$(s_{\alpha_1},\cdots,s_{\alpha_n})$ 表示一组以语言评估标度形式给出的语言评估变量；$\boldsymbol{\omega}=(\omega_1,\cdots,\omega_n)^{\mathrm{T}}$ 表示与 LOWGHM 算子相关联的位置加权向量，且 $\omega_j\in[0,1]$，$\sum_{j=1}^{n}\omega_j=1$，s_{β_i} 表示 $(s_{\alpha_1},\cdots,s_{\alpha_n})$ 中第 i 个最大的元素，则把 LOWGHM 称作 n 维语言有序加权几何 Heronian 平均算子。

定义 21.14 PLHGHM：$\overline{S}_n \to \overline{S}$，若

$$\text{PLHGHM}^{p,q}(s_{\alpha_1},\cdots,s_{\alpha_n})=\frac{1}{p+q}\prod_{i=1,j=1}^{n}(ps_{\beta_i}^{\omega_i}+qs_{\beta_i}^{\omega_j})^{2/n(n+1)} \tag{21-21}$$

式中，$\boldsymbol{\omega}=(\omega_1,\cdots,\omega_n)^{\mathrm{T}}$ 表示与 PLHGHM 算子相关联的加权向量，可看作是位置权重；$\omega_j\in[0,1]$ 且 $\sum_{j=1}^{n}\omega_j=1$；s_{β_i} 表示 $(\overline{s}_{\alpha_1},\cdots,\overline{s}_{\alpha_n})$ 中第 i 个最大的元素，$\overline{s}_{\alpha_i}=((s_{\alpha_i})^{s_{\omega_i}})^n=s_{\alpha_i^{n\omega_i}}(i=1,2,\cdots,n)$，$\boldsymbol{s}_{\omega}=(s_{\omega_1},s_{\omega_2},\cdots,s_{\omega_n})^{\mathrm{T}}$ 表示 $(s_{\alpha_1},\cdots,s_{\alpha_n})$ 以语言评估标度给出的权重向量，且 $s_{\omega_i},s_{\alpha_i}\in\overline{S}$；$n$ 表示平衡系数，则称 PLHGHM 为 n 维纯语言混合几何 Heronian 平均算子。

注：（1）取 $\boldsymbol{w}=\left(\frac{1}{n},\frac{1}{n},\cdots,\frac{1}{n}\right)^{\mathrm{T}}$，可得

$$\begin{aligned}\text{PLHGHM}_{s_{\omega},w}^{p,q}(s_{\alpha_1},s_{\alpha_2},\cdots,s_{\alpha_n})&=\frac{1}{p+q}\prod_{i=1,j=i}^{n}(ps_{\beta_i}^{w_i}+qs_{\beta_j}^{w_j})^{2/n(n+1)}\\&=\frac{1}{p+q}\prod_{i=1,j=i}^{n}(ps_{\alpha_i}^{ns_{\omega_i}w_i}+qs_{\alpha_j}^{n\omega_j s_{\omega_j}})^{2/n(n+1)}\\&=\frac{1}{p+q}\prod_{i=1,j=i}^{n}(ps_{\alpha_i}^{s_{\omega_i}}+qs_{\alpha_j}^{s_{\omega_j}})^{2/n(n+1)}\\&=\text{PLWGHM}_{s_{\omega}}^{p,q}(s_{\alpha_1},\cdots,s_{\alpha_n})\end{aligned} \tag{21-22}$$

即 PLWGHM 算子是 PLHGHM 算子的特例。

（2）取 $\boldsymbol{\omega}=\left(\frac{1}{n},\frac{1}{n},\cdots,\frac{1}{n}\right)^{\mathrm{T}}$，有 $\overline{s}_{\alpha_i}=((s_{\alpha_i})^{s_{\omega_i}})^n=s_{\alpha_i^{n\omega_i}}=s_{\alpha_i}$，可以得出，LOWGHM 算子亦为 PLHGHM 算子的特例。

例 6：设 $[s_6,s_6]$ 表示一组语言评估变量，$s_{\alpha_1}=s_8$，$s_{\alpha_2}=s_{1/2}$，$s_{\alpha_3}=s_1$，$s_{\alpha_4}=s_4$，$s_{\alpha_5}=s_{1/4}$，$\boldsymbol{s}_{\omega}=(s_{1/3},s_3,s_{1/4},s_1,s_2)^{\mathrm{T}}$ 表示其对应的属性权重，与 PLHGHM 算子相关联的加权向量 $\boldsymbol{\omega}=(0.11,0.24,0.3,0.24,0.11)^{\mathrm{T}}$ 能够由基于正态分布的方法得出，取 $p=q=1/2$。

由上述定义，$\overline{s}_{\alpha_1}=s_{\alpha_1^{nw}}=s_{2^5},\overline{s}_{\alpha_2}=s_{(1/2)^{15}},\overline{s}_{\alpha_3}=s_1,\overline{s}_{\alpha_4}=s_{4^5},\overline{s}_{\alpha_5}=s_{(1/2)^5}$

即

$$s_{\beta_1}=s_{4^5},s_{\beta_2}=s_{2^5},s_{\beta^3}=s_1,s_{\beta_4}=s_{(1/2)^5},s_{\beta_5}=s_{(1/2)^{15}}$$

则

$$\text{PLHGHM}^{1/2,1/2}(s_{\alpha_1},s_{\alpha_2},s_{\alpha_3},s_{\alpha_4},s_{\alpha_5})=\prod_{i=1,j=i}^{n}\left(\frac{1}{2}s_{\beta_i}^{\omega_i}+\frac{1}{2}s_{\beta_j}^{\omega_j}\right)^{1/15}=s_{1.05}$$

21.4.2　决策方法及步骤

同样地，首先要给出一些记号，如下。

（1）$X=\{x_1,x_2,\cdots,x_n\}$ 为备选方案集。

（2）决策者集合 $\{d_k \mid k=1,\cdots,m\}$。

（3）$G=\{g_1,\cdots,g_l\}$ 为属性集。

（4）属性权重向量为 $\boldsymbol{s}_{\omega}=(s_{\omega_1},\cdots,s_{\omega_l})^{\mathrm{T}}\in\overline{S}$。

（5）专家权重向量 $\boldsymbol{s}_{v}=(s_{v_1},\cdots,s_{v_m})^{\mathrm{T}}\in\overline{S}$。

然后每一个决策者 $d_k\in D$ 按要求对方案 $x_j\in X$ 按属性 $g_l\in G$ 进行评价，因此，能够得到 k 个纯语言决策矩阵，进而利用 PLWGHM 算子和 PLHGHM 算子对纯语言信息下的多属性决策建立模型。

步骤 1：针对各位决策者给出的关于某个方案的各属性决策信息，利用 PLWGHM 算子进行集结，得到各位专家对某个方案的综合评价，即

$$\mathrm{PLWGHM}_{s_{\omega}}^{p,q}(s_{\alpha_1}\cdots s_{\alpha_n})=\frac{1}{p+q}\prod_{i=1,j=i}^{n}(ps_{\alpha_i}^{s_{\omega_i}}+qs_{\alpha_j}^{s_{\omega_j}})^{2/n(n+1)},j=1,2,\cdots,n \qquad (21\text{-}23)$$

步骤 2：综合各位专家关于某一个方案的综合评价信息，利用 PLHGHM 算子得到某一个备选方案的综合属性值，即

$$\mathrm{PLHGHM}^{p,q}(s_{\alpha_1},\cdots,s_{\alpha_n})=\frac{1}{p+q}\prod_{i=1,j=i}^{n}(ps_{\beta_i}^{\omega_i}+qs_{\beta_j}^{\omega_j})^{2/n(n+1)},j=1,2,\cdots,n \qquad (21\text{-}24)$$

式中，$\boldsymbol{s}_{v}=(s_{v_1},\cdots,s_{v_n})^{\mathrm{T}}$ 表示以语言评估标度形式给出的专家权重；$\boldsymbol{\omega}=(\omega_1,\cdots,\omega_n)^{\mathrm{T}}$ 表示与 PLHGHM 算子相关联的位置加权向量，能够用基于正态分布的方法得出[226]。

步骤 3：对方案 x_j 的群体综合属性值 $A_j(j=1,\cdots,n)$ 进行大小比较，从而对决策方案进行排序，选择出最优的方案。

21.5　不确定语言信息下的多属性群决策方法

21.5.1　不确定语言变量基础知识

定义 21.15[226]　设 $\tilde{s}=[s_{\alpha},s_{\beta}]$，$s_{\alpha},s_{\beta}\in\overline{S}$，$s_{\alpha}$ 和 s_{β} 分别表示 $\tilde{s}$ 的下限和上限，则称 $\tilde{s}$ 为不确定语言变量。

定义 21.16[226]　设 $\tilde{s}_1=[s_{\alpha_1},s_{\beta_1}],\tilde{s}_2=[s_{\alpha_2},s_{\beta_2}]$ 且 $\tilde{s}_1,\tilde{s}_2\in\tilde{S}$，设 $l_{\tilde{s}_1}=\beta_1-\alpha_1$，$l_{\tilde{s}_2}=\beta_2-\alpha_2$，则 $\tilde{s}_1\geqslant\tilde{s}_2$ 的可能度定义如下：

$$p(\tilde{s}_1 \geqslant \tilde{s}_2) = \frac{\max(0, \text{len}(\tilde{s}_1) + \text{len}(\tilde{s}_2) - \max(\beta_2 - \alpha_1, 0))}{\text{len}(\tilde{s}_1) + \text{len}(\tilde{s}_2)} \quad (21\text{-}25)$$

从上述定义很容易得出：

（1）$0 \leqslant p(\tilde{s}_1 \geqslant \tilde{s}_2) \leqslant 1, 0 \leqslant p(\tilde{s}_2 \geqslant \tilde{s}_1) \leqslant 1$。

（2）$p(\tilde{s}_1 \geqslant \tilde{s}_2) + p(\tilde{s}_2 \geqslant \tilde{s}_1) = 1$，特别地，$p(\tilde{s}_1 \geqslant \tilde{s}_2) = p(\tilde{s}_2 \geqslant \tilde{s}_1) = 1/2$。

现考虑任意两个语言变量 $\tilde{s}_1 = [s_{\alpha_1}, s_{\beta_1}], \tilde{s}_2 = [s_{\alpha_2}, s_{\beta_2}]$，$\lambda$，$\lambda_1$，$\lambda_2 > 0$，定义它们的运算法则如下。

（1）$\tilde{s}_1 \oplus \tilde{s}_2 = [s_{\alpha_1}, s_{\beta_1}] \oplus [s_{\alpha_2}, s_{\beta_2}] = [s_{\alpha_1} \oplus s_{\alpha_2}, s_{\beta_1} \oplus s_{\beta_2}] = [s_{\alpha_1+\alpha_2}, s_{\beta_1+\beta_2}]$。

（2）$\tilde{s}_1 \otimes \tilde{s}_2 = [s_{\alpha_1}, s_{\beta_1}] \otimes [s_{\alpha_2}, s_{\beta_2}] = [s_{\alpha_1} \otimes s_{\alpha_2}, s_{\beta_1} \otimes s_{\beta_2}] = [s_{\alpha_1\alpha_2}, s_{\beta_1\beta_2}]$。

（3）$\lambda\tilde{s} = \lambda[s_\alpha, s_\beta] = [\lambda s_\alpha, \lambda s_\beta] = [s_{\lambda\alpha}, s_{\lambda\beta}]$。

（4）若 $s_\alpha = s_\beta \in \tilde{S}$，则不确定语言变量 $\tilde{s} = [s_\alpha, s_\beta]$ 退化为确定性语言变量 $s = s_\alpha$ 或 $s = s_\beta$。

（5）$\lambda(\tilde{s}_1 \oplus \tilde{s}_2) = \lambda\tilde{s}_1 \oplus \lambda\tilde{s}_2$。

（6）$(\lambda_1 + \lambda_2)\tilde{s} = \lambda_1\tilde{s} \oplus \lambda_2\tilde{s}$。

21.5.2 广义的不确定性纯语言 Heronian 平均算子

定义 21.17 设 $\tilde{s}_i = [s_{\alpha_i}, s_{\beta_i}] (i = 1, 2, \cdots, n)$ 表示不确定语言变量组的一个集合，令 p, q 不同时为 0，若

$$\begin{aligned} \text{GULHM}^{p,q}(\tilde{s}_1, \cdots, \tilde{s}_n) &= \left(\frac{2}{n(n+1)} \sum_{i=1}^{n} \sum_{j=i}^{n} \tilde{s}_i^p \tilde{s}_j^q \right)^{1/(p+q)} \\ &= \left[\left(\frac{2}{n(n+1)} \sum_{i=1}^{n} \sum_{j=i}^{n} \tilde{s}_{\alpha_i}^p \tilde{s}_{\alpha_j}^q \right)^{1/(p+q)}, \left(\frac{2}{n(n+1)} \sum_{i=1}^{n} \sum_{j=i}^{n} \tilde{s}_{\beta_i}^p \tilde{s}_{\beta_j}^q \right)^{1/(p+q)} \right] \end{aligned} \quad (21\text{-}26)$$

那么，称 GULHM 为广义的不确定 Heronian 平均算子，如果令 $p = q = 1/2$，则

$$\begin{aligned} \text{GULHM}^{1/2,1/2}(\tilde{s}_1, \tilde{s}_2, \cdots, \tilde{s}_n) &= \frac{2}{n(n+1)} \sum_{i=1}^{n} \sum_{j=i}^{n} \tilde{s}_i^{1/2} \tilde{s}_j^{1/2} \\ &= \left[\frac{2}{n(n+1)} \sum_{i=1}^{n} \sum_{j=i}^{n} \tilde{s}_{\alpha_i}^{1/2} \tilde{s}_{\alpha_j}^{1/2}, \frac{2}{n(n+1)} \sum_{i=1}^{n} \sum_{j=i}^{n} \tilde{s}_{\beta_i}^{1/2} \tilde{s}_{\beta_j}^{1/2} \right] \end{aligned} \quad (21\text{-}27)$$

那么，称该算子为不确定性纯语言 Heronian 平均算子。

经研究，该算子有以下特性。

（1）幂等性：设 $\tilde{s}_i = [s_{\alpha_i}, s_{\beta_i}] (i = 1, 2, \cdots, n)$ 表示不确定变量组的集合，若 $\tilde{s}_1 = \tilde{s}_2 = \cdots = \tilde{s}_n = \tilde{s} = [s_\alpha, s_\beta]$，则 $\text{GULHM}^{p,q}(\tilde{s}_1, \tilde{s}_2, \cdots, \tilde{s}_n) = \tilde{s}$。

证明：

$$\begin{aligned}\mathrm{GULHM}^{p,q}(\tilde{s}_1,\tilde{s}_2,\cdots,\tilde{s}_n)&=\mathrm{GULHM}^{p,q}(\tilde{s},\tilde{s},\cdots,\tilde{s})\\&=\left(\frac{2}{n(n+1)}\sum_{i=1}^{n}\sum_{j=i}^{n}\tilde{s}_i^p\tilde{s}_j^q\right)^{1/(p+q)}\\&=\left[\left(\frac{2}{n(n+1)}\sum_{i=1}^{n}\sum_{j=i}^{n}\tilde{s}_{\alpha_i}^p\tilde{s}_{\alpha_j}^q\right)^{1/(p+q)},\left(\frac{2}{n(n+1)}\sum_{i=1}^{n}\sum_{j=i}^{n}\tilde{s}_{\beta_i}^p\tilde{s}_{\beta_j}^q\right)^{1/(p+q)}\right]\\&=[s_\alpha,s_\beta]\end{aligned}$$

（2）可置换性：设 $\tilde{s}_i=[s_{\alpha_i},s_{\beta_i}]$，$\tilde{s}_i'=[s'_{\alpha_i},s'_{\beta_i}](i=1,2,\cdots,n)$ 分别表示两个不确定语言变量集，且 $\tilde{s}_i'=[s'_{\alpha_i},s'_{\beta_i}]$ 是 $\tilde{s}_i=[s_{\alpha_i},s_{\beta_i}]$ 的任意一种置换，则

$$\mathrm{GULHM}^{p,q}(\tilde{s}_1,\tilde{s}_2,\cdots,\tilde{s}_n)=\mathrm{GULHM}^{p,q}(\tilde{s}_1',\tilde{s}_2',\cdots,\tilde{s}_n')$$

证明：

$$\begin{aligned}\mathrm{GULHM}^{p,q}(\tilde{s}_1,\tilde{s}_2,\cdots,\tilde{s}_n)&=\left(\frac{2}{n(n+1)}\sum_{i=1}^{n}\sum_{j=i}^{n}\tilde{s}_i^p\tilde{s}_j^q\right)^{1/(p+q)}\\&=\left(\frac{2}{n(n+1)}\sum_{i=1}^{n}\sum_{j=i}^{n}\tilde{s}_i'^p\tilde{s}_j'^q\right)^{1/(p+q)}\\&=\mathrm{GULHM}^{p,q}(\tilde{s}_1',\tilde{s}_2',\cdots,\tilde{s}_n')\end{aligned}$$

（3）单调性：设 $\tilde{s}_i=[s_{\alpha_i},s_{\beta_i}]$，$\tilde{s}_i'=[s'_{\alpha_i},s'_{\beta_i}](i=1,2,\cdots,n)$ 分别表示两个不确定语言变量集，如果对 $i=1,2,\cdots,n$ 都有 $s_{\alpha_i}\leqslant s'_{\alpha_i},s_{\beta_i}\leqslant s'_{\beta_i}$ 则

$$\mathrm{GULHM}^{p,q}(\tilde{s}_1,\tilde{s}_2,\cdots,\tilde{s}_n)\leqslant\mathrm{GULHM}^{p,q}(\tilde{s}_1',\tilde{s}_2',\cdots,\tilde{s}_n')$$

证明：因为 $s_{\alpha_i}\leqslant s'_{\alpha_i},s_{\beta_i}\leqslant s'_{\beta_i}$，那么，

$$\left(\frac{2}{n(n+1)}\sum_{i=1}^{n}\sum_{j=1}^{n}\tilde{s}_{\alpha_i}^p\tilde{s}_{\alpha_j}^q\right)^{1/(p+q)}\leqslant\left(\frac{2}{n(n+1)}\sum_{i=1}^{n}\sum_{j=1}^{n}\tilde{s}_{\alpha_i}'^p\tilde{s}_{\alpha_j}'^q\right)^{1/(p+q)}$$

$$\left(\frac{2}{n(n+1)}\sum_{i=1}^{n}\sum_{j=i}^{n}\tilde{s}_{\beta_i}^p\tilde{s}_{\beta_j}^q\right)^{1/(p+q)}\leqslant\left(\frac{2}{n(n+1)}\sum_{i=1}^{n}\sum_{j=i}^{n}\tilde{s}_{\beta_i}'^p\tilde{s}_{\beta_j}'^q\right)^{1/(p+q)}$$

$$\begin{aligned}&\left[\left(\frac{2}{n(n+1)}\sum_{i=1}^{n}\sum_{j=1}^{n}\tilde{s}_{\alpha_i}^p\tilde{s}_{\alpha_j}^q\right)^{1/(p+q)},\left(\frac{2}{n(n+1)}\sum_{i=1}^{n}\sum_{j=i}^{n}\tilde{s}_{\beta_i}^p\tilde{s}_{\beta_j}^q\right)^{1/(p+q)}\right]\\\leqslant&\left[\left(\frac{2}{n(n+1)}\sum_{i=1}^{n}\sum_{j=1}^{n}\tilde{s}_{\alpha_i}'^p\tilde{s}_{\alpha_j}'^q\right)^{1/(p+q)},\left(\frac{2}{n(n+1)}\sum_{i=1}^{n}\sum_{j=i}^{n}\tilde{s}_{\beta_i}'^p\tilde{s}_{\beta_j}'^q\right)^{1/(p+q)}\right]\end{aligned}$$

则

$$\mathrm{GULHM}^{p,q}(\tilde{s}_1,\tilde{s}_2,\cdots,\tilde{s}_n)=\left(\frac{2}{n(n+1)}\sum_{i=1}^{n}\sum_{j=i}^{n}\tilde{s}_i^{p}\tilde{s}_j^{q}\right)^{1/(p+q)}$$

$$\leqslant\left(\frac{2}{n(n+1)}\sum_{i=1}^{n}\sum_{j=i}^{n}\tilde{s}_i'^{p}\tilde{s}_j'^{q}\right)^{1/(p+q)}=\mathrm{GULHM}^{p,q}(\tilde{s}_1',\tilde{s}_2',\cdots,\tilde{s}_n')$$

（4）有界性：$\tilde{s}_i=[s_{\alpha_i},s_{\beta_i}](i=1,2,\cdots,n)$ 表示不确定变量组的集合，且

$$\tilde{s}^-=\min_i\tilde{s}_i=[\min_i\tilde{s}_{\alpha_i},\min_i\tilde{s}_{\beta_i}],\ \tilde{s}^+=\max_i\tilde{s}_i=[\max_i\tilde{s}_{\alpha_i},\max_i\tilde{s}_{\beta_i}]$$

则

$$\tilde{s}^-\leqslant\mathrm{GULHM}^{p,q}(\tilde{s}_1,\tilde{s}_2,\cdots,\tilde{s}_n)\leqslant\tilde{s}^+$$

证明：$\mathrm{GULHM}^{p,q}(\tilde{s}_1,\tilde{s}_2,\cdots,\tilde{s}_n)=\left(\frac{2}{n(n+1)}\sum_{i=1}^{n}\sum_{j=i}^{n}\tilde{s}_i^{p}\tilde{s}_j^{q}\right)^{1/(p+q)}$

$$=\left[\left(\frac{2}{n(n+1)}\sum_{i=1}^{n}\sum_{j=i}^{n}\tilde{s}_{\alpha_i}^{p}\tilde{s}_{\alpha_j}^{q}\right)^{1/(p+q)},\left(\frac{2}{n(n+1)}\sum_{i=1}^{n}\sum_{j=i}^{n}\tilde{s}_{\beta_i}^{p}\tilde{s}_{\beta_j}^{q}\right)^{1/(p+q)}\right]$$

$$\leqslant\left[\left(\frac{2}{n(n+1)}\sum_{i=1}^{n}\sum_{j=i}^{n}\{\max_i s_{\alpha_i}\}^{p}\otimes\{\max_j s_{\alpha_j}\}^{q}\right)^{1/(p+q)},\right.$$

$$\left.\left(\frac{2}{n(n+1)}\sum_{i=1}^{n}\sum_{j=i}^{n}\{\max_i s_{\beta_i}\}^{p}\otimes\{\max_j s_{\beta_j}\}^{q}\right)^{1/(p+q)}\right]$$

$$=\left[\max_i s_{\alpha_i},\max_i s_{\beta_i}\right]=\tilde{s}^+$$

21.6 基于 GUPLHAHM 平均算子的多属性群决策方法

21.6.1 广义的不确定语言混合算术 Heronian 平均算子

定义 21.18 设 $\tilde{s}_i=[s_{\alpha_i},s_{\beta_i}](i=1,2,\cdots,n)$ 表示不确定语言变量组的一个集合，令 p,q 不同时为 0，若

$$\mathrm{GUPLWAHM}_{s_\omega}^{p,q}(\tilde{s}_1,\tilde{s}_2,\cdots,\tilde{s}_n)=\left(\frac{2}{n(n+1)}\sum_{i=1}^{n}\sum_{j=i}^{n}(s_{\omega_i}\tilde{s}_i)^{p}(s_{\omega_j}\tilde{s}_j)^{q}\right)^{1/(p+q)}$$

$$=\left[\left(\frac{2}{n(n+1)}\sum_{i=1}^{n}\sum_{j=i}^{n}(s_{\omega_i}\tilde{s}_{\alpha_i})^{p}(s_{\omega_j}\tilde{s}_{\alpha_j})^{q}\right)^{1/(p+q)},\left(\frac{2}{n(n+1)}\sum_{i=1}^{n}\sum_{j=i}^{n}(s_{\omega_i}\tilde{s}_{\beta_i})^{p}(s_{\omega_j}\tilde{s}_{\beta_j})^{q}\right)^{1/(p+q)}\right]$$

（21-28）

其中，$\boldsymbol{s}_{\omega}=(s_{\omega_1},\cdots,s_{\omega_n})^{\mathrm{T}}$ 表示 $(\tilde{s}_1,\cdots,\tilde{s}_n)$ 以语言评估标度给出的权重向量，且 $s_{\omega_i},s_{\alpha_i}\in\overline{S}$，则称 GUPLWAHM 为广义的不确定纯语言加权算术 Heronian 平均算子。

定义 21.19　设 $\tilde{s}_i=[s_{\alpha_i},s_{\beta_i}](i=1,2,\cdots,n)$ 表示不确定语言变量组的一个集合，若

$$\mathrm{GULOWAHM}_{w}^{p,q}(\tilde{s}_1,\cdots,\tilde{s}_n)=\left(\frac{2}{n(n+1)}\sum_{i=1}^{n}\sum_{j=i}^{n}(w_i\tilde{s}_{\varphi_i})^p(w_j\tilde{s}_{\varphi_j})^q\right)^{1/(p+q)}$$

$$=\left[\left(\frac{2}{n(n+1)}\sum_{i=1}^{n}\sum_{j=i}^{n}(w_i\tilde{s}_{\varphi_{\alpha_i}})^p(w_j\tilde{s}_{\varphi_{\alpha_j}})^q\right)^{1/(p+q)},\left(\frac{2}{n(n+1)}\sum_{i=1}^{n}\sum_{j=i}^{n}(w_i\tilde{s}_{\varphi_{\beta_i}})^p(w_j\tilde{s}_{\varphi_{\beta_j}})^q\right)^{1/(p+q)}\right]$$

（21-29）

式中，w_i 表示与位置有关的权重值，$w_i\geqslant 0$，$\sum_{i=1}^{n}w_i=1$；$s_{\varphi_i},s_{\varphi_j}$ 分别表示不确定语言变量集中第 i 个，第 j 个大的元素，则称 GULOWAHM 为广义的不确定语言有序加权算术 Heronian 平均算子。

定义 21.20　设 $\tilde{s}_i=[s_{\alpha_i},s_{\beta_i}](i=1,2,\cdots,n)$ 表示不确定语言变量组的一个集合，若

$$\mathrm{GUPLHAHM}_{w}^{p,q}(\tilde{s}_1,\cdots,\tilde{s}_n)=\left(\frac{2}{n(n+1)}\sum_{i=1}^{n}\sum_{j=i}^{n}(w_i\tilde{s}'_{\varphi_i})^p(w_j\tilde{s}'_{\varphi_j})^q\right)^{1/(p+q)}$$

$$=\left[\left(\frac{2}{n(n+1)}\sum_{i=1}^{n}\sum_{j=i}^{n}(w_i\tilde{s}'_{\varphi_{\alpha_i}})^p(w_j\tilde{s}'_{\varphi_{\alpha_j}})^q\right)^{1/(p+q)},\left(\frac{2}{n(n+1)}\sum_{i=1}^{n}\sum_{j=i}^{n}(w_i\tilde{s}'_{\varphi_{\beta_i}})^p(w_j\tilde{s}'_{\varphi_{\beta_j}})^q\right)^{1/(p+q)}\right]$$

（21-30）

式中，w_i 表示与位置有关的权重值，$w_i\geqslant 0$ 且 $\sum_{i=1}^{n}w_i=1$；s'_{φ_i} 表示 $(\tilde{s}'_1,\tilde{s}'_2,\cdots,\tilde{s}'_n)$ 中第 i 大的不确定语言变量；$\tilde{s}'_i=ns_{\omega_i}\tilde{s}_i=\tilde{s}_{in\omega_i}$；$\boldsymbol{s}_{\omega}=(s_{\omega_1},\cdots,s_{\omega_n})^{\mathrm{T}}$ 表示 $(\tilde{s}'_1,\tilde{s}'_2,\cdots,\tilde{s}'_n)$ 以语言评估标度给出的权重向量，且 $s_{\omega_i},\tilde{s}_i\in\overline{S}$，则称 GUPLHAHM 为广义的不确定纯语言混合算术 Heronian 平均算子。

例 7：设 $\boldsymbol{s}_{\omega}=(s_{\omega_1},s_{\omega_2},s_{\omega_3},s_{\omega_4},s_{\omega_5})=(s_3,s_3,s_4,s_3,s_4)^{\mathrm{T}}$，现有一组不确定语言标度变量 $\tilde{s}_1=[s_1,s_4],\tilde{s}_2=[s_2,s_3],\tilde{s}_3=[s_2,s_5],\tilde{s}_4=[s_3,s_4],\tilde{s}_5=[s_3,s_4]$ 与 GUPLHAHM 算子相关联的加权向量 $\boldsymbol{w}=(0.11,0.24,0.3,0.24,0.11)^{\mathrm{T}}$，则能够由基于正态分布的方法求得 $\tilde{s}'_1=ns_{\alpha_1}s_{\omega_1}=[s_{15},s_{60}]$。同样，$\tilde{s}'_2=[s_{30},s_{45}]$；$\tilde{s}'_3=[s_{40},s_{100}]$；$\tilde{s}'_4=[s_{45},s_{60}]$；$\tilde{s}'_5=[s_{60},s_{80}]$。

比较以上 5 个不确定语言变量，得到下面的模糊判断矩阵。

$$P=\begin{bmatrix}0.500 & 0.500 & 0.190 & 0.250 & 0\\0.500 & 0.500 & 0.067 & 0 & 0\\0.810 & 0.933 & 0.500 & 0.730 & 0.500\\0.750 & 1 & 0.270 & 0.500 & 0\\1 & 1 & 0.500 & 1 & 0.500\end{bmatrix}$$

对于模糊互补判断矩阵 $\boldsymbol{P}=(p_{ij})_{n\times n}$，对矩阵 $\boldsymbol{P}$ 中的每一行元素进行加总，可得 $p_i=\sum_{j=1}^{m}p_{ij}(i=1,2,\cdots,n)$，然后对 p_i 的值进行降序排列从而对 $\tilde{s}_i(i=1,2,3,4,5)$ 进行相应的排序。

经计算，$p_1=1.44,\ p_2=1.067,\ p_3=3.47,\ p_4=2.52,\ p_5=4$。

因此，

$$p_5>p_3>p_4>p_1>p_2$$

即

$$\tilde{s}_5'>\tilde{s}_3'>\tilde{s}_4'>\tilde{s}_1'>\tilde{s}_2'$$

则

$$\mathrm{GUPLHAHM}_w^{p,q}(\tilde{s}_1,\cdots,\tilde{s}_n)=\left(\frac{2}{n(n+1)}\sum_{i=1}^{n}\sum_{j=i}^{n}(w_i\tilde{s}_{\varphi_i}')^p(w_j\tilde{s}_{\varphi_j}')^q\right)^{1/(p+q)}=(s_{6.9},s_{13.29})$$

21.6.2 决策步骤及方法

首先，给出一些记号，如下。

（1）$X=\{x_1,x_2,\cdots,x_n\}$ 为备选方案集。

（2）决策者集合为 $\{d_k\mid k=1,\cdots,m\}$。

（3）$G=\{g_1,\cdots,g_l\}$ 为属性集。

（4）属性权重向量为 $\boldsymbol{s}_\omega=(s_{\omega_1},\cdots,s_{\omega_l})^{\mathrm{T}}\in\overline{S}$。

（5）专家权重向量 $\boldsymbol{s}_v=(s_{v_1},\cdots,s_{v_m})^{\mathrm{T}}\in\overline{S}$。

其次，每一个决策者 $d_k\in D$ 按要求对方案 $x_i\in X$ 按属性 $g_l\in G$ 进行评价，因此，能够得到 k 个不确定语言决策矩阵，进而利用 GUPLWHM 算子和 GUPLHAHM 算子对不确定语言信息下的多属性群决策问题建立求解模型。

步骤 1：针对各位决策者给出的关于某个方案的属性值及对应权重信息，利用 GUPLWAHM 算子进行集结，得到各位专家对某个方案的综合评价，即

$$A_j^{(k)}=\mathrm{GUPLWAHM}_{s_\omega}^{p,q}(\tilde{s}_1,\cdots,\tilde{s}_n)=\left(\frac{2}{n(n+1)}\sum_{i=1}^{n}\sum_{j=i}^{n}(s_{\omega_i}\tilde{s}_i)^p(s_{\omega_j}\tilde{s}_j)^q\right)^{1/(p+q)}\tag{21-31}$$

步骤 2：对于步骤 1 的计算结果，考虑专家权重，计算 $\tilde{s}'^{(k)}_i$：

$$\tilde{s}'^{(k)}_i = ns_{v_i}\tilde{s}'^{(k)}_i \tag{21-32}$$

式中，$\boldsymbol{s}_v = (s_{v_1}, s_{v_2}, s_{v_3})^{\mathrm{T}}$ 表示以语言评估标度形式给出的专家权重。

步骤 3：利用可能度公式，算出基于各个专家的各方案综合属性评估值 $\tilde{s}'^{(k)}_i$ 之间的可能度 $p_i^{kk'} = p\{\tilde{s}'^{(k)}_i \geqslant \tilde{s}'^{(k)}_i\}(k=1,\cdots,m,k'=1,\cdots,m)$，并建立模糊互补判断矩阵 $\boldsymbol{P} = (p_i^{kk'})_{m\times m}$。

步骤 4：对于模糊互补判断矩阵 $\boldsymbol{P} = (p_i^{kk'})_{m\times m}$，对矩阵 $\boldsymbol{P}$ 中每一行的元素进行加总，可得 $p_i^{(k)} = \sum_{k'=1}^{m} p_i^{kk'}\ (i=1,2,\cdots,n)$，然后对 $p_i^{(k)}$ 的值进行降序排列，进而对 $\tilde{s}'^{(k)}_i$ 进行相应的排序。

步骤 5：利用 GUPLHAHM 算子得到每一个备选方案的综合属性值，即

$$A_j = \mathrm{GUPLHAHM}_w^{p,q}(\tilde{s}_1,\cdots,\tilde{s}_n) = \left(\frac{2}{n(n+1)}\sum_{i=1}^{n}\sum_{j=i}^{n}(w_i\tilde{s}'_{\varphi_i})^p(w_j\tilde{s}'_{\varphi_j})^q\right)^{1/(p+q)} \tag{21-33}$$

式中，$\boldsymbol{w} = (w_1,\cdots,w_n)^{\mathrm{T}}$ 表示与 GUPLHAHM 算子相关联的位置加权向量，能够用基于正态分布的方法得出[226]。

步骤 6：对方案 x_i 的群体综合属性值 $A_i(j=1,\cdots,n)$ 进行大小比较，建立模糊判断矩阵。

步骤 7：对矩阵 $\boldsymbol{P}$ 中的每一行的元素进行加总，可得 $p_i = \sum_{j=1}^{m} p_{ij}$，然后对 p_i 的值进行降序排列，从而对决策方案进行排序，选择出最优的方案。

21.7　基于 UPLWGHM 算子的多属性群决策方法

21.7.1　不确定纯语言加权几何 Heronian 平均算子

定义 21.21　设 ULGHM：$\tilde{s}_n \to \overline{S}$ 且 p,q 不同时为 0，若

$$\mathrm{ULGHM}^{p,q}(\tilde{s}_1,\cdots,\tilde{s}_n) = \frac{1}{p+q}\prod_{i=1,j=i}^{n}(p\tilde{s}_i + q\tilde{s}_j)^{2/n(n+1)} \tag{21-34}$$

式中，$(\tilde{s}_1,\cdots,\tilde{s}_n)$ 表示一组以不确定语言评估标度形式给出的评估变量，则把 ULGHM 称为 n 维不确定语言几何 Heronian 平均算子。

性质 1：（幂等性）设 $\tilde{s}_i = [s_{\alpha_i}, s_{\beta_i}](i=1,\cdots,n)$ 表示一组不确定语言变量集合，$p,q \geqslant 0$ 且 p,q 不同时为 0，若 $\tilde{s}_i = \tilde{s} = [s_\alpha, s_\beta]$ 对所有的 $i=1,\cdots,n$ 均成立，则

$$\mathrm{ULGHM}^{p,q}(\tilde{s}_1,\cdots,\tilde{s}_n) = \tilde{s} \tag{21-35}$$

性质 2：（置换性）设 $\tilde{s}_i=[s_{\alpha_i},s_{\beta_i}]$，$\tilde{s}'_i=[s'_{\alpha_i},s'_{\beta_i}](i=1,\cdots,n)$ 分别表示两组不确定语言变量集合，且 $\tilde{s}'_i=[s'_{\alpha_i},s'_{\beta_i}](i=1,\cdots,n)$ 表示不确定语言变量集 $\tilde{s}'_i=[s'_{\alpha_i},s'_{\beta_i}]$ $(i=1,\cdots,n)$ 的任意顺序置换，则

$$\mathrm{ULGHM}^{p,q}(\tilde{s}_1,\tilde{s}_2,\cdots,\tilde{s}_n)=\mathrm{ULGHM}^{p,q}(\tilde{s}'_1,\tilde{s}'_2,\cdots,\tilde{s}'_n) \tag{21-36}$$

性质 3：（单调性）设 $\tilde{s}_i=[s_{\alpha_i},s_{\beta_i}]$，$\tilde{s}'_i=[s'_{\alpha_i},s'_{\beta_i}](i=1,\cdots,n)$ 分别表示两组不确定语言变量集，如果对所有的 $i=1,\cdots,n$，$s_{\alpha_i}\leqslant s'_{\alpha_i}$，$s_{\beta_i}\leqslant s'_{\beta_i}$ 均成立，则

$$\mathrm{ULGHM}^{p,q}(\tilde{s}_1,\cdots,\tilde{s}_n)\leqslant \mathrm{ULGHM}^{p,q}(\tilde{s}'_1,\cdots,\tilde{s}'_n) \tag{21-37}$$

性质 4：（有界性）设 $\tilde{s}_i=[s_{\alpha_i},s_{\beta_i}](i=1,\cdots,n)$ 表示一组不确定语言变量集，另有 $\tilde{s}^-=\min\limits_i[\min\limits_i s_{\alpha_i},\min\limits_i s_{\beta_i}]$ $\tilde{s}^+=\max\limits_i[\max\limits_i s_{\alpha_i},\max\limits_i s_{\beta_i}]$，那么

$$\tilde{s}^-\leqslant \mathrm{ULGHM}^{p,q}(\tilde{s}_1,\cdots,\tilde{s}_n)\leqslant \tilde{s}^+ \tag{21-38}$$

定义 21.22 设 UPLWGHM：$\tilde{s}_n\to\overline{S}$，且 p，q 不同时为 0，若

$$\mathrm{UPLWGHM}^{p,q}(\tilde{s}_1,\cdots,\tilde{s}_n)=\frac{1}{p+q}\prod_{i=1,j=i}^{n}(p\tilde{s}_i^{s_{\omega_i}}+q\tilde{s}_j^{s_{\omega_j}})^{2/n(n+1)} \tag{21-39}$$

式中，$\boldsymbol{s}_\omega=(s_{\omega_1},\cdots,s_{\omega_n})$ 表示 $(\tilde{s}_1,\cdots,\tilde{s}_n)$ 以语言评估标度形式给出的加权向量；$(\tilde{s}_1,\cdots,\tilde{s}_n)$ 表示一组以不确定语言评估标度形式给出的评估变量，且 $s_{\omega_i},s_i\in\overline{S}$，则把 UPLWGHM 称为 n 维不确定纯语言加权几何 Heronian 平均算子。

例 8：现有一组不确定语言标度变量 $\tilde{s}_1=[s_3,s_5]$，$\tilde{s}_2=[s_2,s_4]$，$\tilde{s}_3=[s_2,s_3]$，$\tilde{s}_4=[s_1,s_3]$，$\boldsymbol{s}_\varepsilon=(s_{\varepsilon_1},s_{\varepsilon_2},s_{\varepsilon_3},s_{\varepsilon_4})=(s_2,s_{1/2},s_4,s_3)^{\mathrm{T}}$ 表示与其对应的权重向量，令

$$p=q=1$$

则

$$\mathrm{UPLWGHM}^{p,q}(\tilde{s}_1,\cdots,\tilde{s}_n)=\frac{1}{p+q}\prod_{i=1,j=i}^{n}(p\tilde{s}_i^{s_{\omega_i}}+q\tilde{s}_j^{s_{\omega_j}})^{2/n(n+1)}$$

$$=\left[\frac{1}{p+q}\prod_{i=1,j=i}^{n}(p\tilde{s}_{\alpha_i}^{s_{\omega_i}}+q\tilde{s}_{\alpha_j}^{s_{\omega_j}})^{2/n(n+1)},\frac{1}{p+q}\prod_{i=1,j=i}^{n}(p\tilde{s}_{\beta_i}^{s_{\omega_i}}+q\tilde{s}_{\beta_j}^{s_{\omega_j}})^{2/n(n+1)}\right]$$

$$=[4.76,24.10]$$

21.7.2 决策步骤及方法

首先，给出一些记号，如下。

（1）$X=\{x_1,x_2,\cdots,x_n\}$ 为备选方案集。

（2）决策者集合为 $\{d_k\mid k=1,\cdots,m\}$。

（3）$G=\{g_1,\cdots,g_l\}$ 为属性集。

（4）属性权重向量为 $\boldsymbol{s}_\omega=(s_{\omega_1},\cdots,s_{\omega_l})^{\mathrm{T}}\in\bar{S}$。

（5）专家权重向量为 $\boldsymbol{s}_v=(s_{v_1},\cdots,s_{v_m})^{\mathrm{T}}\in\bar{S}$。

其次，每一个决策者 $d_k\in D$ 按要求对方案 $x_j\in X$ 按属性 $g_l\in G$ 进行评价，因此，能够得到 k 个纯语言决策矩阵，进而利用 UPLWGHM 算子对纯语言信息下的多属性决策建立模型。

步骤 1：针对各位决策者给出的关于某个方案的各属性决策信息，利用 UPLWGHM 算子进行集结，得到各位专家对某个方案的综合评价，即

$$A_j^{(k)}=\mathrm{UPLWGHM}^{p,q}(\tilde{s}_{j1}^{(k)},\cdots,\tilde{s}_{jl}^{(k)})=\frac{1}{p+q}\prod_{g=1,g'=g}^{m}(p\tilde{s}_{jg}^{s_{g_l}(k)}+q\tilde{s}_{jg'}^{s_{g_j}(k)})^{2/n(n+1)} \quad (21\text{-}40)$$

步骤 2：综合各位专家关于某一个方案的综合评价信息，再一次利用 UPLWGHM 算子得到每一个备选方案的综合属性值，即

$$A_j=\mathrm{UPLWGHM}^{p,q}(\tilde{s}_j^{(1)},\cdots,\tilde{s}_j^{(m)})=\frac{1}{p+q}\prod_{k=1,k'=k}^{m}(p\tilde{s}_j^{(k)s_{v_k}}+q\tilde{s}_j^{(k')s_{v_{k'}}})^{2/n(n+1)} \quad (21\text{-}41)$$

其中，$\boldsymbol{s}_v=(s_{v_1},\cdots,s_{v_m})^{\mathrm{T}}$ 表示以语言评估标度形式给出的专家权重。

步骤 3：利用可能度公式对方案 x_j 的群体综合属性值 $A_j(j=1,\cdots,n)$ 进行大小比较，建立模糊判断矩阵 $\boldsymbol{P}$。

步骤 4：对矩阵 $\boldsymbol{P}$ 中的每一行元素进行加总，可得 $p_i=\sum_{j=1}^{m}p_{ij}$，然后对 p_i 的值进行降序排列，从而对决策方案进行排序，选择出最优的方案。

21.8　雾霾事件应急预案评估选择问题的研究

21.8.1　引言

政府在应急管理中存在的缺位和不足是雾霾事件发生的根本原因之一。在大型社会公共事件中，政府管理在避免突发事件的产生中起着至关重要的作用，没有有效的应急预案，就不能快速对突发事件进行有效控制。

众所周知，一方面，由于突发性事件的复杂性和不确定性，加之人类思维的模糊性，关于应急预案的评估信息一般以语言标度的形式给出；另一方面，不同决策者对应急预案的认知存在着不同程度的犹豫，由此使得认知结果表现为肯定、否定或者介于肯定和否定之间，因此，突发性事件应急预案评估问题应当采用不确定性纯语言多属性群决策方法去解决。

本章主要以雾霾突发事件为例研究了基于 Heronian 平均算子的不确定性纯语言多属性群决策方法在应急预案评估问题中的应用。

21.8.2　实例分析

对于雾霭造成的公共卫生安全事件来说，在应急预案评估过程中，往往需要多个决策部门参与，如环保、医院和公安等单位的共同配合，因此决策专家往往是多人共同参与。设来自不同部门的d_1,d_2,d_3三位专家组成评估团，针对4种事故应急预案x_1,x_2,x_3,x_4的24项应急预案评估指标进行分析，设语言评估标度$s=\{s_1=$极低，$s_2=$很低，$s_3=$低，$s_4=$稍低，$s_5=$一般，$s_6=$稍高，$s_7=$高，$s_8=$很高，$s_9=$极高$\}$，属性权重$\boldsymbol{s}_\omega=(s_5,s_3,s_3,s_4,s_3,s_2,s_1,s_3,s_5,s_2,s_4,s_3,s_2,s_3,s_5,s_4,s_2,s_3,s_2,s_4,s_2,s_3,s_3,s_2)$，假设各个专家对各个应急方案前景所持乐观程度一致，可设4个方案的参数相同，此例中假设$p=q=1/2$，令专家权重为$\boldsymbol{s}_v=(s_3,s_3,s_4)$，采用本章已构建的应急预案评估指标体系，构建以下语言决策矩阵（表21-2～表21-4）。

表 21-2　决策矩阵 $A^{(1)}$

	x_1	x_2	x_3	x_4
g_1	$[s_2,s_3]$	$[s_3,s_4]$	$[s_5,s_7]$	$[s_2,s_7]$
g_2	$[s_3,s_6]$	$[s_3,s_7]$	$[s_2,s_8]$	$[s_3,s_4]$
g_3	$[s_4,s_7]$	$[s_3,s_5]$	$[s_4,s_5]$	$[s_4,s_6]$
g_4	$[s_5,s_6]$	$[s_4,s_5]$	$[s_6,s_7]$	$[s_4,s_5]$
g_5	$[s_5,s_6]$	$[s_3,s_4]$	$[s_5,s_5]$	$[s_3,s_6]$
g_6	$[s_4,s_7]$	$[s_5,s_7]$	$[s_4,s_6]$	$[s_4,s_7]$
g_7	$[s_2,s_5]$	$[s_6,s_8]$	$[s_2,s_5]$	$[s_6,s_8]$
g_8	$[s_4,s_5]$	$[s_4,s_5]$	$[s_5,s_6]$	$[s_5,s_6]$
g_9	$[s_3,s_5]$	$[s_4,s_6]$	$[s_6,s_7]$	$[s_5,s_5]$
g_{10}	$[s_4,s_5]$	$[s_5,s_5]$	$[s_4,s_5]$	$[s_4,s_6]$
g_{11}	$[s_5,s_6]$	$[s_3,s_4]$	$[s_6,s_7]$	$[s_4,s_5]$
g_{12}	$[s_3,s_4]$	$[s_4,s_5]$	$[s_4,s_6]$	$[s_1,s_3]$
g_{13}	$[s_4,s_7]$	$[s_4,s_6]$	$[s_5,s_6]$	$[s_4,s_5]$
g_{14}	$[s_4,s_5]$	$[s_4,s_5]$	$[s_3,s_5]$	$[s_4,s_5]$
g_{15}	$[s_4,s_6]$	$[s_6,s_8]$	$[s_7,s_8]$	$[s_3,s_5]$
g_{16}	$[s_6,s_7]$	$[s_6,s_8]$	$[s_5,s_6]$	$[s_8,s_8]$
g_{17}	$[s_5,s_6]$	$[s_3,s_5]$	$[s_7,s_7]$	$[s_4,s_6]$

续表

	x_1	x_2	x_3	x_4
g_{18}	$[s_2,s_5]$	$[s_6,s_7]$	$[s_5,s_7]$	$[s_3,s_5]$
g_{19}	$[s_6,s_9]$	$[s_4,s_6]$	$[s_3,s_5]$	$[s_6,s_8]$
g_{20}	$[s_4,s_6]$	$[s_5,s_6]$	$[s_3,s_5]$	$[s_3,s_5]$
g_{21}	$[s_5,s_6]$	$[s_4,s_6]$	$[s_5,s_8]$	$[s_3,s_4]$
g_{22}	$[s_3,s_4]$	$[s_3,s_5]$	$[s_6,s_8]$	$[s_2,s_5]$
g_{23}	$[s_4,s_5]$	$[s_5,s_7]$	$[s_6,s_7]$	$[s_3,s_3]$
g_{24}	$[s_4,s_5]$	$[s_4,s_6]$	$[s_5,s_6]$	$[s_6,s_6]$

表 21-3　决策矩阵 $A^{(2)}$

	x_1	x_2	x_3	x_4
g_1	$[s_4,s_5]$	$[s_4,s_6]$	$[s_6,s_7]$	$[s_3,s_5]$
g_2	$[s_5,s_5]$	$[s_4,s_7]$	$[s_4,s_5]$	$[s_2,s_5]$
g_3	$[s_5,s_7]$	$[s_3,s_6]$	$[s_3,s_5]$	$[s_3,s_6]$
g_4	$[s_6,s_7]$	$[s_4,s_6]$	$[s_5,s_7]$	$[s_4,s_6]$
g_5	$[s_5,s_6]$	$[s_3,s_4]$	$[s_5,s_5]$	$[s_3,s_6]$
g_6	$[s_4,s_7]$	$[s_5,s_6]$	$[s_6,s_6]$	$[s_7,s_8]$
g_7	$[s_3,s_5]$	$[s_6,s_8]$	$[s_4,s_5]$	$[s_6,s_8]$
g_8	$[s_4,s_6]$	$[s_5,s_6]$	$[s_3,s_6]$	$[s_4,s_7]$
g_9	$[s_2,s_5]$	$[s_3,s_6]$	$[s_4,s_5]$	$[s_8,s_8]$
g_{10}	$[s_4,s_6]$	$[s_5,s_7]$	$[s_4,s_6]$	$[s_5,s_6]$
g_{11}	$[s_6,s_6]$	$[s_4,s_5]$	$[s_6,s_8]$	$[s_5,s_6]$
g_{12}	$[s_3,s_5]$	$[s_4,s_6]$	$[s_5,s_6]$	$[s_3,s_4]$
g_{13}	$[s_5,s_7]$	$[s_5,s_6]$	$[s_5,s_7]$	$[s_4,s_6]$
g_{14}	$[s_4,s_6]$	$[s_5,s_7]$	$[s_4,s_5]$	$[s_4,s_6]$
g_{15}	$[s_5,s_6]$	$[s_7,s_8]$	$[s_6,s_7]$	$[s_4,s_5]$
g_{16}	$[s_6,s_7]$	$[s_5,s_8]$	$[s_5,s_6]$	$[s_8,s_8]$
g_{17}	$[s_5,s_6]$	$[s_3,s_5]$	$[s_7,s_7]$	$[s_4,s_6]$
g_{18}	$[s_6,s_7]$	$[s_6,s_7]$	$[s_6,s_7]$	$[s_3,s_5]$
g_{19}	$[s_6,s_9]$	$[s_4,s_6]$	$[s_4,s_7]$	$[s_6,s_8]$

续表

	x_1	x_2	x_3	x_4
g_{20}	$[s_5,s_6]$	$[s_5,s_6]$	$[s_4,s_6]$	$[s_5,s_5]$
g_{21}	$[s_5,s_5]$	$[s_4,s_6]$	$[s_5,s_8]$	$[s_3,s_4]$
g_{22}	$[s_3,s_4]$	$[s_4,s_5]$	$[s_6,s_8]$	$[s_2,s_5]$
g_{23}	$[s_4,s_5]$	$[s_6,s_7]$	$[s_6,s_7]$	$[s_4,s_5]$
g_{24}	$[s_4,s_5]$	$[s_4,s_6]$	$[s_5,s_6]$	$[s_5,s_6]$

表 21-4　决策矩阵 $A^{(3)}$

	x_1	x_2	x_3	x_4
g_1	$[s_5,s_6]$	$[s_4,s_6]$	$[s_6,s_7]$	$[s_3,s_5]$
g_2	$[s_5,s_5]$	$[s_4,s_6]$	$[s_4,s_5]$	$[s_2,s_5]$
g_3	$[s_5,s_7]$	$[s_3,s_6]$	$[s_3,s_5]$	$[s_3,s_6]$
g_4	$[s_6,s_7]$	$[s_4,s_6]$	$[s_5,s_7]$	$[s_4,s_6]$
g_5	$[s_6,s_6]$	$[s_4,s_4]$	$[s_5,s_5]$	$[s_3,s_6]$
g_6	$[s_5,s_7]$	$[s_5,s_6]$	$[s_6,s_6]$	$[s_7,s_8]$
g_7	$[s_3,s_5]$	$[s_6,s_8]$	$[s_4,s_6]$	$[s_6,s_8]$
g_8	$[s_4,s_6]$	$[s_5,s_6]$	$[s_3,s_6]$	$[s_4,s_7]$
g_9	$[s_2,s_5]$	$[s_5,s_7]$	$[s_4,s_5]$	$[s_8,s_8]$
g_{10}	$[s_4,s_6]$	$[s_5,s_7]$	$[s_4,s_5]$	$[s_5,s_6]$
g_{11}	$[s_6,s_6]$	$[s_4,s_7]$	$[s_6,s_8]$	$[s_5,s_6]$
g_{12}	$[s_3,s_5]$	$[s_4,s_6]$	$[s_5,s_6]$	$[s_5,s_9]$
g_{13}	$[s_6,s_7]$	$[s_5,s_6]$	$[s_5,s_7]$	$[s_4,s_6]$
g_{14}	$[s_4,s_6]$	$[s_5,s_7]$	$[s_4,s_5]$	$[s_5,s_6]$
g_{15}	$[s_5,s_6]$	$[s_7,s_8]$	$[s_6,s_7]$	$[s_4,s_5]$
g_{16}	$[s_6,s_8]$	$[s_5,s_8]$	$[s_5,s_6]$	$[s_8,s_8]$
g_{17}	$[s_5,s_6]$	$[s_4,s_5]$	$[s_7,s_8]$	$[s_4,s_6]$
g_{18}	$[s_6,s_7]$	$[s_6,s_7]$	$[s_6,s_7]$	$[s_3,s_5]$
g_{19}	$[s_6,s_9]$	$[s_5,s_8]$	$[s_4,s_7]$	$[s_6,s_8]$
g_{20}	$[s_5,s_7]$	$[s_5,s_6]$	$[s_5,s_7]$	$[s_6,s_8]$
g_{21}	$[s_5,s_5]$	$[s_4,s_6]$	$[s_5,s_8]$	$[s_3,s_4]$

续表

	x_1	x_2	x_3	x_4
g_{22}	$[s_4,s_4]$	$[s_5,s_5]$	$[s_6,s_8]$	$[s_2,s_5]$
g_{23}	$[s_5,s_5]$	$[s_6,s_7]$	$[s_7,s_8]$	$[s_4,s_5]$
g_{24}	$[s_4,s_5]$	$[s_5,s_6]$	$[s_5,s_6]$	$[s_3,s_5]$

步骤 1：针对决策者给出的纯语言决策矩阵，利用广义的不确定纯语言加权算术 Heronian 平均（GUPLWAHM）算子对纯语言决策矩阵 $\boldsymbol{A}^{(k)}=(a_{ij}^{(k)})_{l\times n}$ 中第 j 列的属性值进行集结，运用 MATLAB 编程软件进行计算，得出决策者 d_k 对备选方案 x_j 的综合属性评价值。

$$\tilde{s}_1^{(1)}=A_1^{(1)}=\text{GUPLWAHM}_{s_\omega}^{1,1}(\tilde{s}_1,\cdots,\tilde{s}_n)=\frac{2}{n(n+1)}\sum_{i=1}^{n}\sum_{j=i}^{n}(s_{\omega_i}\tilde{s}_i)^{1/2}(s_{\omega_j}\tilde{s}_j)^{1/2}=[s_{11.4258},s_{16.3717}]$$

同理可得

$$A_2^{(1)}=[s_{12.1869},s_{16.9164}],\quad A_3^{(1)}=[s_{13.9049},s_{18.7693}],\quad A_4^{(1)}=[s_{10.9388},s_{15.9445}],$$
$$A_1^{(2)}=[s_{13.2355},s_{17.4030}],\quad A_2^{(2)}=[s_{13.0749},s_{18.3248}],\quad A_3^{(2)}=[s_{14.5065},s_{18.6178}],$$
$$A_4^{(2)}=[s_{12.4772},s_{17.2949}],\quad A_1^{(3)}=[s_{13.8596},s_{17.8391}],\quad A_2^{(3)}=[s_{14.0075},s_{18.8492}],$$
$$A_3^{(3)}=[s_{14.6706},s_{18.9356}],\quad A_4^{(3)}=[s_{12.7749},s_{18.3238}]。$$

步骤 2：对于步骤 1 的计算结果，考虑专家权重，计算 $\tilde{s}'^{(k)}_i$：

$$\tilde{s}'^{(1)}_1=ns_{v_1}\tilde{s}_1^{(1)}=[s_{102.8322},s_{147.3453}]$$

同理可得

$$\tilde{s}'^{(1)}_2=[s_{109.6821},s_{152.2476}],\quad \tilde{s}'^{(1)}_3=[s_{125.1441},s_{168.9237}],\quad \tilde{s}'^{(1)}_4=[s_{98.4492},s_{143.5005}],$$
$$\tilde{s}'^{(2)}_1=[s_{119.1195},s_{156.6270}],\quad \tilde{s}'^{(2)}_2=[s_{117.6741},s_{164.9232}],\quad \tilde{s}'^{(2)}_3=[s_{130.5585},s_{167.5602}],$$
$$\tilde{s}'^{(2)}_4=[s_{112.2948},s_{155.6541}],\quad \tilde{s}'^{(3)}_1=[s_{166.3152},s_{214.0692}],\quad \tilde{s}'^{(3)}_2=[s_{168.0900},s_{226.1904}],$$
$$\tilde{s}'^{(3)}_3=[s_{176.0472},s_{227.2272}],\quad \tilde{s}'^{(3)}_4=[s_{153.2988},s_{219.8856}]。$$

步骤 3：利用可能度公式，算出基于三位专家的各方案综合属性评估值 $\tilde{s}_i'^{(k)}$ 之间的可能度 $p_i^{kk'}=p\{\tilde{s}_i'^{(k)}\geqslant\tilde{s}_i'^{(k')}\}(k=1,\cdots,m,k'=1,\cdots,m)$，并建立模糊互补判断矩阵 $\boldsymbol{P}=(p_i^{kk'})_{m\times m}$，如下。

$$\boldsymbol{P}_1=\begin{bmatrix}0.5&0&0\\1&0.5&0\\1&1&0.5\end{bmatrix}\quad\boldsymbol{P}_2=\begin{bmatrix}0.5&0&0\\1&0.5&0\\1&1&0.5\end{bmatrix}\quad\boldsymbol{P}_3=\begin{bmatrix}0.5&0.4749&0\\0.5251&0.5&0\\1&1&0.5\end{bmatrix}$$

$$P_4 = \begin{bmatrix} 0.5 & 0 & 0 \\ 1 & 0.5 & 0 \\ 1 & 1 & 0.5 \end{bmatrix}$$

步骤 4：对矩阵 $\boldsymbol{P}$ 中的每一行元素进行加总，可得 $p_i^{(k)} = \sum_{k'=1}^{m} p_i^{kk'}$（$i = 1,2,\cdots,n$）。然后对 $p_i^{(k)}$ 的值进行降序排列，进而对 $\tilde{s}_i'^{(k)}$ 进行相应的排序，计算结果如下：

$p_1^{(1)} = 0.5$，$p_1^{(2)} = 1.5$，$p_1^{(3)} = 2.5$；$p_2^{(1)} = 0.5$，$p_2^{(2)} = 1.5$，$p_2^{(3)} = 2.5$；$p_3^{(1)} = 0.9749$，$p_3^{(2)} = 1.0251$，$p_3^{(3)} = 2.5$；$p_4^{(1)} = 0.5$，$p_4^{(2)} = 1.5$，$p_4^{(3)} = 2.5$

因此，$p_1^{(3)} > p_1^{(2)} > p_1^{(1)}$，即 $\tilde{s}_1'^{(3)} > \tilde{s}_1'^{(2)} > \tilde{s}_1'^{(1)}$；$p_2^{(3)} > p_2^{(2)} > p_2^{(1)}$，即 $\tilde{s}_2'^{(3)} > \tilde{s}_2'^{(2)} > \tilde{s}_2'^{(1)}$；$p_3^{(3)} > p_3^{(2)} > p_3^{(1)}$，即 $\tilde{s}_3'^{(3)} > \tilde{s}_3'^{(2)} > \tilde{s}_3'^{(1)}$；$p_4^{(3)} > p_4^{(2)} > p_4^{(1)}$，即 $\tilde{s}_4'^{(3)} > \tilde{s}_4'^{(2)} > \tilde{s}_4'^{(1)}$。

步骤 5：在已知各个决策者对某个决策方案的整体评价信息情况下，利用广义的不确定纯语言混合算术 Heronian 平均（GUPLHAHM）算子得出每一个决策方案 x_j 的群体综合属性值［基于文献[227]正态分布的方法可得出与 GUPLHAHM 算子相关联的加权向量为 $\boldsymbol{w} = (0.2429, 0.5162, 0.2429)^{\mathrm{T}}$］：

$$A_1 = \mathrm{GUPLHAHM}_w^{p,q}(\tilde{s}_1,\cdots,\tilde{s}_n) = \left(\frac{2}{n(n+1)}\sum_{i=1}^{n}\sum_{j=i}^{n}(w_i\tilde{s}'_{\varphi_i})^p(w_j\tilde{s}'_{\varphi_j})^q\right)^{1/(p+q)} = [s_{41.2769}, s_{55.0682}]$$

同理可得 $A_2 = [s_{41.8707}, s_{57.7721}]$，$A_3 = [s_{45.9254}, s_{59.8292}]$，$A_4 = [s_{38.7745}, s_{55.0321}]$。

步骤 6：对 4 个方案的群体综合属性值 $A_j (j = 1,\cdots,4)$ 进行大小比较，建立模糊判断矩阵。

$$\boldsymbol{P} = \begin{bmatrix} 0.5 & 0 & 0 & 1 \\ 1 & 0.5 & 0 & 1 \\ 1 & 1 & 0.5 & 1 \\ 0 & 0 & 0 & 0.5 \end{bmatrix}$$

步骤 7：对矩阵 $\boldsymbol{P}$ 中的每一行元素进行加总，可得 $p_i = \sum_{j=1}^{4} p_{ij}$。然后对 p_i 的值进行降序排列，从而对决策方案进行排序，选择出最优的方案。

经计算，$p_1 = 1.5$，$p_2 = 2.5$，$p_3 = 3.5$，$p_4 = 0.5$，所以，$p_3 > p_2 > p_1 > p_4$。

因此，$A_3 > A_2 > A_1 > A_4$，在综合考虑各项属性基础上，第三种应急预案最优。

21.9 本章小结

第一，当前学者们关于应急预案评估指标体系构建的研究多偏向于一般性，对具体突发事件类型的预案评估指标研究缺乏，本章尝试建立了与突发社会性公众活动事件应急预案相应的评估指标体系。

第二，针对应急预案评价过程中出现的专家权重、属性权重及属性值均以语言标度变量形式给出的纯语言多属性群决策环境中的信息集结问题进行了研究，在 Heronian 平均算子的基础上提出一系列新的纯语言信息集结算子，如广义的纯语言加权算术 Heronian 平均算子、广义的不确定语言有序加权算术 Heronian 平均算子、广义的不确定纯语言混合算术 Heronian 平均算子、纯语言加权几何 Heronian 平均算子、语言有序加权几何 Heronian 平均算子、纯语言混合几何 Heronian 平均算子、广义的不确定纯语言加权算术 Heronian 平均算子和广义的不确定语言有序加权算术 Heronian 平均算子等纯语言信息集结算子，在此基础上提出了相应的多属性群决策方法，并同已有决策方法进行对比分析，说明所提出决策方法的有效性和优越性。研究成果已应用于应急预案评价、供应链管理、虚拟企业战略伙伴选择和综合评价系统等经济、管理领域中，进一步丰富和完善了多属性群决策领域的信息集结理论。

第三，利用具体事例进行量化计算，提出将基于广义的不确定纯语言加权算术 Heronian 平均算子和广义的不确定混合 Heronian 平均算子的多属性群决策方法引入突发事件应急预案的评估分析中，通过建模和 MATLAB 编程运算，得到应急预案的优劣顺序。这既是作为现有的突发事件应急预案评估分析方法的新的探索，也是对突发事件应急预案评估理论的补充，对于不确定语言变量决策问题的解决很有实际意义。

第 22 章　雾霾灾害应急对策研究

22.1　统计指标与雾霾治理对策

22.1.1　雾霾统计指标和时间特征对防治的启示

在上海市雾霾污染与各个统计指标间的关系分析中，包括用多元线性回归模型统计出 AQI 与雾霾的相关影响因子（$PM_{2.5}$，PM_{10}，O_3，NO_2，CO）之间的相关性，利用 SPSS 软件拟合出多元线性回归方程，在检测站对某一个数据缺失的情况下，应用此方程可以粗略地预测该数据的走向。在多元线性回归模型的基础上，对各个影响因子做了因子分析，由于多元线性统计分析只能粗略估算出数据的走势，不能比较精确地预测出雾霾相关因子的浓度值，因此选择了修正灰色马尔可夫模型对各个影响因子浓度值进行预测，结合灰色数学理论模型对少量数据的准确预测和马尔可夫链对随机数列的准确预测，灰色马尔可夫模型可以比较准确地对上海市未来一段时间的雾霾相关指标进行预测，本章利用此模型对 3 个月的 $PM_{2.5}$ 浓度值做了预测，并与实际值进行比较，此模型还可以应用于其他影响因子的浓度预测，另外在传统灰色马尔可夫链的基础上，还对模型的残差用取平均值的方法进行了改进，修正以后的模型精度更高，与实际值也更符合。通过预测模型分析，得到以下对雾霾防治的启示。

（1）雾霾是一个复杂体，它并不是由某一个单一的因素引起的，从 AQI 与雾霾各个影响因子（上海市环境监测中心提供的数据）之间的关系可以看出，每一天 AQI 都与 $PM_{2.5}$、PM_{10}、O_3、NO_2、CO 指数值相关，但是相关性不一样，每一天都有最为严重的影响因素。因此，在考虑雾霾的防治措施时应该充分考虑雾霾污染的复杂性，综合考虑因子间的关系。

（2）雾霾的预测（结合因子分析、多元线性回归和修正灰色马尔可夫模型）对国家预警系统有一定的参考价值，在发生雾霾污染之前，气象台必须根据对雾霾的监测数据，将预测结果提前告知人们，以便人们能够做出相关预防措施。本章提出的预测模型可以对历史数据做出比较准确的预测，在气象部门利用科技手段监测之前得到大致的数据值范围，做出模糊评估。在严重雾霾污染来临之前，使人们有充足的时间应对。

（3）从统计学角度考虑雾霾指标分析，以数据说话更具有科学性、更具说服力，也会给人们提供更完善的雾霾防御指南，雾霾天气使得空气质量明显降低，影响人们的身体健康，人们应该加强防护；雾霾的发生，造成能见度水平的降低，道路安全也会受到严重影响，人们出行要小心谨慎，驾驶时严格控制车速，以确保人身安全。

在对上海市雾霾时间分布特征的分析中，利用 2013～2016 年的数据得到原始时间序列，对雾霾的时间特征用 ARIMA 模型进行拟合。在拟合的过程中，首先对时间序列的平稳性进行了处理，然后计算时间序列 PNF 和 ACF，判断此时间序列是否适合做 ARIMA 模型处理。最后对 ARIMA 模型中的 PNF 和 ACF 进行了比较选择，选出最合适的参数，并用建立起来的模型进行预测分析。在 ARIMA 模型的基础上，从季节分布角度对 2015 年全年上海市雾霾月平均浓度再次分析，具体分析全年达到雾霾预警标准的天数、浓度值变化范围、空气质量评价累计百分比等。通过理想模型结合实际数据的分析，对上海城市雾霾污染的时间分布特征做了详细研究，揭示了雾霾的周期性特点，空气质量在每年的哪些时候比较严重，雾霾污染在哪些时间段比较频发。通过时间序列特征分析，得到以下对雾霾防治的启示。

（1）雾霾的周期性特征揭示了严重雾霾事件在冬季、春季发生的概率比较大，这对政府部门对于雾霾事件预防的人员调动安排有很大帮助，相关部门可以根据雾霾的时间特征对发生雾霾事件时人员指派有一个完备的方案，使得人员安排恰当，做到灾难之前有的放矢，人员充分调动。

（2）雾霾的时间特征展示了雾霾的一定规律性，根据雾霾体现出来的自然规律性，充分发挥人们的主观能动性，利用好雾霾的时间特性，根据各个地区的实际情况，采取进一步的防治措施，如对重污染企业实施强制措施、建立更加完善的区域联动机制和在污染严重的季节里环卫工人每天增加道路洒水次数等。

（3）在掌握雾霾周期性规律的基础上，可以实现对雾霾更合理的监控，建立更加完善的预警和预测系统，提高气象部门和相关环保部门的行动一致性，让上海市环境治理工作有更明显的改善。

在对雾霾污染与其他相关统计分析指标之间的联系分析中，主要从社会因素、污染源、自然因素和城市污染源因素来考虑。社会因素方面列出了 AQI 和 $PM_{2.5}$ 浓度与地区生产总值、常住人口、人口自然增长率与绿地面积之间的相关关系，自然因素方面列出了森林覆盖率和受灾面积与雾霾的关系，城市污染源因素方面列出了私家车和天然气使用量与 AQI 之间的关系。通过这些相关性分析，得到以下对雾霾防治的启示。

（1）雾霾污染与城市的经济、人口和城市私家车使用量等都有直接的联系，只有在充分了解这些变量之间关系的基础上，才能让政府部门通过制定相关法律控制雾霾污染事件的发生，健全法律法规体系，严格依法监督管理，建立比较完善的监测预警应急体系，妥善地应对上海市重污染天气。

（2）对私家车使用量、天然气、煤炭使用量和空气质量之间的分析，对企业节能减排、推进清洁生产具有指导性作用，可促进企业转型升级，减少污染气体的排放，提高科技创新能力，优化产业空间结构。

（3）对雾霾和其他指标进行相关性分析，更加全面地解析了雾霾污染与哪些因素有关联，给下面提出的建议提供了更为广阔的思考空间，也完善了雾霾统计指标的完整性。

通过以上的内容分析，发现对统计指标及对雾霾污染的时间特征的分析，对提出相关的雾霾治理对策有很大的影响，只有在充分了解雾霾污染统计指标之间相关关系基础上，才能提出相对比较适用的解决措施。

22.1.2 治理雾霾的对策与建议

通过前面的理论分析，对上海市雾霾污染进行了全面的分析，包括雾霾污染与相关影响因子之间的相关关系、时间特征以及其他统计指标之间的关系。根据中央气象台 2016 年 12 月 15 日发布的 8～14 时全国雾霾实况，得知上海市及周边地区组成的长三角地区、河北南部和山西南部等地区出现比较严重的雾霾天气。东北地区中南部、华北大部、陕西关中、黄淮和江南西部等地区出现轻至中度雾霾污染。

根据中央气象台 2016 年 12 月 15 日发布的 8～14 时全国地区的 $PM_{2.5}$ 平均浓度实况，得知长三角地区、东北地区中南部、华北东部、黄淮、陕西关中和江南西部等地区的 $PM_{2.5}$ 浓度超过 75μg/m^3，达到了中度污染的程度。

12 月 15 日 20 时～16 日 20 时，华北地区南部、陕西关中、黄淮西部等地区空气污染气象条件为 3～4 级，部分地区达到了 5 级，有轻到中度霾，其中，河北沿山部分地区、陕西关中等地区有重度雾霾污染。全国大部分地区呈现雾霾三级污染，在整个地图中大约有三分之一的面积具有三级中度雾霾污染，呈现近似带状分布，说明雾霾问题在中国还是比较严重的。17 日 20 时～18 日 20 时，华北中南部、陕西关中等地空气污染气象条件为 3～4 级，部分地区达到了 5 级，有轻至中度雾霾的倾向，其中，以上海市为代表的长三角地区、京津冀地区、河北沿山部分地区和陕西关中等地有重度雾霾污染。综上，全国部分地区的雾霾现象有蔓延的趋势，不断向华南延伸，其中，京津冀、陕西关中等地区出现特别严重的雾霾污染，并且这种重度雾霾污染的现象还有进一步持续下去的趋势。

15 日 20 时～16 日 20 时，华北南部、陕西关中和黄淮西部等地空气污染气象条件是 3～4 级，部分地区达到了 5 级，有中度雾霾污染，其中，河北沿山部分地区、陕西关中等部分地区有重度污染。

从所举出的实例中发现雾霾污染在空间分布上具有明显的空间集聚特性，发生雾霾污染比较多的地区主要分布在京津冀、鲁西北、长三角、珠三角、苏南—浙江北部、陕西关中、重庆西部和长株潭等，并且雾霾污染还有加强和扩展的趋势。所以在治理全国雾霾污染时，主要需要治理这些地区的雾霾问题，针对这些地区的实际情况进行具体分析。

运用统计学的方法对雾霾的相关影响因子进行了分析与研究，还对雾霾的其他影响指标进行了分析，通过分析发现雾霾的时间分布特征，随着季节变化，雾霾污染的严重程度呈现出不同的规律。针对雾霾的时间分布特征及与 $PM_{2.5}$、PM_{10}、CO、SO_2、O_3、NO_x 之间的关系，首先从降低各影响因子的浓度出发提出相关的对策和建议。从污染源来讲，$PM_{2.5}$ 和 PM_{10} 主要由城市的扬尘、燃煤污染和汽车尾气等组成[48]。具体来说，$PM_{2.5}$ 的组成中城市扬尘占据了 19.9%，燃煤污染占据了 14.4%，机动车及二次硝酸盐占据了 25%；PM_{10} 的组成中扬尘占据了 23%，燃煤占据了 15.9%，机动车及二次硝酸盐占据了 20.9%。因此，要控制雾霾天气，首先要在源头上面控制，本章综合考虑前几章的研究结论和前人的研究提出下列对策与建议。

（1）控制 $PM_{2.5}$、PM_{10}、CO、SO_2、O_3、NO_x 的浓度必须控制相关有毒物质的排放。从工业的角度来看，要严格对大型工厂、建筑公司把关，提高能源的税率并降低增值税，多开发清洁能源，减少煤油、煤炭的使用，倡导使用天然气、核电。从人们的日常生活角度讲，倡导绿色出行，减少私家车的使用量，禁止在田野里焚烧植物的秸秆，建议政府多植树造林来吸收空气中的危害成分，也可以缓解扬尘的肆虐。

（2）从法律角度来治理雾霾。自从 2013 年“雾霾”一词成为年度关键词以后，我国政府已经非常注意对雾霾的治理，国务院于 2013 年发布了《大气污染防治行动计划》，在这次计划中提出关于治理大气污染的十条建议。上海市也针对严重的雾霾事件颁布了相关的法律条文，2013 年上海市颁布了《上海市清洁空气行动计划》(2013—2017)，提出上海市到 2017 年要达到的目标：重污染天气要大幅度减少，空气质量要得到明显的改善。2014 年上海市颁布了《上海市空气重污染专项应急预案》，在预案中明确规定：依据环境空气质量预报，并综合考虑空气污染程度和持续时间，将空气重污染分为 4 个预警级别，由轻到重顺序依次为Ⅳ级预警、Ⅲ级预警、Ⅱ级预警、Ⅰ级预警，分别用蓝、黄、橙、红颜色标示，红色为最高级别。2014 年 7 月 25 日上海市修订通过了《上海市大气污染防治条例》，条例中明确制定了对于破坏大气环境的行为的惩罚措施。从国务院和上海市政府对雾霾制定的法律条文来看，国家和政府对雾霾事件十分重视，对雾霾防治中出现的问题从法律的角度进行分析和改善。综合政府在法律上面做出的贡献，结合实时的大气环境状况分析，上海市政府应该继续制定未来短期内的环境标准制度。

（3）建立完善的区域联动治理机制。雾霾具有联动性、季节性和区域性的特点，污染物排放到大气中是一个动态过程，随着方向、温度和湿度等气象条件的改变，某一个地区的雾霾污染会影响其他相邻区域的雾霾状况。从地理位置上来看，上海市地处长江入海口，周边省份包括江苏省、浙江省、安徽省、山东省等，上海市内部又分为16个区，分别为黄埔区、徐汇区、长宁区、静安区、普陀区、虹口区、杨浦区、浦东新区、闵行区、宝山区、嘉定区、金山区、松江区、青浦区、奉贤区和崇明区。形成制度联动、主体联动和机制联动的国家治理框架下的区域联动治理是应对区域大气污染的必然选择。由于区域经济的不平衡和发展水平的差距，不同地区在企业环保准入机制、能源资源结构和产业结构调整方面都有较大的差异，因此，治理上海市雾霾问题必定要考虑周边城市的雾霾治理状况，联合周边城市的政府共同治理环境污染问题，上海市16个区的区政府也要联合起来一起为上海市空气环境治理建言献策，在治理的过程中首先要立足整体性考虑，其次要立足协同性、联动性，构建长三角地区区域联动防治体系。总而言之，上海市的雾霾治理问题离不开区域联动治理机制，仅靠个别省市的努力是远远不够的，无法根治雾霾污染问题。

（4）加大对污染超标企业的奖惩力度。对违规操作的企业或者污染物排放标准超标的企业政府应该严厉惩治，虽然上海市在颁布的《上海市大气污染防治条例》中将无证罚款从原先的1万～10万元的提高到5万～50万元，上限是50万元，但这显然是不够的，政府在处罚力度上面显然是偏轻的，因此政府应该加大处罚力度，对污染物排放过高的企业要严厉惩治，对排放量明显低于国家标准的企业要给予一定的奖励，鼓励企业保持较低的污染物排放量，鼓励企业技术创新。

（5）加大绿色生活的宣传工作。自从2015年年初柴静103分钟的纪录片《穹顶之下》发布之后，人们对雾霾污染进行了深刻的思考，不少人也提出了不同的建议，该纪录片通过现场调研、查阅文献和拜访各路专家用最客观的数据来证明我国存在的严重雾霾问题。作为普通市民，在了解了雾霾的严重性以后，我们应该逐渐清楚要为治理雾霾去做些什么，如何去做。绿色生活，绿化世界不仅是政府的责任，更是我们每一个地球人应该承担的责任，我们要参与到大气防治污染的环节中去。公众参与度的多少往往决定了政府法律条例施行的效果，每一个市民都应该做好监督监管的工作，提出合理的建议。在生活中要强化人们的环保意识，环境的治理离不开每个人的努力。由于公众是现代企业产品和各种服务的最终消费者，在这个消费的过程中会伴随着各种工业产品对空气带来的污染，只有提升了人们的环保意识，倡导绿色的生活理念，才能更好地预防重度雾霾的发生，传递环境保护的正能量。

22.2　碳排放控制与雾霾对策研究

根据研究结果可知，雾霾与碳排放之间有同根同源的特性。随着经济的发展，要想从根本上解决雾霾，就要从碳排放入手，彻底明白碳排放的各相关因子对碳排放的实际影响力。根据各相关影响因子对碳排放的实际影响力，各影响因子的相关政策。

根据 LMDI 模型的碳排放相关因子分解结果，上海地区能源强度效应是能源碳排放的最大负向驱动因素。因此，提高能源利用效率是推进碳减排的重要手段。能源利用效率与经济结构、产业结构、技术水平及能源结构密切相关，优化产业结构、能源结构、经济结构和提高碳排放相关技术水平等均有利于能源利用效率的提高，尤其是节能技术的提高效果最为显著。上海市政府应更加大对节能技术相关研究的投入，重视节能管理与节能统筹的推进转变，以减小能源强度为目标，推动上海地区能源利用效率的提高。

此外，上海地区的能源结构效应和产业结构效应对碳减排也做出了很大的贡献。目前，碳排放系数最高的煤炭类能源占总能源的比例已下降到了 16.46%，天然气占总能源的比重已上升到 9.35%。但实际上天然气在总能源中所占的比例仍然较低，为了优化上海市的能源结构，上海市政府应该进一步降低煤炭类能源的消耗量，提高天然气等清洁能源在总能源中的比例，重点推进太阳能、地温能、生物能和风能的开发利用，发挥资源优势，把上海市建设成为全国新能源和可再生能源的高水平示范应用城市。产业结构的优化方向主要是加快利用新能源和节能环保新技术改造提升传统工业企业。不断降低第二产业耗能占总能源消耗的比例和第三产业中的高耗能产业所占比例，深入优化三大产业的内部结构。

根据 STIRPAT 模型对碳排放相关因子的弹性分析可知，城市化率是碳排放的主要正向驱动因素。因此，在城市化的进程中要注意对能源的合理利用，尤其是对高碳排放的煤炭类能源的使用。调整产业结构，加大对低耗能、高附加值的高新技术产业的投入，加大对环保产业的投入，增强政府在能源碳排放方面的控制力。此外，还要加大对新能源的开发力度，提高可再生能源的利用率。新能源战略是实现产业结构优化、能源结构优化的重要突破口，也是实现碳减排的关键因素。

除此之外，想要在经济增长的同时实现碳减排还必须做到如下几点。①发展智慧经济。通过调整产业结构，转型对外贸易结构，发展循环经济实现经济智慧增长，环境友好发展。②加强关键链管理。推动低碳城市和低碳交通发展，落实碳排放调控政策，有效控制关键链上下游碳需求和碳消费。③推动新能源发展。通过加强国际合作、制定资源定价机制等方式提高能源独立性，同时推动清洁能源技术自主创新发展，拓展清洁能源商用民用范围，优化能源结构，进一步降低能源强度。

22.3　雾霾社会协同治理

随着经济社会的发展，公众知识水平、价值判断及认知能力的提升，公众对社会公共事务关注度日益提高，雾霾治理不仅要发挥行政手段，也应提升全民道德水平，激发社会公众参与热情，创造全社会共同参与，发挥公民个体责任意识，全社会群众从自我做起，从点滴小事做起。空气污染与人民群众生产生活具有很高的关联度，社会公众关注度越来越高，因此，在环境突发事件治理过程中，政府不仅要主动承担起改善空气质量的重要任务，同时要有效导入社会资本以期使雾霾治理取得良好成效，通过优化公众参与制和实现减政放权，建立社会协同治理模式，如图 22-1 所示。在图 22-1 模式中，首先民间环保组织与社会公众之间形成第一层委托代理关系，即民间环保组织既是政府空气污染防治有效性的监督者，同时承担着接受社会公众委托的角色。其次，政府可以把相关环境污染防治工作委托给民间环保组织或企业来执行，以期获得更直接的成果，从而形成第二层委托代理关系。通过社会协同治理模式的运用，社会公众与相关组织机构能够参与到政府雾霾防治政策构建及实行的流程中，以长效的约束激励机制来优化长三角区域乃至全国空气污染的防治。

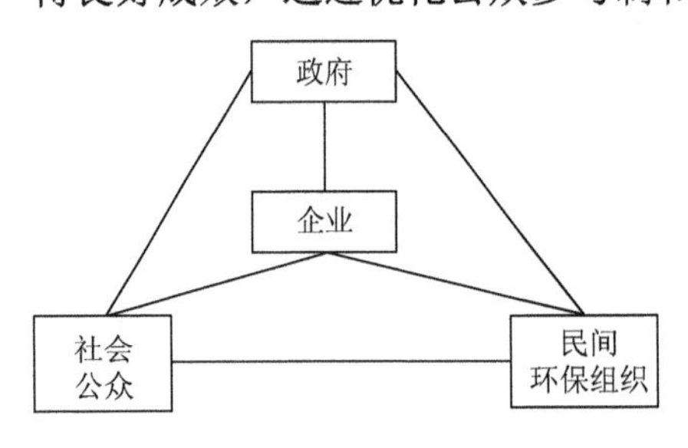

图 22-1　社会协同治理模式

22.4　建立专项应急预案，完善预警机制

以实时 $PM_{2.5}$ 浓度监测值作为判定标准，建立提前预警机制，通过提前预测预警措施的增强来对局部雾霾污染进行防控。同时，应根据不同的预警等级（蓝色、黄色、橙色、红色）启动不同的雾霾污染应急响应机制。如果雾霾短期内得不到根治，那么，更应该做的事情是将其对社会公众的危害尽量降到最低，采取的具体响应措施可包括以下几个方面：①公众健康防护方面。政府应及时提醒儿童、老年人及心脏病、肺病等其他慢性疾病患者尽量降低户外暴露度，建议一般人群减少户外活动及开窗通风事件；对于室外作业人员应建议其采取必要的防护措施。②建议性措施方面。倡导公众节约用电，出行多乘坐公共交通工具，并应暂停重大群众性户外体育赛事。③强制性措施方面。组织应急天然气资源，协调应急用气供应；强化“清洁发电、绿色调度”，所有并网燃煤机组选用优质煤发电，确保污染治理设施高效运行；石化、钢铁、化工、水泥、造船和印刷等重点行业涉及大气污染物排放的企业应合理安排生产计划，确保污染治理设施高效运行，

降低污染排放；除特殊工艺、应急抢险工程外，停止桩类施工、土石方工程、建筑构件破拆、建设工地脚手架拆除、建筑材料装卸、道路开挖、路面铣刨和房屋拆除等作业；提高道路保洁频次，尽可能减少地面起尘；工程渣土、建筑垃圾运输和散装建筑材料车辆停止上路行驶；严禁农作物秸秆、废弃物露天焚烧及露天烧烤；严禁燃放烟花爆竹；等等。根据具体污染程度，交通和公安等有关部门经市政府批准，可采取高污染机动车管控措施。

22.5　建立区域雾霾联动防治机制

社会主义市场经济条件下，空气是无产权公共物品，各区政府以经济增速为首要任务而忽略环境问题重要性，从而引发了雾霾天气等多种环境突发事件。长三角区域如果只关注局部雾霾污染，而忽略周边污染排放及传输，这样的治理措施收效是微小的。长三角区域同处一个气候带从而形成了一个大污染团，想要较为显著地改善雾霾天气需实施区域联防联控，因此需要长三角三省一市之间突破现有以行政单位各自为政的管理机制，考虑成立长三角大气污染联防联控委员会，建立长三角区域雾霾联动防治机制，如图 22-2 所示，推动区域空气质量预测预报数据信息共享。

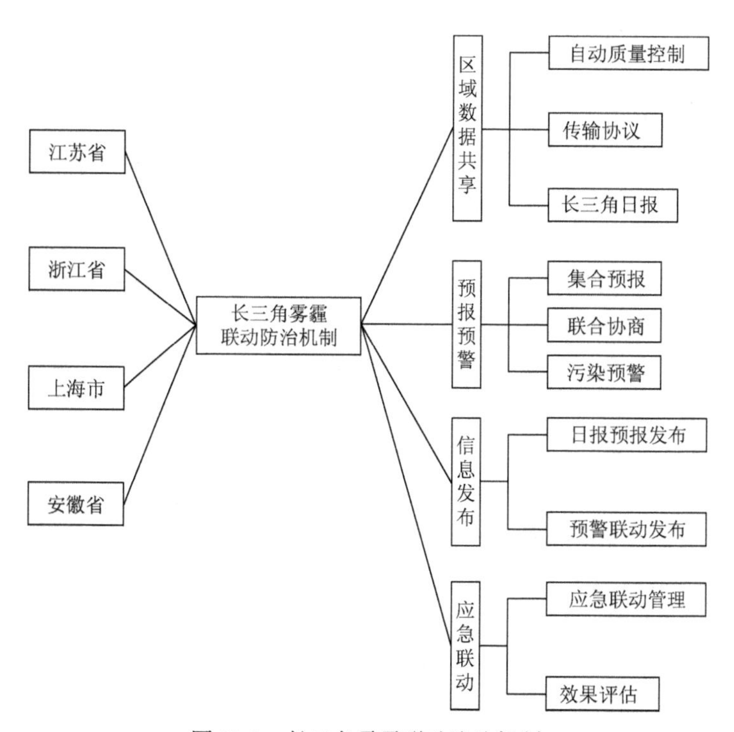

图 22-2　长三角雾霾联动防治机制

22.6 法律法规与雾霾对策建议

22.6.1 法律法规及预案

国务院为治理全国大范围的雾霾灾害于2013年印发了《大气污染防治行动计划》，其具体目标为：到2017年，全国地级及以上城市可吸入颗粒物浓度比2012年下降10%以上，优良天数逐年提高；京津冀、长三角、珠三角等区域细颗粒物浓度分别下降25%、20%、15%左右。行动计划主要内容为以下十条。

（1）加大综合治理力度，减少多污染物排放。

（2）调整优化产业结构，推动产业转型升级。

（3）加快企业技术改造，提高科技创新能力。

（4）加快调整能源结构，增加清洁能源供应。

（5）严格节能环保准入，优化产业空间布局。

（6）发挥市场机制作用，完善环境经济政策。

（7）健全法律法规体系，严格依法监督管理。

（8）建立区域协作机制，统筹区域环境治理。

（9）建立监测预警应急体系，妥善应对重污染天气。

（10）明确政府企业和社会的责任，动员全民参与环境保护。

上海市政府于2013年印发了《上海市清洁空气行动计划》（2013—2017），制定了具体目标：以加快改善环境空气质量为目标，以大幅削减污染物排放为核心，深化拓展并加快落实能源、工业、交通、建设、农业和生活等六大领域的治理措施，大力推动生产方式和生活方式的转变，全面推进二氧化硫、氮氧化物、挥发性有机物、颗粒物等的协同控制和减排。到2017年，重污染天气大幅减少，空气质量明显改善，细颗粒物（$PM_{2.5}$）年均浓度比2012年下降20%左右。

根据大气污染的主要来源和相应防控措施可行性的分析，《上海市清洁空气行动计划》（2013—2017）从能源、工业、交通、建设、农业和生活等六大领域污染防治和组织落实、法规标准、执法监管、政策引导、科技支撑和社会动员六大方面保障，明确了187项任务措施。六大领域的防治任务坚持源头控制、结构调整和污染治理并重。具体任务如下。

（1）优化能源结构，深化燃煤污染防治。

（2）加快产业结构调整，加强工业污染防治。

（3）积极发展绿色交通，加大机动车船污染控制力度。

（4）规范建设行业管理，提升污染防治水平。

（5）强化农业污染治理，减少面源排放。

（6）推进社会生活源整治，加快挥发性有机物等污染治理。

配套六项保障措施如下。

（1）加强组织领导，严格责任追究。

（2）健全法规标准，提升行为底线。

（3）加大执法力度，严格日常监管。

（4）加大全社会投入力度，强化政策引领。

（5）完善能力建设，强化科技支撑。

（6）发动市民参与，加强区域协作。

上海市政府 2014 年 1 月制定发布了《上海市空气重污染专项应急预案》，此预案是针对严重雾霾污染，即 AQI 大于 200 的情况。根据空气重污染蓝色、黄色、橙色和红色预警等级，启动相应的Ⅳ级、Ⅲ级、Ⅱ级、Ⅰ级应急响应措施。成立上海市空气重污染应急工作组，由分管副市长担任组长，市政府分管副秘书长担任第一副组长，市环境保护局、市气象局主要负责人担任副组长，市环境保护局、市气象局、市发展和改革委员会、市经济和信息化委员会、市教育委员会、市公安局、市住房和城乡建设管理委员会、市交通委员会、市农业委员会、市文化广播影视管理局、市卫生和计划生育委员会、市人力资源和社会保障局、市体育局、市绿化和市容管理局、市住房保障和房屋管理局、市交通运输和港口管理局、市机关事务管理局、市人民政府新闻办公室、市通信管理局和各区县政府为市工作组成员单位。市工作组办公室设在市环境保护局，由市环境保护局局长担任主任，市气象局局长担任副主任。市工作组办公室承担工作组日常工作，负责组织落实市工作组决定，协调和调动成员单位应对空气重污染应急相关工作；收集、分析工作信息，及时上报重要信息；负责发布、调整和解除预警信息；配合有关部门做好空气重污染新闻发布工作。

上海市人大在 2014 年 8 月通过了《上海市大气污染防治条例》（以下简称《条例》），条例有几大亮点：大幅度提高罚款限额。例如，将无证排污的罚款幅度从原来的 1 万元以上 10 万元以下提高到 5 万元以上 50 万元以下；推出按日连续罚的新制度。违反《条例》被责令改正而拒不改正的，可以按照处罚数额按日连续罚；推出“双罚制”。对于大气污染不仅对违法单位要处罚，也要对单位的责任人员进行处罚；扩大行为罚的使用范围，办法规定违法行为发生即可处罚。例如，机动车排放明显可见黑烟的即可予以处罚。此次，《条例》将行为罚的适用范围扩大到无组织排放、机动船、锅炉和窑炉冒黑烟等行为；推动建立长三角区域大气污染立法协作；规定公用企业配合执法义务。对市或者区县人民政府对排污单位做出责令停业、关闭决定的，以及市或者区县环保部门对排污企业做出责令停产整治决定的企业，供电单位应当予以配合，停止对排污企业供电。

上海市环境保护局 2014 年 9 月组织编制了《上海市大气污染防治行动计划

2014 年度实施计划》，总结了在污染治理重点工程、清洁能源替代、挥发性有机物（VOCs）、机动车污染治理、扬尘污染防治和绿化建设、区域整治和结构调整与秸秆燃烧和利用等七个方面取得的成绩，指出 2013 年上海市 SO_2、NO_x 排放量较 2012 年分别削减了 5.46%、5.32%，但全年 NO_2、PM_{10}、$PM_{2.5}$ 浓度仍然超过最新国家二级标准的 20%、17%、77%。确定 2014 年上海市大气污染治理目标是：全市重污染天气减少，优良天数提高，$PM_{2.5}$ 较 2013 年下降 2%，SO_2、NO_x 排放量较 2013 年各削减 3%。具体工作任务如下。

（1）加大综合治理力度，减少污染物排放。燃煤锅炉清洁能源替代，重点行业脱硫、脱硝和除尘工程建设，工业挥发性有机物治理，城市扬尘污染控制，移动源污染防治。

（2）优化产业结构和布局，推进清洁能源生产。淘汰落后产能，压缩过剩产能，推进清洁生产。

（3）加快调整能源结构，增加清洁能源供应。控制煤炭消费总量，煤炭清洁利用，建筑节能与供热计量改造。

（4）提高环境监管能力，加大环保执法力度。提高环境监管能力，加大环保执法力度。

（5）建立监测预警应急体系，妥善应对重污染天气。

（6）大气环境综合整治其他工作。加强农业源氨减排及秸秆焚烧污染防控工作，大力推广清洁能源和新能源汽车，深化大气面源治理，加快标准和法规的制定进程，完善长三角联防联控协调机制。

在实施计划保障措施时，依托环境保护和建设协调推进委员会工作机制与环保三年行动计划推进平台，分解落实各项措施。其中，能源领域以市发展和改革委员会牵头，产业领域以经济和信息化委员会牵头，交通领域以市交通委员会牵头，建设领域以市住房和城乡建设委员牵头，农业领域由市农业委员会牵头，生活领域整治由市环境保护局牵头，相关政策由市发展和改革委员会牵头，能力建设、区域联动等有各相关部门分工负责，各区县组织做好相关实施工作。

综上，可以看出中央政府、上海市人大、上海市政府和上海市环境保护局对城市雾霾问题做了许多计划安排，完善了治理机制和法制，为城市的环境工作打下了良好的制度基础。

22.6.2 主要问题及建议

（1）当前的计划、预案和条例提供了从上到下的治理体系，为政府治理雾霾提供了详细的行动依据、应急策略、法律法规保障。但这些计划都是分散的，规定的工作小组都是由各部门组合而成，行动涉及的任务都直接分解到各个部门，没有考虑各个部门的行动中最有成效的措施，没有考虑不同风险等级下风险因素应对的分类排序问题，缺少人员、资金安排的优化和规划。

（2）雾霾治理的法律法规和计划预案中，行政手段以罚款、停业整顿、关闭等惩罚措施为主，政府及环保部门只处理加剧灾害的有害行为，忽略了不断积累的健康损害，以及所造成的经济损失和财政负担。

（3）雾霾的监控、预测和预警等级标准方面，气象和环保部门行动不统一，空气质量的预测预警标准都有待完善，长三角雾霾治理跨省市合作机制工作没有进展。

（4）雾霾灾害治理计划行动会对城市经济发展产生重大影响[228]，同时会占用其他环保资源，缺少经济损失扩大和其他环境问题的风险情景应对策略。

西方有一句脍炙人口的格言：没有计划即准备失败（failing to plan is planning to fail）。在应急管理中，未雨绸缪、实现规划无疑是至关重要的。而应急管理部门在其中的重要职能有两个：一是协调，二是应急规划。应急规划（emergency planning），是一个持续性的动态过程，主要指对应急预案的制定、演练、修改活动。它既是应急准备活动的重要组成部门，也是应急准备活动的基础。相比之下，应急预案是静态的。由于突发事件是动态演进的，更应该强调应急规划，而不是应急预案。规划的过程比作为规划结果的预案更为重要[229]。根据雾霾应对策略出现的主要问题，结合以上研究成果给出以下建议。

第一，建立一套行动决策模型体系，针对不同地区、不同部门的特点，制定行动计划表，按类别分优先等级来实施各类行动。

第二，大气防治立法中增加雾霾治理的荣誉和物质奖励，并尝试引入排污权交易等市场机制，为雾霾严重地区居民提供健康保险。

第三，调整环境保护局、气象局部门设置，设立雾霾治理专属部门，将应急预案下的临时结构改为长期机构并增加监测人员和技术专家，恢复世博会期间探索的雾霾治理跨地区合作机制，保证雾霾突发事件发生前和发生后都能完成各项任务。

第四，治理雾霾前需要考虑对经济和环境的影响效果及风险，评估雾霾治理行动产生的各类危机和风险，增加环保投资实施效果的成本效益分析。

22.7 总结与建言

从其他国家雾霾治理的经验来看，长三角的雾霾治理需要长久且坚持不懈的努力。长三角雾霾协同治理是一个复杂的系统过程，需要每个部分协同合作。雾霾治理分为预防、治理和问责三个方面，只有确保每个方面都不出现问题，才能有效地治理雾霾。这里分别从预防、治理和问责三个方面提出相应对策和建议，从而做到综合施策、管治结合、密切协作和突出应急。

22.7.1 预防

（1）政府在防治雾霾中起统筹全局的主导作用，需要转变经济发展方式，真正重视雾霾给国家和人民带来的损害。在雾霾的治理中，健全和明确责任的法律是有效治理雾霾的基础保障，因此政府需要制定并完善雾霾治理的各种法律法规，严格执行并且做好落实和监督工作。

（2）政府需要重视公众和非营利组织的作用，积极宣传防治雾霾的好处，不断增强人民群众防治雾霾相关知识和意识，同时制定具体措施鼓励人民群众参与雾霾防治。

（3）推动能源结构优化调整、产业结构转型升级、打造绿色交通、落实扬尘和废气综合整治。调整产业结构，鼓励发展太阳能、水能和风能等绿色能源。严格控制燃烧煤炭、控制重污染企业的产量。鼓励发展共享单车、共享电动车和电动汽车等可以降低污染的出行方式。控制工地施工，控制灰尘、严禁高污染汽车上路行驶。加强秸秆禁烧监管，按照属地管理原则，层层签订责任书，推进秸秆综合利用，实现着火点同比下降，确保禁烧工作取得实效。

（4）建立雾霾检测和预警机制，加强对空气质量检测的准确力度，及时预警雾霾，引导公众提前做好雾霾应急工作，降低雾霾对公众产生的危害。可借鉴杭州 G20 峰会、南京青年奥林匹克运动会的空气质量保障经验，采取超常规措施确保空气质量目标。一旦本区域 $PM_{2.5}$ 平均浓度超过警戒值，立即启动一级超常规防控措施。紧急情况时，追加至二级超常规防控措施，包括强化工地停工，强化机动车污染控制，加大废气排放企业停限产力度，以及实施环保风暴和强化督查等强力手段，有效推动长三角大气环境质量的改善。

（5）加强雾霾防治的基础和能力。增加雾霾防治的科技投入，创新雾霾防治的科学技术；增加雾霾防治的执法力量，增加雾霾防治的工作人员和必要的污染监控设备。

22.7.2 治理

（1）完善对排污总量的控制。以前雾霾治理大多是以二氧化硫和工业粉尘为主，对于雾霾的主要污染物，要对细颗粒物 $PM_{2.5}$ 的来源进行综合治理，将 $PM_{2.5}$ 来源的其他污染物加入排污总量中，降低污染物的数量和总量，随着时间的增加，逐步加强减排的力度。不断完善对长三角地区排污总量的控制，不断完善目前的排污权交易体系。

（2）建立合理的长三角地区雾霾协同治理机制，明确主体机制，健全长三角区域空气质量检测、评价和信息共享法律制度，明确补偿与约束机制，不断完善长三角地区雾霾协同治理机制。

（3）对机动车辆的尾气排放进行严格监管。鼓励老旧机动车辆更新换代，可以对老旧机动车辆更新换代给予相应的奖励和以旧换新补贴；当陷入雾霾困扰时，可以施行机动车辆限行制度，如单双号牌照出行政策；严格监督石油品质，提高石油品质标准，降低石油中对空气造成污染的物质含量，降低污染物排放量。

（4）完善雾霾灾后的评估制度。及时评估雾霾灾后对各行业造成的影响，对治理雾霾的措施进行评估并统计，积累经验，吸取教训，更好地应对未来出现的雾霾天气，最大限度降低雾霾对各方面产生的影响。

（5）对于排污检查指标合格的企业给予各种形式的奖励，增强企业治理雾霾的积极性。

22.7.3　问责

（1）对不符合排污标准的企业或项目给予审批通过的官员严格盘查，问责到底；对在雾霾治理中有法定职责但不作为或渎职的官员予以问责；对擅自改变政府雾霾治理政策的官员予以问责；对为自己政绩谎报或造假环境信息的官员予以问责；对违背环境执法程序的官员予以问责；对未完成政府降低排污指标的官员予以问责。

（2）加大超标排污企业的处罚力度，增加雾霾治理经费。对隐瞒或篡改排污数据的企业给予严厉处罚，彻底转变企业“守法成本高”“违法成本低”的现状。增加雾霾治理的各项财政补贴，确保雾霾治理的各项政策贯彻落实。

（3）完善司法诉讼制度。当公众发现企业排污不合格且政府官员放任企业排污时，可以有效实现公众的监督权利是公众参与雾霾治理的保障。因此，只有完善公益在内的各种诉讼制度，才能有效实现公众的监督作用，从而确保政府的执法力度和落实雾霾治理政策。

（4）增强公众治理雾霾的参与感。在雾霾治理的过程中，扩大公众参与雾霾治理的范围，给予公众表达自己建议的机会，不断完善公众建议的反馈机制。确保公众提出的意见都能给予答复。

第23章　结论与展望

23.1　结　　论

长三角区域作为中国经济发达的经济圈，经济发展与雾霾治理矛盾日渐突出，雾霾治理研究刻不容缓，针对雾霾的研究也不断增加。因此，长三角在大力发展经济的同时，更要兼顾环境的保护，这也是当今社会发展需重点解决的社会问题。本书对雾霾进行了大量的研究，整理了国内外研究雾霾的进展，之后对雾霾的风险因素、雾霾综合风险等级评估、雾霾风险时空特征及差异、雾霾灾害系统仿真预测和雾霾区域联防联控机制进行了详细的研究。

在雾霾风险因素分析方面：本书分析了AQI与雾霾六项污染指标之间，雾霾与碳排放及其相关影响因子之间，雾霾与其他统计指标包括自然因素、社会因素和污染源因素之间的关系。通过对上海地区的雾霾天气各影响因子对雾霾的实际作用力研究发现：无论 $PM_{2.5}$ 是否为首要污染物，其对雾霾天气的影响都是最显著的，并且远远大于其他影响因子。通过对雾霾与碳排放及其相关影响因子的相关分析可知，雾霾与碳排放之间相关性较高。上海市雾霾灾害的致灾因子风险中平方千米烟粉尘年排放量、平放千米民用汽车数量，脆弱性风险中的年酸雨频率改善效果明显，需要优先干预治理，属于第一序列风险因素；平方千米氮氧化物年排放量、年旅客周转量和年城镇登记失业率属于权重较低风险大但改变难度小的风险因素，属于第二序列风险因素，最后平方千米二氧化硫年排放量、平方千米能源年消费量是第三序列风险因素。长三角地区中，上海市雾霾的灾害源头较密集，大气污染源的控制改善特别重要，江苏省和浙江省的暴露性与脆弱性指标的风险很大，如农林业、旅游业和交通运输业需要格外防范雾霾影响。

雾霾综合风险等级评估方面，建立风险型和安全型两种类型共10个指标，并通过层次分析法建立指标权重，利用集对分析法进行风险等级评估。上海市、南京市、杭州市和合肥市的城市雾霾风险等级分别为Ⅳ级、Ⅲ级、Ⅲ级、Ⅲ级。上海市雾霾风险程度高于其他3个城市，主要是因为上海市机动车数量和人口密度过高，城市负荷过大，同时上海市的环境检测站数量、城市绿化率也有待提高；而南京市、杭州市和合肥市这3个城市 PM_{10}、$PM_{2.5}$ 年均浓度表现都过高，使得雾霾风险过大；提出了加大环境监测力度、加强城市生态建设、合理规划机动车数量和人口数量及加强长三角雾霾联防联控机制合作研究等意见，并做了上海市的健康经济损失评估。

雾霾风险时间特征方面：长三角区域 $PM_{2.5}$ 浓度在时空上呈现出阶梯式层次结构，且季度变化明显，在冬季和春季出现雾霾天的天数明显高于夏季和秋季。上海市2012～2015年AQI具有40天的多尺度主周期和9天的多尺度次周期，$PM_{2.5}$ 具有 39 天的多尺度主周期和 9 天的多尺度次周期。研究表明，上海市 2012～2015 年来的空气质量在总体上表现出下降趋势，但极端污染的天气增加，而且污染严重的月份比例有增加的趋势，2014 年大部分月份的空气污染比 2013 年同期水平高，少数月份的数值较高导致总体变化趋势是降低的，不同季节之间的空气质量差别趋同。政府对极端污染天气的预防需要加强，雾霾预报预警机制中需要考虑 AQI 和 $PM_{2.5}$ 的变化周期和突变特点。

雾霾风险空间特征方面：在雾霾风险自相关空间分析中，雾霾风险呈西南—中部聚集，主要集中在工业密集区和人口密集区。而长三角区域年均 $PM_{2.5}$ 浓度表现为由西北向东南逐级递减的“阶梯式”空间格局。$PM_{2.5}$ 浓度年均值在整体上呈现出北高南低的趋势，以泰州及湖州为中心的中部局部区域 $PM_{2.5}$ 浓度年均值略有突出。

雾霾灾害系统仿真预测方面：在上海市经济保持高速发展的情景下，工业原煤消耗、汽车数量、生活垃圾产生量和房屋施工等雾霾影响因素随着经济发展和人口快速聚集而出现不同程度增加，但环保投资同比增加使得空气质量出现下降趋势；在人口快速增加情景下，汽车和房屋施工面积的变化弹性较大，说明在衣食住行基本需求中出行和住房需求对雾霾的催化作用较大；在经济发展出现降速情况下，第二产业产值降低使工业原煤消耗量降低，与此同时，环保投资额会逐渐降低，但 AQI 不降反升，说明雾霾污染一旦形成很难消除。在固定环保投资额的情景下，城市经济社会发展处于较低水平时，雾霾问题能保持较低水平，但城市经济发展会造成雾霾各类影响因素的持续扩张，AQI 逐渐超过临界点，雾霾污染就会恶化到失控状态。雾霾治理按 GDP 固定比例的环境投资额会随着经济发展越滚越大，而能源和产业结构的改革调整比较滞后，污染源头缺乏管理。因此，雾霾治理改革势在必行，需要建立全面配套的治理方案和效果评估，尤其要增加处罚、奖励和补贴等形式干预雾霾影响因素相关的经济活动。

雾霾治理的联防联控机制研究方面：对长三角 3 个城市各项引起 $PM_{2.5}$ 污染的指标进行风险评估，并构建关于 $PM_{2.5}$ 污染风险与公众应急能力构成要素的关系矩阵，计算得出长三角样本城市在 $PM_{2.5}$ 污染发生时，公众应急能力各有机构成部分的相对权重；使用模糊可变模型对长三角城市公众应急能力进行评价，研究结果表明公众应急能力与 $PM_{2.5}$ 污染风险程度总体上趋同。以上海市为例，对公众雾霾关注度进行实证研究，可为后续雾霾区域社会协同治理提供理论基础。对长三角区域重雾霾污染的风险溢出效应进行研究，对 $PM_{2.5}$ 浓度这一代表性指标进行分析，研究结果表明长三角区域 $PM_{2.5}$ 浓度波动存在较强的持续及波动聚类现象，作为区域系统，当雾霾天气出现在部分地区时，其很可能通过相关途径在其他城市间快速传输，因此基于单个城市视角进行雾霾天气治理的效果不显著。使用帕累托最优理论，对长三角雾霾联防基础进行分析，长三角有经济发达、交通网便利的优势，同时有共同的雾霾治理诉求。从对长三角雾霾联防帕累托改进结果可以看出，联防合作不会损害各方的经济利益，同时可扩大经济利益边界线，在行政壁垒和技术壁垒的阻碍下，要寻求创新，破除行政与技术上的壁垒，加强行政业绩与区域雾霾治理相结合，进行各区域、各部门的信息技术共享，促进区域雾霾联防联控。

对策措施方面，中央和上海市政府、上海市人大在近期出台了针对雾霾问题的各行政法规、地方法规和地方规章，这些行动计划和应急预案都提供了突发事件的应对机制，但缺乏统一的执行机构，没有长期战略规划和过渡阶段目标，对人员和资金的分配都出现空白，需要更多的全过程管理治理机制。

23.2 展　　望

本书在前人研究的基础上，分别基于影响因素、风险评估、时空差异及风险溢出效应等角度，对我国长三角区域雾霾天气进行了分析。综合以上几章的研究结论和未解决问题，未来雾霾灾害研究有以下几个方向需要更多的探讨和思考。

第一，污染源分析。对存在的气溶胶吸收系数、散射系数等进行分析，从化学角度分析雾霾污染源的规律。

第二，雾霾与气象的关系。应用统计学规律分析雾霾与空气中的湿度、温度、风向和降水等气候条件之间的关系，全面解析雾霾污染产生的原因。

第三，灾害链和灾害复杂网络的系统研究拓展了传统的风险范围[230, 231]，对 $PM_{2.5}$ 浓度研究的时间维度需进一步扩大，同时对公众应急能力进行了评价，知悉了其在城市应急能力机制建立中所起的重要作用，后续需进一步对城市应急管理机制进行系统的研究。

第四，将定量研究引入雾霾联防联控机制。本书已对包括经济、人口和生态环境等在内的雾霾风险相关因素进行了定量分析，应进一步结合对应区域的量化结果，做出符合地域特征的决策。

第五，在政策建议方面。本书提出的政策建议比较宏观，今后的研究可以根据不同季节的不同特点和特定的区域方位，提出更有针对性的缓解我国长三角区域乃至全国雾霾灾害的政策。

第六，未来治理雾霾的社会福利优化选择、环保资金优化分配使用、应急物质调配优化问题和应急避害选址优化问题需要进一步的研究分析。

参 考 文 献

[1] 吴兑. 近十年中国灰霾天气研究综述[J]. 环境科学学报，2012，32（2）：257-269.

[2] 张小曳，孙俊英，王亚强，等. 我国雾霾成因及其治理的思考[J]. 科学通报，2013，58（13）：1178-1187.

[3] 程念亮，李云婷，孟凡，等. 我国 $PM_{2.5}$ 污染现状及来源解析研究[J]. 安徽农业科学，2014，42（15）：4721-4724.

[4] 顾为东. 中国雾霾特殊形成机理研究[J]. 宏观经济研究，2014（6）：3-7，123.

[5] 吴天魁，王波，顾基发，等. 基于故障树的城市雾霾天气模糊综合评判[J]. 经济数学，2014，31（3）：106-110.

[6] 童玉芬，王莹莹. 中国城市人口与雾霾：相互作用机制路径分析[J]. 北京社会科学，2014，50（5）：4-10.

[7] WANG Y S，YAO L，WANG L L，et al. Mechanism for the formation of the January 2013 heavy haze pollution episode over central and eastern China[J]. Science China（Earth Sciences），2014，57（1）：14-25.

[8] TAO M H，CHEN L F，WANG Z F，et al. Satellite observation of abnormal yellow haze clouds over East China during summer agricultural burning season [J]. Atmospheric environment，2013，79（7）：632-640.

[9] ZHEN C，WANG S X，IANG J K，et al. Long-term trend of haze pollution and impact of particulate matter in the Yangtze River Delta China[J]. Environmental pollution，2013，182：101-110.

[10] WANG H L，AN J L，SHEN L J，et al. Mechanism for the formation and microphysical characteristics of submicron aerosol during heavy haze pollution episode in the Yangtze River Delta China [J]. Science of the total environment，2014，490：501-508.

[11] 施晓晖，徐祥德. 北京及周边气溶胶区域影响与大雾相关特征的研究进展[J]. 地球物理学报，2012，55（10）：3230-3239.

[12] 王杨君，董亚萍，冯加良，等. 上海市 $PM_{2.5}$ 中含碳物质的特征和影响因素分析[J]. 环境科学，2010，31（8）：1755-1761.

[13] 包贞，冯银厂，焦荔，等. 杭州市大气 $PM_{2.5}$ 和 PM_{10} 污染特征及来源解析[J]. 中国环境监测，2010，26（2）：44-48.

[14] COTTON W R，BRYANB G，van den HEEVER S C. FOGS and stratocumulus clouds[J]. International geophysics，2011，99：179-242.

[15] 王珏，孟维宸，张奇漪，等. 南京市灰霾期间颗粒物污染的主要影响源识别[J]. 环境保护科学，2012，38（4）：6-11.

[16] 吴兑，邓雪娇，毕雪岩，等. 细粒子污染形成灰霾天气导致广州地区能见度下降[J]. 热带

气象学报，2007，23（1）：1-6.
[17] 胡旭莹. 天津市灰霾污染影响因素及机理研究[D]. 天津：河北工业大学，2013.
[18] 倪洋，涂星莹，朱一丹，等. 北京市某地区冬季大气细颗粒物和超细颗粒物污染水平及影响因素分析[J]. 北京大学学报（医学版），2014，46（3）：389-398.
[19] 冯少荣，冯康巍. 基于统计分析方法的雾霾影响因素及治理措施[J]. 厦门大学学报（自然科学版），2015，54（1）：114-121.
[20] 程婷，魏晓弈，翟伶俐，等. 近 50 年南京雾霾的气候特征及影响因素分析[J]. 环境科学与技术，2014，37（6）：54-61.
[21] 丁镭，方雪娟，赵委托，等. 城市化进程中的武汉市空气环境响应特征研究[J]. 长江流域资源与环境，2015，24（6）：1038-1045.
[22] 张纯，张世秋. 大都市圈的城市形态与空气质量研究综述：关系识别和分析框架[J]. 城市发展研究，2014，21（9）：47-53.
[23] 陈书忠，周敬宣，李湘梅，等. 城市环境影响模拟的系统动力学研究[J]. 生态环境学报，2010，19（8）：1822-1827.
[24] 郑明，马宪国. 上海能源消耗与 $PM_{2.5}$ 排放量分析[J]. 能源研究与信息，2015，31（01）：1-3.
[25] QIAO T，ZHAO M F，XIU G L，et al. Simultaneous monitoring and compositions analysis of PM_1 and $PM_{2.5}$ in Shanghai：Implications for characterization of haze pollution and source apportionment[J]. Science of the total environment，2016，95（3）：386-394.
[26] MURILLO J H，ROMAN S R，Marin J F R，et al. Chemical characterization and source apportionment of PM_{10} and $PM_{2.5}$ in the metropolitan area of Costa Rica，Central America[J]. Atmospheric pollution research，2013，4（2）：181-190.
[27] SUN Y L，JING Q，WANG Z F，et al. Investigation of the sources and evolution processes of severe haze pollution in Beijing in January 2013[J]. Journal of geophysical research：atmospheres，2014，119（7）：4380-4398.
[28] 陈柳，马广大. 小波分析在 PM_{10} 浓度时间序列分析中的应用[J]. 环境工程，2006，24（1）：61-63，5.
[29] 徐鸣，赵柳生，王斌. PM_{10} 浓度时间序列多时间尺度分析的小波方法[J]. 环境科学与技术，2008，31（4）：57-59，84.
[30] 王海鹏，张斌，刘祖涵，等. 基于小波变换的兰州市近十年空气污染指数变化[J]. 环境科学学报，2011，31（5）：1070-1076.
[31] 余予，孟晓艳，张欣. 1980—2011 年北京城区能见度变化趋势及突变分析[J]. 环境科学研究，2013，26（2）：129-136.
[32] 杨书申，陈兵，邵龙义. 北京市 PM_{10} 浓度变化规律的小波分析[J]. 中原工学院学报，2014，25（1）：39-43.
[33] 冯奇，吴胜军，杜耘，等. 基于小波的武汉市 PM_{10} 空气污染指数时间序列分析[J]. 华中师范大学学报（自然科学版），2010，44（4）：678-685.
[34] 鲁凤，钱鹏，胡秀芳，等. 基于小波分析与 Mann-Kendall 法的上海市近 12 年空气质量变化[J]. 长江流域资源与环境，2013，22（12）：1614-1620.
[35] 吴小玲，张斌，艾南山，等. 基于小波变换的上海市近 10 年 SO_2 污染指数的变化[J]. 环境科学，2009，30（8）：2193-2198.

[36] 成亚利，王波. 上海市 $PM_{2.5}$ 的时空分布特征及污染评估[J]. 计算机与应用化学，2014，31（10）：1189-1192.
[37] 许婉婷，陈娜芃. 2013 年上海市空气质量时空特征分析[J]. 城市环境与城市生态，2015，28（1）：31-34.
[38] 张智，冯瑞萍. 宁夏雾霾时间的气候变化趋势研究[J]. 宁夏大学学报（自然科学版），2014，35（2）：187-192.
[39] 马晓倩，刘征，赵旭阳，等. 京津冀雾霾时空分布特征及其相关性研究[J]. 地域研究与开发，2016，35（2）：134-138.
[40] 韩浩，解建仓，姜仁贵，等. 西安市雾霾时空分布特征研究[J]. 环境污染与防治，2016，38（5）：73-76，81.
[41] da ROCHA R P，GONCALVES F L T，SEGALIN B. Fog events and local atmospheric features simulated by regional climate model for the metropolitan area of São Paulo，Brazil[J]. Atmospheric research，2015，151：176-188.
[42] WANG Y L，ZHANG J W，MARCOTTE A R，et al. Fog chemistry at three sites in Norway[J]. Atmospheric research，2015，151：72-81.
[43] 王少剑，王洋，赵亚博. 广东省区域经济差异的多尺度与多机制研究[J]. 地理科学，2014，34（10）：1184-1192.
[44] 孙盼盼，戴学锋. 中国区域旅游经济差异的空间统计分析[J]. 旅游科学，2014，28（2）：35-48.
[45] 包小凤，梅志雄，刘晓飞. 广州市土地利用变化强度的空间格局分析[J]. 华南师范大学学报（自然科学版），2014，46（5）：118-125.
[46] 李东海，何彩霞. 浅谈雾霾天气的识别及预警策略[J]. 安徽农学通报，2011，17（18）：165-166.
[47] SUN D P，HUANG G Q. Cause，hazard and control measures of Hazy weather in China[J]. Advances in environmental protection，2014，4（04）：101-111.
[48] 蒋大和. 关于灰霾的研究和控制[C]. 中国环境科学学会学术年会. 上海，2010.
[49] PICKETT A R，BELL M L. Assessment of indoor air pollution in homes with infants [J]. International journal of environmental research and public health，2011，8（12）：4502-4520.
[50] WU J，WILHELM M，CHUNG J，et al. Comparing exposure assessment methods for traffic-related air pollution in an adverse pregnancy outcome study[J]. Environmental research，2011，111（5）：685-692.
[51] BILLIONNET C，GAY E，KIRCHNER S，et al. Quantitative assessment of indoor air pollution and respiratory health in a population-based sample of French dwelling[J]. Environmental research，2011，111（3）：425-434.
[52] WILLIAM J M，GLASS R I，ARAJ H，et al. Household air pollution in low and middle-income countries：health risks and research priorities[J]. PLOS medicine，2013，10（6）：1-8.
[53] ZHANG K，BATTERMAN S. Air pollution and health risks due to vehicle traffic[J]. Science of the total environment，2013，450：307-316.
[54] LIU T，ZHANG Y H，XU Y J，et al. The effects of dust-haze on mortality are modified by seasons and individual characteristics in Guangzhou，China[J]. Environmental pollution，2014，187（8）：116-123.

[55] GHOSH J C，WILHELM M，SU J，et al. Assessing the influence of traffic-related air pollution on risk of term low birth[J]. American journal of epidemiology，2012，175（12）：1262-1274.

[56] SUN Z Q，SHAO L Y，MU Y J，et al. Oxidative capacities of size-segregated haze particles in a residential area of Beijing [J]. Journal of environmental science，2014，26（1）：167-174.

[57] SHUAI J B，ZHANG Z，LIU X F，et al. Increasing concentrations of aerosols offset the benefits of climate warming on rice yields during 1980—2008 in Jiangsu Pronvince，China[J]. Regional environmental change，2013，13（2）：287-297.

[58] OTHMAN J，SAHANI M，MAHMUD M，et al. Transboundary smoke haze pollution in Malaysia：Inpatient health impacts and economic valuation [J]. Environmental pollution，2014，189（43）：194-201.

[59] 杨锦伟，孙宝磊. 基于灰色马尔科夫模型的平顶山市空气污染物浓度预测[J]. 数学的实践与认识，2014，44（02）：64-70.

[60] 蔡忠兰，孙宏义，董海涛，等. 1955—2011 年兰州沙尘暴、浮尘天气事件发生概率的 Markov 模型研究[J]. 冰川冻土，2013，35（02）：364-368.

[61] 成亚利，王波. 上海市 $PM_{2.5}$ 的时空分布特征及污染评估[J]. 计算机与应用化学，2014，31（10）：1189-1192.

[62] 张红，刘桂建，梅建鸣，等. 铜陵市空气污染物浓度日变化特征的观测分析[J]. 中国科学技术大学学报，2014，44（8）：679-688.

[63] 王珊，修天阳，孙扬，等. 1960—2012 年西安地区雾霾日数与气象因素变化规律分析[J]. 环境科学学报，2014，34（1）：19-26.

[64] HOU Y，Zhang T Z. Evaluation of major polluting accidents in China：results and perspectives [J]. Journal of hazardous materials，2009，168（2-3）：670-673.

[65] 吴伟强，王欣. 基于故障树模型的城市雾霾风险分析[J]. 广州大学学报（自然科学版），2015，14（5）：76-82.

[66] 徐选华，洪享，钟香玉. 基于情景信息扩散模型的雾霾社会风险演化仿真研究[J]. 环境科学与管理，2015，40（8）：34-40.

[67] BEHERA S N，CHENG J，HUANG X，et al. Chemical composition and acidity of size-fractionated inorganic aerosols of 2013-14 winter haze in Shanghai and associated health risk of toxic elements[J]. Atmospheric environment，2015，122（6）：259-271.

[68] 李湉湉，崔亮亮，陈晨，等. 北京市 2013 年 1 月雾霾天气事件中 $PM_{2.5}$ 相关人群超额死亡风险评估[J]. 疾病监测，2015，30（8）：668-671.

[69] 唐魁玉，唐金杰. 雾霾生态污染的社会风险研究[J]. 齐齐哈尔大学学报（哲学社会科学版），2015，38（7）：1-4.

[70] 谢元博，陈娟，李巍. 雾霾重污染期间北京居民对高浓度 $PM_{2.5}$ 持续暴露的健康风险及其损害价值评估[J]. 环境科学，2014，35（1）：1-8.

[71] 穆泉，张世秋. 2013 年 1 月中国大面积雾霾事件直接社会经济损失评估[J]. 中国环境科学，2013，33（11）：2087-2094.

[72] QUAH E，BOON T L. The economic cost of particulate air pollution on health in Singapore[J]. Journal of asian economics，2003，14（1）：73-90.

[73] MATUS K，KYUNG-MIN N，SELIN N E，et al. Health damages from air pollution in China[J].

Global environmental change，2011，22（1）：55-66.

[74] 陈仁杰，陈秉衡，阚海东. 我国 113 个城市大气颗粒物污染的健康经济学评价[J]. 中国环境科学，2010，30（3）：410-415.

[75] 刘晓云，谢鹏，刘兆荣，等. 珠江三角洲可吸入颗粒物污染急性健康效应的经济损失评价[J]. 北京大学学报（自然科学版），2010，46（5）：829-834.

[76] 黄德生，张世秋. 京津冀地区控制 $PM_{2.5}$ 污染的健康效益评估[J]. 中国环境科学，2013，33（1）：166-174.

[77] 潘小川，李国星，高婷. 危险的呼吸——$PM_{2.5}$ 的健康危害和经济损失评估研究[M]. 北京：中国环境科学出版社，2012.

[78] 谢元博，陈娟，李巍. 雾霾重污染期间北京居民对高浓度 $PM_{2.5}$ 持续暴露的健康风险及其损害价值评估[J]. 环境科学，2014，35（1）：1-8.

[79] 陈依，柏益尧，钱新. 南京市 PM_{10} 人群健康经济损失评估[J]. 安徽农业科学，2015，43（19）：248-250，303.

[80] 侯青，安兴琴，王自发，等. 2002—2009 年兰州 PM_{10} 人体健康经济损失评估[J]. 中国环境科学，2011，31（8）：1398-1402.

[81] KAN H D，CHEN B H. Particulate air pollution in urban areas of Shanghai，China：health-based economic assessment [J]. Science of the total environment，2004，322：71-79.

[82] 曹锦秋，吕程. 联防联控：跨行政区域大气污染防治的法律机制[J]. 辽宁大学学报（哲学社会科学版），2014，42（6）：32-40.

[83] 王金南，宁淼，孙亚梅. 区域大气污染联防联控的理论与方法分析[J]. 环境与可持续发展，2012，37（5）：5-10.

[84] 燕丽，贺晋瑜，汪旭颖，等. 区域大气污染联防联控协作机制探讨[J]. 环境与可持续发展，2016，41（5）：30-32.

[85] 白洋，刘晓源. “雾霾”成因的深层法律思考及防治对策[J]. 中国地质大学学报（社会科学版），2013，13（6）：27-33.

[86] 张军英，王兴峰. 雾霾的产生机理及防治对策措施研究[J]. 环境科学与管理，2013，38（10）：157-159，165.

[87] 王腾飞，苏布达，姜彤. 气候变化背景下的雾霾变化趋势与对策[J]. 环境影响评价，2014（1）：15-17.

[88] 李彬华，王利超，唐征，等. 城市大气重污染事件预警机制研究[J]. 环境监控与预警，2014，6（4）：6-9.

[89] 柴发合，云雅如，王淑兰. 关于我国落实区域大气联防联控机制的深度思考[J]. 环境与可持续发展，2013（4）：5-9.

[90] 王腾飞. 我国冬季气温年际异常的主模态及其变异的成因分析[D]. 南京信息工程大学，2013.

[91] 刘强，李平. 大范围严重雾霾现象的成因分析与对策建议[J]. 中国社会科学院研究生院学报，2014（5）：63-68.

[92] 郑国姣，杨来科. 基于经济发展视角的雾霾治理对策研究[J]. 生态经济，2015（9）：34-38.

[93] ZHOU X P，XU Y Y，YUAN S，et al. Performance and potential of solar updraft Tower used as an effective measure to alleviate Chinese urban haze problem[J]. Renewable and sustainable

energy reviews，2015，51：1499-1508.

[94] ZHUANG X L，WANG Y S，HE H，et al. Haze insights and mitigation in China an overview [J]. Journal of environmental sciences，2014，26（1）：2-12.

[95] 高广阔，韩颖，吴世昌. 基于全过程管理的雾霾综合防治对策研究[J]. 当代经济管理，2015，37（9）：34-39.

[96] 杨立华，蒙常胜. 境外主要发达国家和地区空气污染治理经验——评《空气污染治理国际比较研究》[J]. 公共行政评论，2015，8（2）：162-178.

[97] 李彬华，王利超，唐征，等. 城市大气重污染事件预警机制研究[J]. 环境监控与预警，2014，6（4）：6-9.

[98] 柴发合，云雅如，王淑兰. 关于我国落实区域大气联防联控机制的深度思考[J]. 环境与可持续发展，2013，38（4）：5-9.

[99] 彭件新. 雾霾文献综述与经济分析[J]. 金融经济，2015（14）：68-71.

[100] 邵超峰，鞠美庭，张裕芬，等. 突发性大气污染事件的环境风险评估与管理[J]. 环境科学与技术，2009，32（6）：200-205.

[101] 邓林，吴俊锋，任晓鸣，等. 基于长三角地区空气重污染事件预警与应急机制的探讨[J]. 生态经济，2014，30（7）：161-163，178.

[102] 钟无涯，颜玮. 城市经济发展与 $PM_{2.5}$ 关系探析[J]. 城市观察，2013（1）：169-174.

[103] 陆钟武.经济增长与环境负荷之间的定量关系[J]. 环境保护，2007（7）：13-18.

[104] 王锋，吴丽华，杨超. 中国经济发展中碳排放增长的驱动因素研究[J]. 经济研究，2010（2）：123-136.

[105] 仲云云，仲伟周.我国碳排放的区域差异及驱动因素分析——基于脱钩和三层完全分解模型的实证研究[J].财政研究，2011，38（2）：123-133.

[106] 唐建荣，张白羽，王育红. 基于 LMDI 的中国碳排放驱动因素研究[J].统计与信息论坛，2011（11）：19-25.

[107] 郭呈全，陈希镇. 主成分回归的 SPSS 实现[J].统计与决策，2011（5）：157-159.

[108] 刘强，李平. 大范围严重雾霾现象的成因分析与对策建议[J]. 中国社会科学院研究生院学报，2014（5）：63-68.

[109] 冯少荣，冯康巍. 基于统计分析方法的雾霾影响因素及治理措施[J]. 厦门大学学报（自然科学版），2015，54（1）：114-121.

[110] 蒋蕾蕾，徐秀丽，杨惠. 宁波市雾霾天气成因分析及防控对策措施研究[J]. 环境科学与管理，2015，40（2）：43-46.

[111] LI M N，ZHANG L L. Haze in China current and future challenges [J]. Environmental pollution，2014，189（2）：85-86.

[112] 向杰，程昌明，张轶. 小波分析在时间序列中的分析应用[J]. 节水灌溉，2013（12）：55-58.

[113] 刘涛，曾祥利，曾军. 实用小波分析入门[M]. 北京：国防工业出版社，2006.

[114] 张德丰. Matlab 小波分析[M]. 北京：机械工业出版社，2012.

[115] 陈柳，马广大. 小波分析在 PM_{10} 浓度时间序列分析中的应用[J]. 环境工程，2006，24（1）：61-63，5.

[116] 黄磊，张志山，吴攀. 沙坡头地区多年降水量时间序列的小波分析[J]. 兰州大学学报（自然科学版），2010，46（5）：63-66.

[117] 桑燕芳，王中根，刘昌明. 水文时间序列分析方法研究进展[J]. 地理科学进展，2013，32（1）：20-30.

[118] 张代青，梅亚东，杨娜，等. 中国大陆近 54 年降水量变化规律的小波分析[J]. 武汉大学学报（工学版），2010，43（3）：278-282，287.

[119] 刘兰玉，王玲玲，安贝贝，等. 水质监测数据时间序列的时域和频域分析[J]. 人民黄河，2013，35（11）：50-52.

[120] 简虹，骆云中，谢德体. 基于 Mann-Kendall 法和小波分析的降水变化特征研究——以重庆市沙坪坝区为例[J]. 西南师范大学学报（自然科学版），2011，36（4）：217-222.

[121] MARYAM S，KARIMI-JASHNI A，HADAD K. Wavelet transform-based artificial neural networks（WT-ANN）in PM_{10} pollution level estimation based on circular variables[J]. Environmental science and pollution research，2012，19（1）：256-268.

[122] SIWEK K，OSOWSKI S. Improving the accuracy of prediction of PM_{10} pollution by the wavelet transformation and an ensemble of neural predictors[J]. Engineering applications of artificial intelligence，2012，25（6）：1246-1258.

[123] CHEN Y，SHI R H，SHU S J，et al. Ensemble and enhanced PM_{10} concentration forecast model based on stepwise regression and wavelet analysis[J]. Atmospheric environment，2013，74（4）：346-359.

[124] PRAKASH A，KUMAR U，KUMAR K，et al. A Wavelet-based neural network model to predict ambient air pollutants' concentration[J]. Environmental modeling & assessment，2011，16（5）：503-517.

[125] 吴小玲，张斌，艾南山，等. 基于小波变换的上海市近 10 年 SO_2 污染指数的变化[J]. 环境科学，2009，30（8）：2193-2198.

[126] 王海鹏，张斌，刘祖涵，等. 基于小波变换的兰州市近十年空气污染指数变化[J]. 环境科学学报，2011，31（5）：1070-1076.

[127] 刘叶玲，翟晓丽，郑爱勤. 关中盆地降水量变化趋势的 Mann-Kendall 分析[J]. 人民黄河，2012，34（2）：28-30，33.

[128] 周园园，师长兴，范小黎，等. 国内水文序列变异点分析方法及在各流域应用研究进展[J]. 地理科学进展，2011，30（11）：1361-1369.

[129] 刘鸿志. 雾霾影响及其近期治理措施分析[J]. 环境保护，2013，41（15）：30-32.

[130] GAO Y，ZHANG Y，KAMIJIMA M，et al. Quantitative assessments of indoor air pollution and the risk of childhood acute leukemia in Shanghai[J]. Environmental pollution，2014，187（8）：81-89.

[131] 冯科，吴次芳，刘勇. 浙江省城市土地集约利用的空间差异研究——以 PSR 与主成分分析的视角[J]. 中国软科学，2007（2）：102-108.

[132] 朱一中，曹裕. 基于 PSR 模型的广东省城市土地集约利用空间差异分析[J]. 经济地理，2011，31（8）：1375-1380.

[133] LIANG P，DU L M，YUE G J. Ecological security assessment of Beijing based on PSR model[J]. Procedia environmental sciences，2010（2）：832-841.

[134] 杨志，赵冬至，林元烧. 基于 PSR 模型的河口生态安全评价指标体系研究[J]. 海洋环境科学，2011，30（1）：139-142.

[135] 彭建，吴健生，潘雅婧，等. 基于 PSR 模型的区域生态持续性评价概念框架[J]. 地理科学进展，2012，31（7）：933-940.
[136] BAI X，TANG J. Ecological security assessment of Tianjin by PSR model[J]. Procedia environmental sciences，2010（2）：881-887.
[137] 谢花林，刘曲，姚冠荣，等. 基于 PSR 模型的区域土地利用可持性水平测度——以鄱阳湖生态经济区为例[J]. 资源科学，2015，37（3）：439-457.
[138] 施益强，王坚，张枝萍. 厦门市空气污染的空间分布及其与影响因素空间相关性分析[J]. 环境工程学报，2014，8（12）：5406-5412.
[139] 彭应登. 北京近期雾霾污染的成因及控制对策分析[J]. 工程研究——跨学科视野中的工程，2013，5（3）：233-239.
[140] 余建英，何旭宏. 数据统计分析与 SPSS 应用[M]. 北京：人民邮电出版社，2005：292-299.
[141] 陆屹，朱永杰. 工业经济效益评价研究——基于主成分分析和聚类分析[J]. 技术经济，2011，30（3）：65-67.
[142] 黎磊. 基于 PSR 模型的城市土地集约利用评价——以成都市为例[J]. 绵阳师范学院学报，2014，33（2）：116-122.
[143] 缪仁炳，徐朝晖. 信息能力国际比较的主成分分析法[J]. 数理统计与管理，2002，21（3）：1-5.
[144] 史丽君，张绍良，王浩宇，等. 基于 PSR 框架的徐州市城市土地集约利用评价研究[J]. 国土与自然资源研究，2006（1）：4-5.
[145] 肖根如，程朋根，陈斐. 基于空间统计分析与 GIS 研究江西省县域经济[J]. 东华理工学院学报，2006，29（4）：348-352.
[146] 鲁凤，徐建华. 中国区域经济差异的空间统计分析[J]. 华东师范大学学报（自然科学版），2007（2）：44-51.
[147] GOOD C F. Spatial Autocorrelation[M]. Norwich：GeoBooks，1986.
[148] ZHANG Z Q，GRZFFTH D A. Integrating GIS components and spatial statistical analysis in DBMS[J]. Geographical information science，2000，14（6）：543-566.
[149] KUPIEC P H. Techniques for verifying the accuracy of risk measurement models [J]. Journal of derivatives，1995（2）：73-84.
[150] HONG Y M，LIU Y H，WANG S Y. Granger causality in risk and detection of extreme risk spillover between financial markets [J]. Journal of econometrics，2009，150（2）：271-287.
[151] 晏星，马小龙，赵文慧.基于不同插值方法的 PM_1 污染物浓度研究[J].测绘，2010，33（4）：172-175.
[152] 王振，刘茂. 应用区间层次分析法（IAHP）研究高层建筑火灾安全因素[J].安全与环境学报，2006，6（1）：12-15.
[153] 吴育华，诸为，高荣，等. 区间层次分析法[J].天津大学学报，1995，28（5）：700-705.
[154] 何晓群. 多元统计分析[M]. 2 版. 北京：中国人民大学出版社，2008.
[155] 周晨，冯宇东，肖匡心，等. 基于多元线性回归模型的东北地区需水量分析[J]. 数学的实践与认识，2014，44（1）：118-123.
[156] 袁孝勇，赵艳东. 基于灰色马尔科夫链预测模型的换热站供水温度预测[J]. 电子测量技术，2015，38（4）：32-34.
[157] 徐选华，洪享，钟香玉. 基于情景信息扩散模型的雾霾社会风险演化仿真研究[J]. 环境科

学与管理，2015，40（8）：34-40.
[158] 王晓鸣，汪洋，李明，等. 城市发展政策决策的系统动力学研究综述[J]. 科技进步与对策，2009，26（22）：197-200.
[159] 宋学锋，刘耀彬. 基于 SD 的江苏省城市化与生态环境耦合发展情景分析[J]. 系统工程理论与实践，2006（3）：124-130.
[160] 艾华，张广海，李雪. 山东半岛城市群发展模式仿真研究[J]. 地理科学，2006，26（2）：144-150.
[161] 张建慧，雷星晖，李金良. 基于系统动力学城市低碳交通发展模式研究——以郑州市为例[J]. 软科学，2012，26（4）：77-81.
[162] 李春发，曹莹莹，杨建超，等. 基于能值及系统动力学的中新天津生态城可持续发展模式情景分析[J]. 应用生态学报，2015，26（8）：2455-2465.
[163] 王耕，魏辽生. 基于系统动力学的大连市可持续发展模型模拟分析[J]. 海洋开发与管理，2015，30（2）：90-97.
[164] 靳瑞霞，赵玲，郭永发. 基于系统动力学的格尔木市生态经济损失评价[J]. 青海大学学报（自然科学版），2015，33（3）：83-89.
[165] 张年，张诚. 工业固体废物处理与城市雾霾相关性的实证分析——以上海为例[J]. 生态经济，2015，31（8）：151-154.
[166] 吴殿廷，葛岳静. 人地系统动力学研究中的几个问题[J]. 热带地理，1997，17（1）：95-100.
[167] 胡斌祥，李娜，刘勇，等. 基于系统动力学的武汉市私车保有量预测[J]. 武汉理工大学学报（信息与管理工程版），2014，36（1）：65-68.
[168] 周冯琦，汤庆合，任文伟. 上海资源环境发展报告（2014）[M]. 北京：社会科学文献出版社，2014.
[169] 郭新彪，魏红英. 大气 $PM_{2.5}$ 对健康影响的研究进展[J]. 科学通报，2013，58（13）：1171-1177.
[170] 阚海东，陈仁杰. $PM_{2.5}$ 对人体危害有多大[J]. 中国经济报告，2015（4）：114-116.
[171] 姜绵峰，叶春明. 上海城市生态足迹动态研究——基于 ARIMA 模型[J]. 华东经济管理，2015，29（1）：18-24.
[172] 姜绵峰，叶春明. 上海市建设用地时空演变的驱动力研究[J]. 资源开发与市场，2015，31（2）：160-165.
[173] 毛熙彦，蒙吉军，康玉芳. 信息扩散模型在自然灾害综合风险评估中的应用与扩展[J]. 北京大学学报（自然科学版），2012，48（3）：513-518.
[174] 曾先峰，王天琼，李印. 基于损害的西安市大气污染经济损失研究[J]. 干旱区资源与环境，2015，29（1）：105-110.
[175] 过孝民，於方，赵越. 环境污染成本评估理论与方法[M]. 北京：中国环境科学出版社，2009.
[176] WEI J C，GUO X M，MARINOVA D，et al. Industrial SO_2 pollution and agricultural losses in China：evidence from heavy air polluters [J]. Journal of cleaner production，2014，64（2）：404-413.
[177] 欧朝敏，尹辉，张磊. 洞庭湖区不同情景下农业水旱灾害风险损失评估[J]. 农业现代化研究，2011，32（6）：691-694.

[178] 张竞竞. 河南省农业水旱灾害风险评估与时空分布特征[J]. 农业工程学报，2012，28（18）：98-106.
[179] 丁青云，艾萍，吴军斓，等. 基于信息扩散理论的干旱灾害风险评估[J]. 中国农村水利水电，2015（3）：99-102.
[180] 欧阳蔚，于艳青，金菊良，等. 基于信息扩散与自助法的旱灾风险评估模型——以安徽为例[J]. 灾害学，2015，30（1）：228-234.
[181] WORLD HEALTH ORGANIZATION. Air quality guidelines for particulate matter，ozone，Nitrogen dioxide and Sulfur dioxide，global update 2005，summary of risk assessment [R]. WHO Press，2006.
[182] CHENG Z，JIANG J K，FAJARDO O，et al. Characteristics and health impacts of particulate matter pollution in China（2001–2011）[J]. Atmospheric environment，2013，65（3）：186-194.
[183] AN X Q，HOU Q，LI N，et al. Assessment of human exposure level to PM_{10} in China [J]. Atmospheric environment，2013，70（2）：376-386.
[184] 赵文昌. 空气污染对城市居民的健康风险与经济损失的研究[D]. 上海：上海交通大学，2012.
[185] 杜鹃，汪明，史培军. 基于历史事件的暴雨洪涝灾害损失概率风险评估——以湖南省为例[J]. 应用基础与工程科学学报，2014，22（5）：916-927.
[186] 付艳茹. 基于 MATLAB 曲线拟合的应用研究[J]. 吉林师范大学学报（自然科学版），2010，31（2）：55-58.
[187] 赵克勤. 集对分析及其初步应用[M]. 杭州：浙江科学技术出版社，2000.
[188] 宋叙言，沈江. 基于主成分分析和集对分析的生态工业园区生态绩效评价研究——以山东省生态工业园区为例[J]. 资源科学，2015，37（3）：546-554.
[189] 苏飞，张平羽. 基于集对分析的大庆市经济系统脆弱性评价[J]. 地理学报，2010，65（4）：454-464.
[190] 苏飞，陈媛，张平宇. 基于集对分析的旅游城市经济系统脆弱性评价——以舟山市为例[J]. 地理科学，2013，33（5）：538-544.
[191] 葛康，汪明武，陈光怡. 基于集对分析与三角模糊数耦合的土壤重金属污染评价模型[J]. 土壤，2011，43（2）：216-220.
[192] 聂艳，周勇，雷文华，等. 基于集对分析法的农田土壤环境质量评价[J]. 长江流域资源与环境，2008，17（3）：396-400.
[193] 宋振华，赖成光，王兆礼. 基于集对分析法的洪水灾害风险评价模型[J]. 水电能源科学，2013，31（4）：34-37.
[194] 谭翀，陆愈实，车恒. 集对分析法在露天采石场安全评价及预测中的应用[J]. 安全与环境学报，2016，16（3）：25-29.
[195] SAATY T L. How to make a decision：the analytic hierarchy process[J]. Interfaces，1994，24（6）：19-43.
[196] 姚梅芳，王升涛，郑雪冬. 信息不对称背景下风险投资的资信风险评估体系研究[J]. 情报科学，2004，22（4）：423-427.
[197] 赵克勤. 集对分析及其初步应用[M]. 杭州：浙江科学技术出版社，2000.
[198] 景国勋，施式亮. 系统安全评价与预测[M]. 徐州：中国矿业大学出版社，2009.

[199] 肖群鹰，朱正威. 公共危机管理与社会风险评价[M]. 北京：社会科学文献出版社，2013.
[200] 颜峻，左哲. 自然灾害风险评估指标体系及方法研究[J]. 中国安全科学学报，2010，20（11）：61-65.
[201] 余健，房莉，仓定帮，等. 熵权模糊物元模型在土地生态安全评价中的应用[J]. 农业工程学报，2012，28（5）：260-266.
[202] 廖炜，杨芬，吴宜进，等. 基于物元可拓模型的水土保持综合效益评价[J]. 长江流域资源与环境，2014，23（10）：1464-1471.
[203] 薛鹏丽，曾维华. 上海市环境污染事故风险受体脆弱性评价研究[J]. 环境科学学报，2011，31（11）：2556-2561.
[204] 周亚飞，程霄楠，蔡靖，等. 台风灾害综合风险评价研究[J]. 中国公共安全（学术版），2013，（1）：31-37.
[205] 穆泉，张世秋. 2013 年 1 月中国大面积雾霾事件直接社会经济损失评估[J]. 中国环境科学，2013，33（11）：2087-2094.
[206] SUN D P，HUANG G Q. Cause，hazard and control measures of HAZY weather in China [J]. Advances in environmental protection，2014，4（4）：101-111.
[207] 毛熙彦，蒙吉军，康玉芳. 信息扩散模型在自然灾害综合风险评估中的应用与扩展[J]. 北京大学学报（自然科学版），2012，48（3）：513-518.
[208] 李寒峰.基于 GPS 的智能车评估系统[D].上海：上海交通大学，2010.
[209] 韦兰用，韦振中.区间数判断矩阵中区间数的运算[J].数学的实践与认识，2003，33（9）：75-79.
[210] WEI Y Q，Liu J S，WANG X Z. Concept of consistence and weights of judgment matrix in the uncertain type of AHP[J]. System engineering theory and practice，1994，14（4）：16-22.
[211] 尹航，孙希波，傅毓维.基于熵值法确权的科技成果转化项目后评价研究[J]. 科学学与科学技术管理，2007（10）：20-25.
[212] 张国权.基于最大离差和最大联合熵的多方案优选方法[J].运筹与管理，2007，16（4）：12-18.
[213] 姚平.基于 IAHP-Entrophy 集成确权的煤炭企业可持续发展综合评价[J].运筹与管理，2009，18（5）：153-157.
[214] 陈守煜.水资源与防洪系统可变模糊集理论与方法[M].大连：大连理工大学出版社，2005.
[215] 王斌. 环境污染治理与规划博弈研究[D]. 北京：首都经济贸易大学，2013.
[216] 白天成. 京津冀环境协同治理利益协调机制研究[D]. 天津：天津师范大学，2016.
[217] 周峤. 雾霾损失和协同防治政策研究[D]. 安徽：中国科学技术大学，2016.
[218] 卢现祥. 西方新制度经济学[M]. 修订版. 北京：中国发展出版社，2003.
[219] 李云燕，王立华，王静，等. 京津冀地区雾霾成因与综合治理对策研究[J]. 工业技术经济，2016，35（7）：59-68.
[220] 王洛忠，丁颖. 京津冀雾霾合作治理困境及其解决途径[J]. 中共中央党校学报，2016，20（3）：74-79.
[221] 王颖，杨利花. 跨界治理与雾霾治理转型研究——以京津冀区域为例[J]. 东北大学学报（社会科学版），2016，18（4）：388-393.
[222] 戴跃强，徐泽水，李琰，等. 语言信息评估新标度及其应用[J]. 中国管理科学，2008，16（2）：1421-149.

[223] XU Z S. EOWA and EOWG operators for aggregating linguistic labels based on linguistic preference relations [J]. International journal of uncertainty，fuzziness and knowledge-based systems，2004，12（6）：791-810.
[224] 彭勃，叶春明. 纯语言多属性群决策方法及其应用研究[D]. 上海：上海理工大学，2014.
[225] BELIAKOV G，PRADERA A，CALVO T. Aggregation Functions：A Guide For Practitioners[M]. Berlin：Springer，2007.
[226] XU Z S，DA Q L. The uncertain OWA operator [J]. International journal of intelligent systems，2002，17（6）：569-575.
[227] XU Z S. An overview of methods for determining OWA weights[J]. International journal of intelligent systems，2005，20：843-865.
[228] 张伟，王金南，蒋洪强，等.《大气污染防治行动计划》实施对经济与环境的潜在影响[J]. 环境科学研究，2015，28（1）：1-7.
[229] 王宏伟. 应急管理理论与实践[M]. 北京：社会科学文献出版社，2010.

后　记

为本书提供数据的有长三角有关高校、研究所，有关城市的环境保护局、统计局和公共卫生机构等，在此表示感谢。本著作相关人员主要有盛小星、姜绵峰、龚明、王春梅、盛真真、张永政、徐莉婷、吴思思、闫旭、梅勋和冯亭亭等。他们从企业调研、数据收集到课题研究都投入了大量时间和精力，为课题研究做出了突出贡献。此外，科学出版社编辑为此著作出版付出了大量心血，在此一并感谢！

作　者

2019年4月